AF493687

ENCYCLOPÉDIE DES TRAVAUX PUBLICS
Fondée par M.-C. LECHALAS, Inspecteur général des Ponts et Chaussées
Médaille d'or à l'Exposition Universelle de 1889.



# COURS DE ROUTES & VOIES FERRÉES SUR CHAUSSÉES

*PROFESSÉ A L'ÉCOLE NATIONALE DES PONTS ET CHAUSSÉES*

PAR

H. HEUDE
INSPECTEUR GÉNÉRAL DES PONTS ET CHAUSSÉES

**INTRODUCTION - LEÇONS NOUVELLES COMPLÉMENTAIRES**

*HISTORIQUE ET STATISTIQUE. — CHEMINS VICINAUX*
*VOIES FERRÉES SUR CHAUSSÉES*
*AUTOMOBILISME (Goudronnages. Chaussées spéciales et systèmes divers expérimentés pour adapter les chaussées au nouveau mode de locomotion).*

PARIS ET LIÈGE

LIBRAIRIE POLYTECHNIQUE CH. BÉRANGER, ÉDITEUR

| PARIS | LIÈGE |
| --- | --- |
| 15, RUE DES SAINTS-PÈRES, 15 | 21, RUE DE LA RÉGENCE, 21 |

# ENCYCLOPÉDIE DES TRAVAUX PUBLICS

*Directeur* : G. LECHALAS, Ingénieur en chef des Ponts et Chaussées, quai de la Bourse, 13, Rouen.

*Volumes grand in-8°, avec de nombreuses figures.*

**Médaille d'or à l'Exposition universelle de 1889**

## OUVRAGES DE PROFESSEURS A L'ÉCOLE DES PONTS ET CHAUSSÉES

**M.** Bechmann. *Distributions d'eau et Assainissement.* 2e édit., 2 vol. à 20 fr., 40 fr. — *Cours d'hydraulique agricole et urbaine.* 1 vol. . . . . . . . . . . . . . . . . 20 fr.

**M.** Bricka. *Cours de chemins de fer de l'École des ponts et chaussées.* 2 vol., 1343 pages et 464 figures . . . . . . . . . . . . . . . . . . . . . . . . 40 fr.

**M.** Colson. *Cours d'économie politique* : Six livres, chacun . . . . . . . . . . 6 fr.

**M. L.** Durand-Claye. *Chimie appliquée à l'art de l'ingénieur*, en collaboration avec MM. *Derôme* et *Feret*, 2e édit. considérablement augmentée, 15 fr. — *Cours de routes de l'École des ponts et chaussées*, 696 pages et 234 figures, 2e édit., 20 fr. — *Lever des plans et nivellement*, en collaboration avec MM. *Pelletan* et *Lallemand*, 2e édit. augmentée : 1 vol., 781 pages et 253 figures (cours des Écoles des ponts et chaussées et des mines, etc.) 25 fr.

**M.** Flamant. *Mécanique générale* (Cours de l'École centrale), 2e édition, augmentée, XII-620 pages, avec 203 figures, 20 fr. — *Stabilité des constructions et résistance des matériaux*, 3e édit., 674 pages, avec 252 figures, 25 fr. — *Hydraulique* (Cours de l'École des ponts et chaussées), 1 volume, 3e édition augmentée (Prix Montyon de mécanique) : XVI-699 pages avec 141 figures . . . . . . . . . . . . . . . . . . 25 fr.

**M.** Gariel. *Traité de physique.* 2 vol., 518 figures . . . . . . . . . . . . . 20 fr.

**M.** Huet. *Cours de machines à vapeur et locomotives.* 1 vol., 530 pages, 314 fig. 18 fr.

**M. F.** Laroche. *Travaux maritimes.* 1 vol. de 490 pages, avec 116 figures et un atlas de 46 grandes planches, 40 fr. — *Ports maritimes.* 2 vol. de 1006 pages, avec 524 figures et 2 atlas de 37 planches, double in-4 (*Cours de l'École des ponts et chaussées*) . 50 fr.

**M. F. B.** de Mas, Inspecteur général des ponts et chaussées. *Rivières à courant libre*, 1 vol. avec 97 figures ou planches, 17 fr. 50. — *Rivières canalisées.* 1 vol. avec 176 figures ou planches, 17 fr. 50. — *Canaux.* 1 vol. avec 190 figures ou planches . . . . 17 fr. 50

**M.** Nivoit, Inspecteur général des mines : *Cours de géologie*, 2e édition, 1 vol. avec carte géologique de la France : 615 pages, 429 fig. et un tableau des formations géologiques de 7 pages . . . . . . . . . . . . . . . . . . . . . . . . . . . . 20 fr.

**M. M.** d'Ocagne. *Géométrie descriptive et Géométrie infinitésimale* (cours de l'École des ponts et chaussées), 1 vol., 340 fig. . . . . . . . . . . . . . . . . . . . 12 fr.

**M.** de Préaudeau, Inspect. général des P. et Ch., prof. à l'École nat. *Procédés généraux de construction. Travaux d'art.* Tome I, avec 508 fig. 20 fr. Tome II, avec 389 fig. 20 fr.

**M. J.** Résal. *Traité des Ponts en maçonnerie*, en collaboration avec *M. Degrand.* 2 vol., avec 600 figures, 40 fr. — *Traité des Ponts métalliques*, 2 vol., avec 500 figures, 40 fr. — Le 1er volume des *Ponts métalliques* est à sa seconde édition revue, corrigée et très augmentée. — *Constructions métalliques élasticité et résistance des matériaux : fonte, fer et acier.* 1 vol. de 652 pages, avec 203 figures, 20 fr. — *Cours de ponts*, professé à l'École des ponts et chaussées : *Études générales et ponts en maçonnerie.* 1 vol. de 410 pages avec 284 figures, 15 fr. — *Cours de ponts métalliques*, tome I, 1 volume de 660 pages avec 575 figures, 20 fr. ; tome II, 1er fasc., XVI-190 pages, 27 fig., 6 fr. — *Cours de Résistance des matériaux* (École des ponts et chaussées), 120 figures, 16 fr. — *Cours de stabilité des constructions*, 240 figures, 20 fr. — *Poussée des terres et stabilité des murs de soutènement*, 1re et 2e partie. . . . . . . . . . . . . . . 10 et 15 fr.

## OUVRAGES DE PROFESSEURS A L'ÉCOLE CENTRALE DES ARTS ET MANUFACTURES

**M.** Deharme. *Chemins de fer. Superstructure* : première partie du cours de chemins de fer de l'École centrale, 1 vol. de 696 pages, avec 310 figures et 1 atlas de 73 grandes planches in-4 double (voir *Encyclopédie industrielle* pour la suite de ce cours). 50 fr. On vend séparément : *Texte*, 15 fr. ; *Atlas*, 35 fr.

**M.** Denfer. *Architecture et constructions civiles.* Cours d'architecture de l'École centrale : *Maçonnerie*, 2 vol., avec 794 figures, 40 fr. — *Charpente en bois et menuiserie.* 2e édit. 1 vol., avec 721 figures, 25 fr. — *Couverture des édifices.* 1 vol., avec 423 figures, 20 fr. — *Charpenterie métallique, menuiserie en fer et serrurerie.* 2 vol., avec 1.050 figures, 40 fr. — *Fumisterie (Chauffage et ventilation).* 1 vol. de 726 pages, avec 731 figures (numérotées de 1 à 375, l'auteur affectant chaque groupe de figures d'un numéro seulement). 25 fr. — *Plomberie : Eau ; Assainissement ; Gaz.* 1 vol. de 568 p. avec 391 fig. 20 fr.

**M.** Boulon. *Cours d'Exploitation des mines.* 1 vol. de 492 pages, avec 1.400 fig. 25 fr.

**M.** Monnier. *Électricité industrielle*, cours professé à l'École centrale, 2e édition considérablement augmentée, 1 vol. de 826 pages ; 404 très belles figures de l'auteur. 25 fr.

**M.** Me Pellerin. *Droit industriel*, cours professé à l'École centrale. 1 vol. . . . 15 fr.

**MM. E.** Rouché et Brisse, anciens professeurs de géométrie descriptive à l'École centrale. *Coupe des pierres.* 1 vol. et un grand atlas (avec de nombreux exemples). . . . 25 fr.

## OUVRAGES D'UN PROFESSEUR AU CONSERVATOIRE DES ARTS ET MÉTIERS

**M. E.** Rouché, membre de l'Institut. *Éléments de statique graphique.* 1 vol. . 12 fr. 50

**MM.** Rouché et Lucien Lévy. *Calcul infinitésimal.* 2 vol. de 557 et 829 p. (*Enc. indust.*) 15 fr.

(*Voir la suite ci-après*)

ENCYCLOPÉDIE DES TRAVAUX PUBLICS

# COURS DE ROUTES & VOIES FERRÉES

## SUR CHAUSSÉES

INTRODUCTION. — LEÇONS NOUVELLES COMPLÉMENTAIRES

*Tous les exemplaires de l'*INTRODUCTION ET DES LEÇONS NOUVELLES COMPLÉMENTAIRES AU COURS DE ROUTES ET VOIES FERRÉES SUR CHAUSSÉES *devront être revêtus de la signature de M. Heude.*

ENCYCLOPÉDIE DES TRAVAUX PUBLICS
Fondée par M.-C. LECHALAS, Inspecteur général des Ponts et Chaussées
Médaille d'or à l'Exposition Universelle de 1889.

# COURS DE ROUTES & VOIES FERRÉES
# SUR CHAUSSÉES

*PROFESSÉ A L'ÉCOLE NATIONALE DES PONTS ET CHAUSSÉES*

PAR

H. HEUDE

INSPECTEUR GÉNÉRAL DES PONTS ET CHAUSSÉES

## INTRODUCTION - LEÇONS NOUVELLES COMPLÉMENTAIRES

*HISTORIQUE ET STATISTIQUE. — CHEMINS VICINAUX*
*VOIES FERRÉES SUR CHAUSSÉES*
*AUTOMOBILISME (Goudronnages. Chaussées spéciales et systèmes divers expérimentés pour adapter les chaussées au nouveau mode de locomotion).*

PARIS ET LIÈGE

LIBRAIRIE POLYTECHNIQUE CH. BÉRANGER, ÉDITEUR

PARIS — 15, RUE DES SAINTS-PÈRES, 15
LIÈGE — 21, RUE DE LA RÉGENCE, 21

1912

# AVANT-PROPOS

Le 22 janvier 1908, M. le Ministre des travaux publics a approuvé de nouveaux programmes pour l'enseignement de l'École nationale des ponts et chaussées. En ce qui concerne le Cours de routes, qui a pris le nom de *Cours de Routes et voies ferrées sur chaussées*, le nouveau programme comprend trois matières entièrement nouvelles : *Chemins vicinaux*, *Automobilisme*, *Construction des voies ferrées sur chaussées*. M. l'inspecteur général Heude, qui a été appelé à inaugurer ce nouvel enseignement, n'a pas cru devoir publier, pour le moment, l'ensemble de son cours, parce qu'il n'a pas encore eu le temps de mettre au point toutes les modifications et tous les perfectionnements qui devront être apportés aux parties classiques du cours, déjà publiées par ses prédécesseurs, MM. Durand-Claye et Debauve ; mais il a bien voulu, ce dont nous le remercions, confier à l'Encyclopédie des travaux publics le soin de publier les leçons toutes nouvelles qu'il a dû ajouter aux Cours précédents.

G. L.

# INTRODUCTION

**Importance du Sujet**
**Origines de quelques mots usuels**
**Historique**

# INTRODUCTION

## IMPORTANCE DU SUJET

Le cours que je vais avoir l'honneur de faire devant vous concernera en premier lieu la construction et l'entretien des routes et chemins, puis la construction et l'entretien des voies ferrées sur route. Il est bien évident que ces matières, qui ne nécessitent pas des études scientifiques aussi élevées que les ponts, les travaux maritimes, les canaux et les machines à vapeur, pourront vous paraître moins intéressantes et plus terre à terre que toutes celles qui seront traitées dans les autres cours de l'École.

Cependant la construction et l'entretien des routes et chemins sont la partie la plus essentielle de toute l'œuvre du corps des ponts et chaussées.

Certes, l'ingénieur qui dirige la construction d'un grand pont, d'un grand bassin à flot ou d'une ligne de chemin de fer obtient immédiatement une satisfaction d'amour-propre. Ce qu'il a fait est immédiatement visible et souvent apprécié. Si le travail est bien fait, l'ingénieur a de suite une certaine notoriété dans le public. Il n'en est pas de même pour l'entretien des routes et chemins, qui demande un soin et un esprit de suite continuels et qui ne vous font apprécier qu'au bout d'un assez grand nombre d'années.

De plus, la tâche est difficile ; bien que l'on n'ait pas l'occasion, en entretenant les chaussées pavées ou empierrées, de se servir des connaissances que l'on a acquises sur le calcul différentiel et intégral, c'est une profonde erreur de dire, avec certaines personnes mal intentionnées et avec certains ingénieurs eux-mêmes, qu'il est inutile de sortir de l'École Polytechnique, pour aller casser des cailloux sur les routes.

La question est beaucoup plus difficile et complexe qu'elle le paraît tout d'abord. De plus, le bien que l'on fait ou le mal qu'on laisse faire ne s'aperçoit pas immédiatement, il faut de longues années pour qu'il apparaisse.

Supposez en effet l'envoi d'un ingénieur négligent dans un département où les routes et chemins sont en très bon état. L'on ne constatera pas immédiatement les résultats de sa négligence. D'abord parce que ses subordonnés continueront les bons errements, et ensuite parce que les chaussées ne se détériorent pas complètement en un an ou deux ans. Mais avec le temps le personnel change, et, si on ne le tient pas en haleine, si l'on ne dirige pas bien les premiers pas des jeunes agents, les mauvais résultats se font sentir au bout de quelques années.

Supposez au contraire un ingénieur très capable et très actif, arrivant dans un département où le service est mal fait depuis longtemps et où les chaussées sont très mauvaises. Il ne pourra les réparer en un an ni même en peu d'années. Il lui faudra bien du temps pour refaire un bon personnel, pour faire cesser les mauvaises habitudes, pour faire adopter les nouvelles méthodes, et même pour démontrer que ces nouvelles méthodes sont meilleures que les anciennes. En voici un exemple.

Nous verrons, plus tard, qu'aujourd'hui la méthode d'entretien par rechargements généraux est la plus répandue parce qu'elle est la meilleure et la plus économique. Or, dans un département du Centre, nous avons eu, au commencement, bien de la peine à la faire accepter. Les cantonniers, les vieux agents ne pouvaient admettre que l'on puisse mieux faire que ce qu'ils avaient fait depuis plus de 30 ans. Ils appliquaient mal la nouvelle méthode, quelquefois avec intention. Les populations ne comprenaient pas tout d'abord et ne se gênaient pas pour blâmer très vivement ces jeunes ingénieurs qui avaient l'audace et l'outrecuidance de vouloir en remontrer aux vieux agents rompus dans le métier.

Bref, il a fallu de la patience, de la ténacité, pour faire comprendre les avantages de la nouvelle méthode.

Ce n'est donc qu'au bout de bien des années de luttes, de zèle et de dévouement que l'on constate la supériorité d'un ingénieur de route et que l'on reconnait les améliorations qu'il a réalisées. Ce n'est quelquefois que lorsqu'il est parti, dans une autre résidence ou en retraite, qu'on lui rend justice et qu'il est regretté.

En parlant ainsi, je n'ai pas l'air de vous encourager à prendre un service ordinaire à votre sortie de l'École, mais je sais que je m'adresse à des hommes qui possèdent le sentiment du devoir et qui, le plus souvent, se contenteront pour toute récompense de la satisfaction du devoir accompli.

Lorsque vous n'aurez pas travaillé pour vous, vous aurez travaillé pour le corps auquel vous avez l'honneur d'appartenir.

C'est, en effet, par le bon entretien des routes et chemins que s'établit dans un département la bonne réputation des ingénieurs. En Seine-et-Marne, par exemple, le service ordinaire et vicinal a été organisé par des hommes remarquables qui ont laissé un grand nom, et qui s'appelaient Dajot, Marx et Lagrange (Je ne parle que de ceux qui sont morts et non de leurs successeurs qui sont encore vivants). Ce sont eux qui ont donné aux routes de Seine-et-Marne la bonne réputation qu'elles conservent. Ce sont eux qui ont employé les premiers la méthode des rechargements généraux, les cylindres à vapeur, etc...

Ils ont su faire apprécier les services rendus par les ingénieurs, du public, des conseillers généraux, de tous les membres du Parlement.

Tous ces derniers ont une pleine confiance dans les ingénieurs et ne les contredisent jamais d'une manière désagréable. C'est à nos prédécesseurs, qui ont su satisfaire les populations en leur faisant de bonnes chaussées, que nous devons cette réputation dans le département.

Au contraire, dans certains départements que je ne citerai pas, les ingénieurs ont eu des difficultés avec les populations, les assemblées - les représentants du suffrage universel. Ce n'est peut-être pas la faute de tous ceux qui se sont succédé dans un même poste, mais c'est sans doute la faute de certains d'entre eux, et alors il est très difficile de remonter le courant, même pour les ingénieurs les plus capables et les plus actifs.

En résumé, ce n'est que par un travail soutenu, une action de présence continuelle, un soin de tous les instants, une recherche assidue de tous les moyens d'améliorer la viabilité des routes et chemins que l'on parvient à gagner la confiance du public, et, je le répète, si on ne travaille pas pour soi, l'on travaille pour ses successeurs, pour le corps des ponts et chaussées et pour son pays.

La question d'entretien des routes et chemins prend une importance qui augmente de jour en jour. Au moment de la création des chemins de fer, on avait cru que les routes seraient délaissées. Il n'en a rien été. Si les voies ferrées ont pu altérer le caractère d'artères principales de transport à longue distance que jouaient autrefois les routes nationales, les transports à petite distance ont considérablement augmenté, et le rôle des chemins, comme affluents nécessaires aux points d'expédition ou d'arrivée des personnes et des marchandises aux gares de chemins de fer, résulte clairement du développement simultané des voies terrestres et des voies ferrées. On peut même dire que l'on peut transporter un voyageur ou une tonne de marchandise, sur une voie terrestre, sans l'aide d'aucune voie ferrée, mais que la réciproque n'est pas vraie. En effet, l'on a toujours besoin, lorsqu'une marchandise est transportée par chemin de fer sur une grande distance, d'une première voie terrestre pour aller du lieu de production à la gare expéditrice et d'une seconde voie terrestre pour aller de la gare d'arrivée au lieu d'emploi. De même pour les voyageurs. Donc les voies ferrées ont besoin, pour vivre, de leurs sœurs, les voies terrestres, qu'elles méprisent trop souvent.

On l'a vu à Madagascar. Dans cette île toute neuve, on a voulu commencer par faire des chemins de fer ; il a fallu construire d'abord des routes pour qu'elles pussent alimenter les chemins de fer.

Aujourd'hui les voyages à grande distance recommencent avec les automobiles. De plus, nos chaussées deviennent insuffisantes, leur tracé n'avait pas été fait pour les vitesses actuelles des nouveaux véhicules. Ce n'est la faute de personne, mais il faut marcher avec son temps, et c'est reculer que de rester stationnaire. Donc il faut modifier nos tracés, nos profils en travers, nos revêtements, etc. Ce n'est pas facile et les solutions de ce grave problème ne sont pas encore trouvées.

Nous n'avons encore fait que commencer à les étudier et M. Barthou, ministre des travaux publics, a pris l'initiative de réunir un 1er congrès international pour jeter les premières bases de ces si intéressantes études.

Ce congrès s'est réuni à Paris en octobre 1908 ; il a eu un succès inespéré. Tous les Gouvernements étrangers y ont envoyé des délégués. Nous comptions sur 1.000 ou 1.200 adhérents, nous en avons eu 2.400.

Cela tient à ce que, dans tous les pays, on a compris l'importance de la route.

De plus, l'automobile est venu donner un regain de jeunesse à toutes les voies de communication terrestres ; ceci a été dit dans les vers que Mme Bartet a lus, lors du Congrès, au Gala de la Comédie Française en 1908. C'est la route qui parle, elle expose qu'elle était un peu délaissée avant les automobiles, et s'exprime ainsi :

J'ai tenu bon pourtant et défié l'usure...
Même je commençais à respirer un peu...
Et, moins dur, mon labeur, me paraissait un jeu ;
Plus de poste, de coche, et plus de randonnée.
On m'oubliait : j'avais l'air d'une abandonnée.
Quelque rare attelage au pas tranquille et lent
Promenant sur son char le roulier indolent,
Seul, la nuit ou le jour, troublait ma quiétude.
De ce doux farniente j'avais pris l'habitude,
Et, pensant bien mes maux disparus sans retour,
Dans un calme trompeur je vivais, quand, un jour...

Un monstre inconnu fend l'espace,
Dieu sait par quel démon poussé,
Dans sa pesante carapace,
Agile, il passe, il est passé !

Il est passé trombe sifflante,
Dans une tempête de fer,
Pareil à l'étoile filante
A travers les routes de l'air.

C'est la course folle, éperdue,
Vers un lointain toujours fuyant :
C'est l'éclair déchirant la nue
Dans un sillage foudroyant !

Et pour moi c'est, hélas ! une blessure affreuse,
Mes flancs sont ravagés, et ma face se creuse ;
Chaque trombe qui passe apporte un nouveau dam
A mon revêtement pierreux : mon macadam
Rompu, troué, n'est plus qu'ornière sur ornière.
Et mon corps se dissout et s'envole en poussière !...
Vais-je donc en mourir ?
Non puisque vous voilà !
A tous mes maux vous allez mettre le holà,
Car en vous le Génie égale la science !
Votre sagacité me donne confiance,
Hors des sentiers battus recherchant du nouveau,
Elle saura trouver le remède qu'il faut,
Formuler sûrement la future doctrine
Et, pour sauver la route, éviter la routine.

« Puisque vous voilà » s'adressait aux congressistes. Je vous l'adresse, à vous, jeunes gens, qui avez du temps devant vous.

Un second congrès de la route a eu lieu, en août 1910 à Bruxelles. Il n'a pas eu moins de succès que le premier. De nombreuses études fort intéressantes et très savantes y ont été présentées. Je vous en reparlerai, à propos de chacune des questions que j'aurai à traiter devant vous, mais en somme la solution cherchée n'est pas trouvée, et cela n'a rien d'étonnant ; car il faut beaucoup de temps, quand il s'agit des routes, pour montrer qu'un nouveau système est meilleur et plus économique que les anciens. L'empierrement actuel qui ne date guère que de 1775, a cependant duré presqu'un siècle 1/2 : il durera encore longtemps, car il faudra certainement bien des années pour le remplacer par d'autres revêtements meilleurs et aussi économiques.

Nos routes de France étaient et sont encore bien meilleures que celles de l'Etranger, mais les Anglais et les Américains travaillent beaucoup la question et font de nombreuses expériences. Si nous n'y prenons garde, ils vont non seulement nous rattraper mais même nous devancer.

Cela vous montre que vous trouverez dans ces études un champ d'activité intéressant, et il vous appartiendra d'adapter définitivement les routes de l'avenir au nouveau mode de locomotion qui remplacera bientôt tous les autres.

Seulement, pour faire du nouveau intelligemment, il faut savoir tout ce qui a été déjà fait, quand cela ne serait que pour ne pas tomber dans des erreurs déjà commises et pour vous éviter d'inventer quelque chose qui a déjà été inventé et qui n'a pas réussi.

C'est ce que je vais faire dans ce cours.

J'espère, par ces quelques mots, vous avoir fait comprendre toute l'importance qui s'est toujours attachée à la question des routes et chemins et qui augmente tous les jours.

## ORIGINES DE QUELQUES MOTS USUELS

Il est intéressant de connaître les origines des mots dont on se sert couramment.

En voici quelques-unes :

**Route**. — L'origine est *Rupta* par l'intermédiaire du mot français *Rote*. Le mot *Via* est sous-entendu, et l'expression *Via rupta* a le sens de *Voie frayée par le travail de l'homme à travers les obstacles du terrain* : c'est par exemple une voie frayée par *Rupture* à travers un bois.

Le vieux mot *Rote* subsiste encore dans certaines régions de l'Ouest de la France, où il désigne des sentiers que suivent les piétons à l'intérieur des champs.

*Rupta* a donné *Rote* par les changements suivants :

1° Le groupe *pt* s'est changé en *t*.

2° *u* s'est transformé en *o*.

Ces changements sont fréquents :

1° *Captivus* est l'origine de *Chétif* français et *Cattivo* italien : *pt* a donné un *t*, quelquefois redoublé.

*Scriptus* a donné *Ecrit*.

*Hospitale* a donné *Hôtel*, l'*i* bref est tombé et le groupe *pt* de Hosp'tale est devenu *t*.

2° *Columba* est devenu *Colombe*.

*Mundus* est devenu *Monde*.

*Numerus* est devenu *Nombre* : l'*e* bref est tombé et *u* s'est changé en *o*.

*Nuptia* est devenu *Noces*, le groupe *pt* est devenu *t*, et *ti* suivi d'une voyelle correspond à *c*.

Enfin *Rote* est devenu *Route*, par la transformation de *o* en *ou*, phénomène linguistique très fréquent. Exemples :

*Rota* a donné *Roue*,
*Totus* — *Tout*,
*Molina* — *Moulin*,
*Corona* — *Couronne*,
*Tornare* — *Tourner*.

Le mot *Route* a conservé son sens primitif de *Rompue-Rupta*, dans le mot français moderne *Banqueroute*, qui vient de l'Italien *Banca rotta*. On brisait les comptoirs, « les bancs » des commerçants qui ne faisaient pas face à leurs engagements.

**Chemin.** — L'origine directe est *Caminus*, bas latin, qui a donné *Cammino* en italien et *Camino* en espagnol. Le sens primitif de ces mots paraît avoir été *Action de marcher* et, par suite, il faut rattacher ce vocable à la racine celtique *Kam*, que l'on retrouve dans le Breton moderne *Kam*, *Kamet*, avec le sens de *Pas*, *Allure*. En Irlandais, *Cingin* signifie *Je marche*. C'est à cette dernière forme *Cin* (C se prononce K) de la racine celtique qu'il faut rattacher *Cingétorix* (d'où Vercingétorix) dans le sens de *Grand chef des marcheurs* (guerriers).

**Rue.** — L'origine est *Ruga*, latin et italien, qui signifie *Ride*, *Sillon*. Il y a eu transformation de sens, mais on peut comparer une rue à un sillon tracé à travers une ville.

*Ruga* est devenu *Rue* par la chute du *g* intervocal, phénomène phonétique régulier :

*Augustus* a donné *Août*,
*Regina* — *Reine*,
*Plaga* — *Plaie*,
*Fagus* — *Fao* en ancien français et *Fou* (*hêtre*) en breton moderne.

*Fouet* est un diminutif de *Fou*, baguette de hêtre.

**Pont.** — L'origine est *Pontem*, latin qui a donné *Ponte* en italien et *Puente* en espagnol.

Le mot grec Πόντος a le sens de *mer* (Pont-Euxin) et le mot russe Путь (qui se prononce *Pout*) a le sens de *voyage, chemin, route*. Il est intéressant de rapprocher le mot latin et ses dérivés des mots grec et russe. Le *Pont* français est un passage, un chemin traversant une rivière, et ce sens se rattache à celui du mot russe ; quant au mot grec, c'est encore un *Chemin* pour aller d'un continent à un autre. Exemple : *Hellespont*, passage du détroit des Dardanelles par *Hellé*.

Le mot allemand moderne *Brücke* a pour origine le terme ancien haut allemand, *Brucca*. A cette même racine se rattache le vocable celtique *Briva*, origine des noms de plusieurs localités, *Brive*, *Brives*, *Brioude*, *Brides*, etc. où il existait des ponts.

**Chaussée.**— L'origine est *Calciata*, latin. Le mot *Via* est sous-entendu. C'est une voie maçonnée à la chaux ; l'adjectif *Calciatus*, bas latin, correspond à *Calcem*, chaux.

*Calciata* a donné *Chaussée* par suite de plusieurs transformations régulières, savoir :

1° *c* en *ch*.

| Exemples : | *Campus*, | *Champ*. |
|---|---|---|
| | *Caput*, | *Chef*. |
| | *Canalis*, | *Chenal*. |
| | *Capra*, | *Chèvre*. |
| | *Furca*, | *Fourche*. |

2° *al* en *au*.

| Exemples : | *Alba*, | *Aube*. |
|---|---|---|
| | *Calvus*, | *Chauve*. |

3° *ci* en *ss*.

Le *c* latin se prononçait comme un *k*, excepté quand il était suivi des groupes *ie*, *ie*, *io*, *iu*. Alors il se prononçait *ç*, *s* ou *ss*.

| Exemples : | *Macionis*, | *Maçon*. |
|---|---|---|
| | *Tristitia*, | *Tristesse*. |
| | *Orationem*, | *Oraison*. |

4° Enfin *ata* en *ée*.

Le *t*, d'abord transformé en *d*, est tombé ; puis *a* est devenu *é*.

Exemples : *Spatha* a donné *Spada* (d'où *Spadassin*), puis *Espede* et enfin *Espée* et *Epée*.

*Diurnata* est devenu *Journée*.

On voit donc les transformations successives :

*Calciata*, *Chalciata*, *Chanciata*, *Chaussata*, *Chaussée*.

**Déblai**. — Ce substantif verbal de *Déblayer* a pour origine le verbe latin du moyen-âge, *Debladare*, au sens de *enlever le blé coupé*, sens qui est devenu ensuite *Enlever toute chose*.

*Debladare* a donné *Déblayer* par la chute du *d* intervocal, phénomène phonétique régulier ; ce verbe de basse latinité vient du mot, également bas-latin, *Bladum*, qui a donné en vieux français *Bled*, devenu *Blé*.

Quant à *Bladum* ou *Abladum*, c'est une déformation du participe passé latin *Ablatum* au sens de *Ce qui est enlevé*, puis *Récolte*, *Moisson*.

*Ablatum* a donné *Blé* par la chute de l'*a* initial, comme dans *Apotheca*, origine de *Boutique*, et par la transformation régulière de *atum* ou *atus* en *é* :

| Exemples : | *Pratum*, | *Pré*. |
|---|---|---|
| | *Mercatus*, | *Marché*. |
| | *Gratum*, | *Gré*. |

Il est intéressant de constater l'altération de sens du mot *Ablatum* qui est devenu *Blé*, mais on trouve des déformations de sens analogues en grec et en allemand pour les mots Καρπός, fruit, et *Herbst*, vendange, qui signifient ensuite *Époque de la vendange*, *Automne*, et dont le sens primitif était *Chose à enlever ou à cueillir*.

La racine commune de ces vocables est l'indo-européen *Karp*, qui a donné le sanscrit *Karpana*, le lithuanien *Karpe*, le grec καρπός, etc., puis le latin *Carpere*, *Prendre*, *Cueillir*, etc., et aussi le vieux mot germanique *Harb*, qui s'est transformé en *Herpist*, puis en *Herbst*.

## HISTORIQUE

On peut dire que les chemins ont dû commencer avec l'homme lui-même, et qu'ils sont aussi vieux que lui.

A l'origine, la surface des voies était le sol naturel lui-même plus ou moins aplani ; mais, l'homme désirant toujours (il en est encore aujourd'hui comme cela) circuler de plus en plus facilement et de plus en plus rapidement, soit à pied, soit avec des animaux et des véhicules de tout genre et de plus en plus perfectionnés, il a recouvert le sol naturel des sentiers et des chemins d'un manteau protecteur et résistant :

Soit de pierres taillées : c'est le pavage ou le dallage.

Soit d'une couche de pierres cassées agglomérées entre elles : c'est l'empierrement.

Puis, comme l'homme qui progresse sans cesse a perfectionné les véhicules, et que la chaussée doit être appropriée aux véhicules qui circulent sur elle, on a eu recours à des tapis en asphalte, en bitume, en mortier de ciment, on a inventé le pavage en bois, etc.

On a proposé des revêtements métalliques, de l'asphalte armé, du pavage en verre.

Le progrès continuant avec les automobiles, on cherche aujourd'hui le meilleur revêtement susceptible de satisfaire aux exigences du nouveau mode de locomotion.

Il faut constater cependant que, sauf dans ces dernières années, les progrès ont été extrêmement lents. Il y a même eu des arrêts complets.

Il existait, paraît-il, quelques routes gauloises avant la conquête romaine ; mais nous pouvons laisser l'étude de ces voies aux archéologues.

Les Romains ont établi dans la Gaule de grandes voies militaires, et il faut avouer qu'elles n'étaient pas mal faites, car on en retrouve encore quelques-unes. La monarchie française les conserva tant bien que mal, et ces voies sont tellement indispensables pour les troupes en marche que c'est Charlemagne qui les fit réparer ou rétablir en y employant les troupes. Mais, dans la confusion qui suivit son règne, tout progrès s'éteignit.

Au moyen-âge, le brigandage et la guerre perpétuelle, l'anarchie, le morcellement du territoire firent à peu près disparaître ce qui restait des grands chemins. Ils sont interceptés, coupés, envahis par les herbes. Quelques voies locales tracées au hasard subsistent seules. Cependant les croisades, les pèlerinages surtout, maintiennent quelques grands courants de circulation. Pour les desservir on établit des ponts, des chaussées à travers les vallées submersibles ou marécageuses. Partout ailleurs le chemin demeure à l'état de sol naturel, semblable aux pistes que suivent encore les peuplades primitives ; il n'y a encore que de pareilles pistes au Maroc.

A la fin du XVIe siècle, les grands chemins se distinguent uniquement par leur largeur, qui va jusqu'à 64 pieds (plus de 20 mètres). En rase campagne, ils n'ont été l'objet d'aucun travail ; à la moindre pluie, ils deviennent impraticables et le public trouve avantage à passer à travers champs. Les chemins n'ont, du reste, qu'un tracé vague et changeant. Le guide des chemins de France, dressé et imprimé par Estienne, indique 98 chemins. La carte des postes de 1632 compte pour ce service 30 chemins seulement. Les voyageurs n'y circulent qu'à cheval ; le transport des marchandises s'effectue par bêtes de somme, ou par chariots primitifs pendant la belle saison. La même situation se présentait il y a quelques années, avant la conquête française de la grande île de Madagascar où l'on ne circulait qu'à pied ou en filanzane.

Le progrès ne recommence que sous Henri IV, avec Sully, nommé grand voyer de France par l'édit de 1607.

A ce propos on peut constater que, dans les pays riches, il existe toujours de bonnes routes et de bons chemins. On a même dit que l'état de civilisation d'un pays est indiqué par l'état de viabilité de ses voies de communication. Est-ce la bonne viabilité qui a créé la richesse ? est-ce, au contraire, la richesse du pays qui a permis aux habitants de construire et de bien entretenir les voies de communication ? On peut discuter quelle est la cause et quel est l'effet ? Ce qui est certain, c'est que les deux faits sont concomitants.

Ainsi,depuis Charlemagne jusqu'à Henri IV,de 800 à 1600, pendant 8 siècles, la France, au point de vue politique et matériel, n'a fait que de maigres progrès. Les voies de communication n'en ont pour ainsi dire fait aucun.

Au contraire, à partir d'Henri IV, la France va progresser et ses voies de communication suivront ou précéderont le mouvement. Colbert (1619-1683) donne tous ses soins aux voies de communication. Il crée l'*Etat du roi*, dotation annuelle affectée aux travaux des ponts et chaussées.

Ses efforts se portent particulièrement sur les ponts. En rase campagne, on demande des travaux aux communautés et on s'occupe de percer les routes nécessaires à *l'approvisionnement de Paris*. Paris était déjà le grand mangeur. Colbert entre à ce sujet dans de minutieux détails.

« Ayez soin, écrit-il à un ingénieur chargé d'un grand chemin du Nord, que le *pavé soit dur, de bon échantillon, qu'il soit assis sur bon sable et que le lit soit au moins de 8 à 10 pouces* » : 8 à 10 pouces, cela fait 25 à 30 centimètres.

On voit que Colbert désirait une bonne fondation sous son pavage. L'empierrement n'est pas l'objet de tant de soins ; on le répare tant bien que mal avec les ressources locales, à intervalles plus ou moins éloignés.

Les pays d'Etat, comme la Bourgogne, la Bretagne, ne participaient pas aux fonds du Roi. Aussi, en 1698, l'intendant de Bourgogne déclare-t-il que les chemins y sont généralement mauvais, à cause de la nature du sol, et seraient même absolument impraticables sur quelques sections, si on n'y avait établi des pavages.

A cette fin du XVIIe siècle, la *Corvée* commence à apparaître pour les mouvements des armées et surtout pour les voyages du grand Roi Louis XIV. En 1682-1683, la Cour se rendant à Chambord, à Compiègne, les Communautés étaient invitées à préparer le passage. On remplissait les mauvais endroits de cailloux et de pierres, s'il y en avait dans le pays, sinon avec de la terre ou du bois. Néanmoins, le chemin restait-il trop mauvais, on ouvrait un passage au Roi à travers les terres voisines, en coupant les haies et en comblant les fossés.

Ce sont là, dit Colbert, les expédients dont on se sert pour faciliter le passage du Roi.

Comme on le voit, les populations étaient bien heureuses quand elles avaient la chance de se trouver sur un parcours effectué par le Roi. Elles avaient l'avantage de jouir, après, d'une viabilité un peu meilleure. Cependant, dans sa correspondance relative aux chemins, Colbert se préoccupe non seulement des voyages du Roi mais encore de ceux du public ; il dit :

« C'est principalement de la facilité des chemins que dépend l'avantage du commerce et le bien public. »

Ailleurs, Colbert recommande de ne pas éparpiller les ressources : « *Car*, dit-il, *il est beaucoup plus avantageux de rétablir les grands chemins, selon leur importance, l'un après l'autre, que de continuer à faire quantité de petites dépenses sans effet utile.* »

Cette maxime est à retenir ; il y a lieu de la méditer et surtout de l'appliquer, ce qui n'a pas toujours été fait, au grand détriment de l'intérêt public.

Enfin c'est Colbert qui a désigné les premiers ingénieurs et il entretenait avec eux une correspondance active.

Vous le voyez, tous ceux qui ont eu à cœur de bien servir leur patrie, comme Sully et Colbert, ont toujours développé les voies de communication.

C'est un exemple que nous devons suivre.

Après Colbert, le grand siècle décline et en même temps l'on ne s'occupe plus guère de la viabilité. Les grands chemins abandonnés à eux-mêmes, sauf quelques réparations locales intermittentes, restent plus ou moins viables en belle saison, suivant la nature du sol, pour redevenir impraticables aux moindres intempéries. L'ordonnance des trésoriers généraux de France du 17 décembre 1686 le constate en termes bien nets pour la généralité de Paris :

« La plupart des chemins sont réduits maintenant à si peu de largeur que, dans beaucoup d'endroits, il est impossible à deux voitures opposées d'y passer ensemble : au lieu, pour les propriétaires des terres voisines, de leur laisser leur largeur naturelle et de les entretenir en très bon état, soit *en y répandant du sable ou des cailloux pour remplir les ornières et les trous comme l'ordonnent les coutumes*, soit en relevant les fossés pour y faire écouler les eaux, ils les labourent et avec leurs charrues ils y élèvent des tertres et des buttes de terre qui rendent les dits chemins rudes et difficiles. Ils y mettent des haies et y plantent des arbres... Ils les fouillent pour y prendre les bonnes terres et y forment ainsi des mares et des bourbiers qui forcent les passants à s'écarter pour chercher un chemin commode souvent à travers les terrains ensemencés. » Et il en est de même des chaussées pavées : « Tellement que les dits chemins qui doivent être droits, spacieux, sûrs, praticables et entretenus en beaucoup d'endroits par les seigneurs péagers et par les paroisses voisines, sont presque tous obliques, sinueux, remplis de trous et de tas de pierres et en conséquence très périlleux. »

L'intendant de Flandre écrit :

« Les marchands sont obligés de mettre 4 chevaux à leurs charriots au lieu de 2, ce qui achève de perdre le commerce » (1691).

Nous n'étions plus à l'époque où Mme de Sévigné comparait les routes à des mails et à des promenades. Il est même probable qu'elle exagérait un peu, ou bien qu'elle n'avait vu qu'un petit bout de route spécialement aménagé pour le passage du grand Roi.

Le XVIII^e siècle verra pourtant se réaliser certains perfectionnements importants.

La marche est d'abord lente à cause de la pénurie des finances. Cependant l'arrêt du Conseil du 26 mai 1705 pose des règles utiles, et l'édit du 22 juin 1706 permet de pénétrer dans les propriétés privées pour l'extraction des matériaux. L'édit de 1705 constate notamment que les entrepreneurs des routes ont été troublés et molestés par les propriétaires des héritages voisins et qu'il en est résulté des sinuosités injustifiables. Il ordonne que les chemins seront conduits *du plus droit alignement que faire se pourra*. Les terrains seront pris sur les riverains, qui recevront en échange les parties abandonnées.

C'est à cet édit que nous devons ces longues parties droites de nos routes nationales, et on constate que nos arrière-grands-pères, par amour de la ligne droite, acceptaient des déclivités considérables. Cela tient à ce que la viabilité était tellement médiocre que, même en palier, le tirage était considérable, et qu'alors l'influence des déclivités était beaucoup moins grande, et même très faible, sur le poids pouvant être traîné par un cheval ; nous verrons cette question un peu plus tard.

Quant à l'arrêt de 1706, il permet de prendre, pour les routes, pierres, grès, pavé, sable en quelque lieu qu'ils soient, non muni de clôture, et en payant au propriétaire du fonds un dédommagement à dire d'experts. C'est l'origine de notre droit d'occupation temporaire. Il n'a presque rien été changé à ces règles depuis cette époque.

Un arrêt de 1714 constate que la généralité de Paris, qui correspond à peu près à l'Ile-de-France, possédait 492 mille toises, soit un millier de kilomètres de chaussées de pavé de grès, de cailloutis et de ferrage. (Le mot chemin ferré est encore en usage dans certains pays. Il désignait à l'origine un chemin dont le fond est ferme et rocheux, on l'a étendu peu à peu aux empierrements très durs). Ce même arrêt de 1714 constate du reste que tous les chemins en question sont mal entretenus. Il y a des chemins creux absolument impraticables en temps humide, comme peuvent l'être encore certains chemins ruraux en pays argileux. On comprend sans peine quelle pouvait être la circulation sur des voies pareilles.

Sous Louis XV, le Régent réorganise le service des ponts et chaussées : le marquis de Beringhen en est le premier directeur.

Un arrêt de 1720 recommande aux ingénieurs « de donner aux chemins de terre la même largeur qu'aux chaussées pavées et de les *tirer* au plus droit alignement que faire se pourra, par exemple de clocher à clocher ». C'est une recommandation renouvelée de l'édit de 1705 et elle a été suivie, vous le constaterez, sur beaucoup de nos vieilles routes. Les propriétaires sont tenus de livrer les terrains nécessaires : ils étaient payés par l'avantage qu'ils tiraient d'une voie nouvelle.

Les grandes lignes s'améliorent, telle la chaussée pavée de Paris à Orléans ; mais les voituriers en profitent pour augmenter leurs chargements, et les dégradations renaissent. C'est l'éternelle question. Plus on donne de facilités au public, plus il en use. Il en abuse même, et, en exagérant les poids ou les vitesses, il détruit les ouvrages qui n'ont pas été faits pour ces poids ou ces vitesses. Nous en sommes encore là avec les automobiles.

Seulement, en 1720, on ose prendre un remède que nous n'osons plus prendre aujourd'hui, on limite les charges.

Il est défendu notamment de charger plus de 5 poinçons de vin sur une même voiture. Un arrêt du Conseil du Roi permet bien de charger 6 poinçons, mais à la condition qu'au retour le voiturier transportera une certaine quantité de sable et de pavés.

C'est l'origine des subventions industrielles prévues par l'article 14 de la loi du 21 mai 1836. Nous y reviendrons.

Une assez grande activité est donnée à la construction, si bien qu'en 1730 un édit intervient défendant de fabriquer des pavés de grès pour des particuliers.

Vous le voyez, pour arriver à construire des routes, les pouvoirs publics n'hésitent pas à porter de rudes atteintes à la liberté des citoyens, mais il a été et il sera éternellement vrai que de pareilles suppressions de la liberté individuelle ne servent jamais à rien. Aussi la viabilité reste parfois déplorable en bien des régions.

Voici une note qu'on trouve dans les mémoiresde d'Argenson : c'était l'époque du mariage de Louis XV avec Marie Leczinska (1725).

« Je n'oublierai jamais, dit-il, l'horreur des calamités qu'on souffrait en France lorsque la Reine y arriva. Une pluie continuelle y avait apporté la famine, et elle était bien augmentée par le mauvais gouvernement. Qu'on se représente la misère inouïe des campagnes! En ce moment il s'agissait de moissons et récoltes qu'on n'avait pu encore ramasser. Le pauvre laboureur guettait un moment de sécheresse pour le faire; cependant tout ce canton était *battu de verges*. On avait fait partir les paysans pour accommoder les chemins, où la Reine devait passer, et ils n'en étaient que pires, au point que sa Majesté pensa souvent se noyer. On la retirait de son carosse, à force de bras, comme on pouvait. »

Vous le voyez, même en ce temps, les moyens violents ne suffisent pas pour faire travailler les ouvriers. L'on avait beau *battre de verges* les paysans pour accommoder les chemins, ces derniers n'en étaient que pires. Probablement, le sabotage était déjà inventé.

Néanmoins la constitution du réseau national se poursuit jusqu'aux environs de 1789 grâce à Perronet, le véritable fondateur du Corps et de l'École des ponts et chaussées, et grâce à Trudaine qui a dirigé le service de 1748 à 1769. Or, à ce propos, il est bon de rappeler que Trudaine, dans sa jeunesse, avait été révoqué par le Régent qui lui dit :

« Vous êtes trop honnête pour marcher avec nous. »

C'est donc un de nos très vieux prédécesseurs qui commença à nous donner le bon exemple. L'honnêteté est en effet chez nous une tradition, vieille comme les rues, ou plutôt comme les chemins. Vous continuerez à la suivre, sans crainte de révocation.

Pendant cette période, la corvée, dont nous parlerons plus tard, permet de créer et, dans une certaine mesure, d'entretenir le réseau des principales voies indispensables à la vie du pays. Ce bienfait est malheureusement payé bien chèrement par les lourdes charges et par les souffrances que la corvée inflige aux habitants des campagnes.

La corvée est supprimée par Turgot, mais rien ne la remplace, et les routes, abandonnées, retombent bientôt dans une situation précaire :

L'ingénieur de Senlis écrit à son chef, le 8 septembre 1792, au sujet de la route importante de Senlis à Creil :

« Je vais demain faire abattre plusieurs fossés qui coupent la plaine depuis la montagne de Creil, jusqu'au bois de Malassise, et rabattre les ornières depuis ce bois jusqu'à la chaussée de cailloutis. »

Le 6 frimaire an II, le Ministre de l'intérieur constate que la plupart des chemins sont presque impraticables. On signale de toute part les pertes considérables de chevaux qui meurent sur les routes et de voitures qui se brisent. Il est impossible d'alimenter les armées. Il importe cependant que les routes soient au moins praticables.

En 1793, une lettre de l'ingénieur de Clermont (Oise) donne la description suivante de la partie de la route de Paris à Lille comprise entre Creil et Liancourt :

« Imaginez une route construite en têtes de chat, sillonnée dans toute sa longueur de huit rouages plus ou moins continus et coupée en beaucoup d'endroits, comme si le passage s'était fait en travers de la voie ; des trous de toutes dimensions. Il y a du danger à y conduire un cheval au pas. Les voitures risquent moins de verser que de se briser.

« Il faut, dit-il, ébouer, employer du caillou, casser les vieux blocages, amener quantité de pierres cassées ; malheureusement le temps ne permet pas de sortir les cailloux des champs. »

En 1797, sur la route de Flandre (Route 17), route pavée, des parties entières sont arrachées, le pavé est enlevé par les rouliers qui en font le contrepoids de leurs voitures. Les messageries ont grand'peine à s'en tirer en plein jour. En fructidor an VI, cette même route de Flandre présentant à La Chapelle-en-Serval, à quelques lieues de Paris, un trou de 600 mètres, les voitures se détournent pour suivre une chaussée en terre. Une voiture qui a voulu suivre la route a mis 12 heures à traverser le passage où des diligences se sont brisées et sont restées en détresse.

Enfin au congrès de 1908 M. Barthou, Ministre des travaux publics, rappelait une lettre d'une artiste du Théâtre Français, qui écrivait après un voyage plein de péripéties, de Paris à Lyon, le 10 germinal an IX :

« N'ayez jamais besoin de parcourir les routes, j'y suis restée avec ma voiture et, sans le secours des charrettes, je crois que j'y serais encore. »

Voilà comment on voyageait, il n'y a pas beaucoup plus de cent ans.

Cette situation allait bientôt disparaître avec l'avènement du XIXe siècle.

Si je me suis un peu étendu sur cet historique, c'est pour vous montrer que depuis la conquête romaine jusqu'en 1800, malgré les efforts de Charlemagne, de Sully, de Colbert, de Trudaine, etc..., la viabilité des routes de France n'avait fait que des progrès très lents. Grâce à Perronet, l'art de construire les ponts avait fait de grands progrès, il y avait quelques chaussées pavées, mais l'entretien des chaussées empierrées laissait fort à désirer, car ce n'est qu'en 1775 que Tresaguet a fait une première étude sur les chaussées empierrées.

Il appartenait au XIXe siècle, et surtout à la fin de ce siècle, de développer et d'augmenter d'une manière extraordinaire tous les moyens de locomotion.

L'histoire du Corps des ponts et chaussées, définitivement organisé par les décrets du 5 nivôse an VIII, du 7 fructidor an XII, vous sera faite dans le cours de droit administratif ; je ne vous en parlerai donc pas, je me contenterai de vous signaler les progrès rapides réalisés en un siècle.

Au commencement du XIXe siècle, les routes nationales étaient à peu près créées, mais mal entretenues, leur longueur n'atteignait guère que 36.000 kilomètres ; mais on y a adjoint les routes départementales, puis, à partir de 1836, les chemins de grande communication et les chemins vicinaux ordinaires.

C'est la loi du 21 mai 1836 qui a créé la vicinalité.

Sous la Restauration, une première loi du 28 juillet 1824 avait ébauché quelque chose, en établissant une prestation de deux journées de travail, mais cette loi ne paraît pas avoir donné de grands résultats.

C'est grâce à la loi de 1836 que les chemins ont pris un développement considérable. C'est aussi grâce à la loi du 11 juillet 1868, qui a accordé une subvention de 115 millions aux départements et aux communes et qui a créé la caisse des chemins vicinaux. Enfin c'est au Gouvernement de la République que le pays doit la loi essentiellement démocratique du 12 mars 1880 ; en donnant aux communes et aux départements, pour la construction des voies vicinales de toute catégorie, des subventions d'autant plus fortes que les communes et les départements sont plus pauvres, l'État a provoqué un accroissement considérable des constructions.

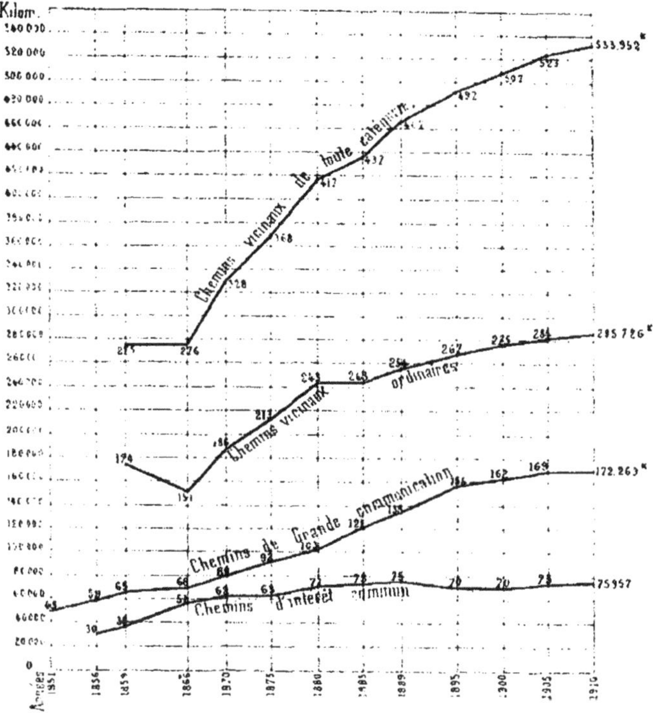


Fig. 1. — Longueur des chemins vicinaux depuis 1851.

Le graphique ci-dessus vous donnera une idée des accroissements successifs du réseau.

Je n'ai pu retrouver de documents précis antérieurs à 1859. A cette date, la longueur des chemins d'intérêt commun était de. . 36.000 kilom.

Celle des chemins de grande communication de. . . . . . . . . . . . . 65.000 —

et celle des chemins vicinaux ordinaires de. 174.000 —

Total . . . . . . . . . 275.000 —

Les chemins d'intérêt commun, après avoir augmenté, sont restés presque stationnaires de 70 à 75.957 kilomètres, mais les chemins de grande communication ont passé de 65.000 à 172.269, au 31 décembre 1910, les chemins vicinaux ordinaires de 174.000 à 285.758, les chemins de toute nature de 275.000 à 533.952 kilomètres.

En 50 ans le réseau a doublé.

Il en résulte que, sans compter les chemins ruraux et les rues des villes, le réseau des voies terrestres a actuellement les longueurs suivantes :

| | | |
|---|---|---|
| Routes nationales. . . . . . . . . | 38.200 | kilom. |
| Routes départementales. . . . . . | 13.030 | — |
| Chemins d'intérêt commun. . . . . | 75.957 | — |
| Chemins de grande communication. . . | 172.269 | — |
| Chemins vicinaux ordinaires. . . . . | 285.726 | — |
| Total. . . . . . . . . . . | 585.182 | — |

Les dépenses de construction ont été évaluées par M. Forestier en 1900 ; j'ai relevé les dépenses faites depuis 1900, ce qui permet de dresser le tableau suivant :

| | Dépenses faites avant 1900 millions | Dépenses faites depuis 1900 millions | Dépenses totales millions |
|---|---|---|---|
| Routes nationales. . . . . | 1.500 | 20 | 1.520 |
| Routes départementales. . . | 1.200 | 17 | 1.217 |
| Chemins d'intérêt commun. . | 900 | 39 | 939 |
| Chemins de grande communication. . . . . . . . . . . | 2.700 | 85 | 2.785 |
| Chemins vicinaux ordinaires . | 2.000 | 160 | 2.160 |
| Total. . . . . | | | 8.621 |

Les dépenses annuelles d'entretien, en 1905, ont été approximativement les suivantes :

| | |
|---|---|
| Routes nationales. . . . . . . . . | 30 millions. |
| Routes départementales. . . . . . | 10 — |
| Chemins de grande communication et d'intérêt commun . . . . . . . . . | 93 — |
| Chemins vicinaux ordinaires . . . . | 57 — |
| Total . . . . . . . . . . . | 190 mill. par an. |

Quand on compte les travaux neufs, les dépenses faites sur toutes les catégories de voies vicinales en 1905 se sont élevées, d'après les documents officiels, à 203 millions.

Pour 14 États d'Europe, la longueur des routes et chemins est de 1.600.000 kilomètres, ce qui représente un capital de 25 milliards. La dépense d'entretien annuelle atteint 800 millions. C'est vous dire l'importance que tous les pays attachent à l'entretien des voies de communication terrestre.

Les ingénieurs sont chargés du service vicinal dans un grand nombre de départements, et ce nombre a toujours été en augmentant. En effet, avant la loi du 10 août 1871, le nombre des départements où le concours des ingénieurs avait été réclamé pour le service vicinal par la libre volonté des conseils généraux était seulement. . . de 14.

| | |
|---|---|
| En 1874, il était. . . . . . . . . | de 24, |
| En 1902. . . . . . . . . . . . . | de 38, |
| En 1908. . . . . . . . . . . . . | de 43, |
| Et en 1910. . . . . . . . . . . . | de 46. |

Les ingénieurs dépensent donc plus de la moitié des fonds vicinaux de France.

Comme vous le voyez, la tâche des ingénieurs est énorme. De plus, l'œuvre n'est pas terminée et elle ne le sera jamais.

Les grandes routes, qui semblaient devoir perdre de leur importance à un certain moment, ont actuellement une nouvelle jeunesse. On est fort heureux de leur grande largeur, et on se félicite de ne pas avoir aliéné les excédents, car on y pose économiquement des tramways.

De plus, l'automobilisme se développe de plus en plus, et cependant, il y a quinze ans, l'on ne connaissait guère les automobiles.

Voici une statistique donnant le nombre de véhicules automobiles en service depuis 1899.

| | |
|---|---|
| 1899. . . . . . . . . . . . . | 1.672 |
| 1900. . . . . . . . . . . . . | 2.897 |
| 1901. . . . . . . . . . . . . | 5.886 |
| 1902. . . . . . . . . . . . . | 9.207 |
| 1903. . . . . . . . . . . . . | 12.984 |
| 1904. . . . . . . . . . . . . | 17.107 |
| 1905. . . . . . . . . . . . . | 21.543 |
| 1906. . . . . . . . . . . . . | 26.262 |
| 1907. . . . . . . . . . . . . | 31.286 |
| 1908. . . . . . . . . . . . . | 37.586 |
| 1909. . . . . . . . . . . . . | 44.769 |
| 1910. . . . . . . . . . . . . | 53.669 |
| 1911. . . . . . . . . . . . . | 64.209 |

Comme il existe en France entre 1.600.000 et 1.700.000 véhicules à traction animale, les 64.000 automobiles ne sont encore qu'une faible minorité ; mais l'accroissement indiqué ci-dessus montre que cette minorité augmente bien rapidement. On veut aller vite, toujours plus vite, et l'exemple des omnibus à chevaux de Paris, qui sont généralement vides, tandis que les autobus sont toujours pleins,en est une preuve.

Nous ne sommes plus au temps où Elisabeth Farnèse de Parme, ayant épousé Philippe V roi d'Espagne, petit-fils de Louis XIV,se rendait par terre de Gênes à Madrid en passant par Monaco, Marseille, Aix, Nîmes et Bayonne. D'après une relation de son voyage, que j'ai lue il y a quelques années, quoique femme et petite-fille de roi, elle faisait péniblement 18 à 20 kilomètres par jour. Cela avait lieu en 1714, il n'y a pas 200 ans. Aujourd'hui, quand on ne fait que du 20 à l'heure, on marche comme une tortue. Un train à 30 à l'heure, c'est un limaçon.

De plus, il ne faut pas que, malgré la vitesse,les voyageurs soient trop secoués. Aussi, depuis quelques années, le vent était-il au dépavage de toutes les routes.

J'ai converti en empierrement, dans le département de Seine-et-Marne, bien des routes pavées qui dataient de

Louis XV, et, un jour que le Touring-Club fêtait le dépavage d'une route avoisinant Fontainebleau, j'ai pu rappeler que, probablement vers 1770, on avait peut-être fait une fête pour célébrer le nouveau pavage qui constituait un grand progrès.

En 1901, pas beaucoup plus de 100 ans après, on a célébré le dépavage et le convertissement en empierrement exécuté pour faciliter la circulation des cyclistes.

Aujourd'hui, l'empierrement devient insuffisant avec les automobiles ; il y a une réaction en faveur du pavage, ou du moins nous cherchons un revêtement solide, pour résister aux dégradations produites par les voitures à grande vitesse.

Peut-être fêtera-t-on, dans quelques années, le remplacement de l'empierrement par un nouveau revêtement perfectionné (*Sic transit gloria mundi*).

Malheureusement, ce revêtement idéal, susceptible de résister à tous les véhicules, les lourds comme les rapides, n'est pas encore trouvé, et, en attendant, les usagers des routes deviennent de plus en plus exigeants ; si un de nos rechargements est un peu raté, si nous sommes obligés de faire quelques emplois partiels pour boucher quelques trous, c'est une pluie de réclamations.

L'entretien des chaussées devient donc de plus en plus difficile, mais aussi de plus en plus intéressant.

C'est pour arriver à ce dernier mot que je vous ai exposé tout ce qui précède.

Je crois vous avoir montré que le métier d'ingénieurs de routes et chemins a actuellement une importance capitale et que cette importance ne fera qu'augmenter avec les tramways et les automobiles.

En ce qui concerne les tramways, en effet, je suis chargé de vous parler de la construction et de l'entretien des voies ferrées sur chaussées. C'est encore là une question extrêmement délicate. Pour en faire l'historique, il n'est pas besoin de remonter aux Romains : les tramways sont nés d'hier, car ils ne datent que de 1873 ou 1875. Auparavant, l'on avait cependant déjà donné une concession à Paris : de la place du

Louvre à St-Cloud et à Versailles ; c'était tout simplement des omnibus sur rails traînés par des chevaux. On avait compris, depuis quelques années d'ailleurs, l'avantage qu'il y a à remplacer le frottement de fer sur chaussée par celui de fer sur fer : les chevaux peuvent traîner un poids plus considérable. Cependant, pendant très longtemps, le chemin de fer américain (c'est ainsi qu'on l'appelait) ne partait que de la place de la Concorde et non de la place du Louvre, parce que l'Empereur Napoléon III n'avait jamais voulu qu'un chemin de fer passât sur le quai, devant les Tuileries.

Si je vous cite ce fait, c'est pour vous montrer que les tramways, comme toutes les nouveautés, ont commencé par avoir une très mauvaise réputation et une très mauvaise presse.

C'est en 1873 et en 1875 que les tramways Sud et Nord ont fait leur apparition à Paris, mais avec combien de difficultés ! Les deux compagnies ont commencé par rencontrer l'opposition de la toute puissante Compagnie générale des omnibus qui avait le monopole des transports en commun, en vertu d'un traité avec la Ville de Paris passé en 1860 (il expirait en 1910). Il s'agissait de savoir si le tramway était un omnibus ou un chemin de fer. Si c'était un ommibus sur rails, la Compagnie des omnibus en avait le monopole ; si c'était un chemin de fer, on pouvait passer outre.

Comme en 1860 on n'avait pas prévu les tramways, la question était douteuse, et alors, comme c'est l'habitude, l'administration hésitait à prendre une décision.

Les malheureuses compagnies qui étaient pressées, plutôt que d'attendre une solution, ont préféré passer sous les fourches caudines de la Compagnie des omnibus en acceptant toutes ses conditions draconiennes.

Les compagnies en présence s'étant mises d'accord, l'administration n'avait plus à statuer sur leur différend primitif. Elle en a été enchantée, et elle a approuvé cet accord.

En cela, je ne crains pas de le dire, elle a commis une faute, car, par son approbation, elle a paru reconnaître implicitement le bien-fondé des prétentions de la Compagnie générale des omnibus ; elle a, pour ainsi dire, consacré son monopole pour les tramways.

Cette faute a retardé beaucoup le développement des tramways dans Paris. La question n'a jamais été complètement résolue. Elle ne se pose plus aujourd'hui, parce que le traité de 1860 est expiré le 1er juin 1910 et que de nouvelles conventions ont été faites, pour l'ensemble des transports en commun dans Paris.

Les premiers tramways à traction mécanique ont donc été établis en 1873 et en 1875, mais les voies étaient très mal construites, les véhicules étaient mauvais, les locomotives à vapeur étaient fort désagréables. Les véhicules ont commencé par détériorer les voies, puis, les voies mal entretenues ont détérioré les véhicules. Par suite, vers 1882, la situation était loin d'être brillante. Les compagnies ont sombré, pour toute espèce de raisons, majoration du capital, redevances à payer aux omnibus, etc... etc...

Bref, tout le monde criait après les tramways. Ceux qui n'ont pas vécu à cette époque ne peuvent s'imaginer les criailleries que les tramways ont suscitées.

Paris était gâté, déshonoré, on ne pouvait y circuler ; les voitures ordinaires s'abîmaient dans les rails, etc... etc...

Enfin c'était un danger public, en raison de la frayeur que tout tramway causait aux chevaux.

Il est clair, en effet, que presque tous les chevaux d'il y a 30 ans avaient peur des vélocipèdes et des tramways. Aujourd'hui, c'est fini, et les chevaux qui ont peur sont extrêmement rares.

De même que les chevaux, les habitants se sont faits aux tramways ; cependant il y a encore des résistances.

Ainsi, il y a seulement 16 ans, la ville d'Orléans s'est opposée formellement à la construction d'un tramway à traction mécanique sur ses boulevards. Elle est revenue à d'autres sentiments depuis : il y a aujourd'hui des tramways dans toutes ses rues.

A Melun même, en 1901, quand j'ai donné des avis favorables à l'arrivée dans la cour de la gare d'un tramway venant de Barbizon et d'un tramway électrique venant de l'intérieur de la ville, beaucoup de personnes, et non des moindres, m'ont dit que je voulais la mort de tous les Melunais et que la cour de la gare allait être de fait interdite aux voitures ordinaires.

Aujourd'hui, les deux tramways traversent la cour de la gare et s'y arrêtent, et ils font très bon ménage avec les autres voitures et même avec les automobiles qui sont très nombreuses.

Vous le voyez, il faut un certain temps pour changer les mœurs, les habitudes d'un pays, et pour faire accepter les nouveautés.

Il est vrai que les véhicules-tramways et les voies se sont sensiblement améliorés.

Les anciennes machines à vapeur étaient, il faut le reconnaître, assez désagréables dans l'intérieur des villes; on les a remplacées par des moteurs de toute espèce, air comprimé, accumulateurs, trolley, caniveaux, etc... etc..., et c'est pour cela que les tramways urbains ont pris une extension réellement extraordinaire en très peu d'années.

En voici la statistique à la fin de 1910 :

| | |
|---|---|
| 1° Tramways pour voyageurs, bagages et messageries. . . . . . . . . . . . . . | 396 kilom. |
| 2° Pour voyageurs seulement : | |
| Tramways du département de la Seine. . | 586 kilom. |
| Tramways autres que ceux du département de la Seine. . . . . . . . . . . . . | 1.614 kilom. |
| Total. . . . . . | 2.596 kilom. |

En province et à l'étranger, à Lyon, Bordeaux, Marseille, Lille, à Milan, à Rome, à Naples, à Vienne, partout enfin, il n'y a plus que des tramways.

En dehors des villes, on a pensé également à utiliser les accotements des routes pour y placer les voies ferrées, ainsi que le permettait la loi du 11 juin 1880. Il s'est donc créé de véritables chemins de fer sur routes qui rendent des services équivalents aux chemins de fer d'intérêt local.

On en demande partout ; il est probable que vous aurez à en construire, dès que vous aurez pris du service.

Je n'aurai pas à vous parler des véhicules : c'est un de mes collègues qui s'en charge. Mais j'aurai à vous parler assez longuement de la voie et de la manière de la poser dans les traverses et en rase campagne.

C'est en effet une question très importante, et il suffit de se promener dans Paris pour constater que les solutions adoptées ne sont pas toujours satisfaisantes.

Le problème est difficile à résoudre dans les villes. En effet les rails indispensables constituent une ligne longitudinale que suivent les voitures ordinaires. Dès qu'il y a la moindre dif-

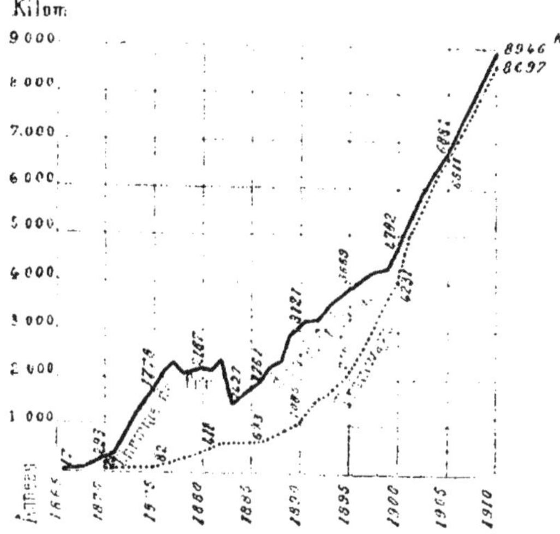


Fig. 2. — Nombres des kilomètres de chemins de fer d'intérêt local et de tramways en exploitation.

férence de niveau, entre le rail et le revêtement, pavage, empierrement ou asphalte, les roues des voitures viennent buter contre et abordent l'obstacle sous un angle très aigu, elles suivent ledit obstacle au lieu de le franchir. Les cochers disent qu'elles fringalent ; un frottement énorme se produit, et la différence de niveau s'accentue. Il n'est pas rare de voir de véritables ornières le long des rails.

En rase campagne, il faut faire tous ses efforts pour affranchir les voies du passage des voitures ordinaires. Sur les routes larges, c'est facile, mais, dans les traverses, c'est souvent impossible.

Bien des systèmes ont été employés, et j'aurai l'honneur de vous les indiquer. Si je vous en parle aujourd'hui, c'est encore pour vous montrer que vous aurez là un champ d'études très important, que vous soyez constructeur ou contrôle : vous

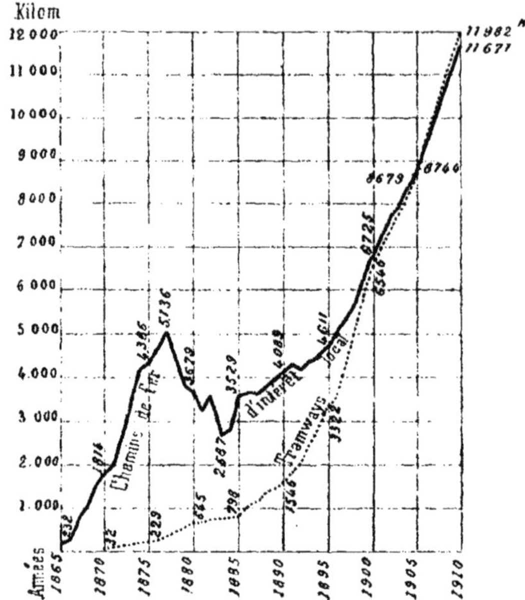


Fig. 3. — Nombre de kilomètres de chemins de fer d'intérêt local et de tramways déclarés d'utilité publique.

aurez soit à choisir vous-mêmes un système, soit à vérifier les propositions des concessionnaires ; il faut donc que vous soyez au courant de tout ce qui a été fait, de tout ce qui a réussi, comme de tout ce qui n'a pas réussi.

J'aurai terminé de vous exposer l'importance du sujet quand je vous aurai donné le développement des tramways sur route.

Les graphiques p. 32 et 33 vous indiquent celui des chemins de fer d'intérêt local et des tramways depuis 1865.

En 1880, il n'y avait que 645 kilomètres de tramways en France déclarés d'utilité publique. Les effets de la loi du 11 juin 1880 ont mis quelques années à se faire sentir. En 1885, il n'y en avait que 798 kilomètres. En 1890, il y en avait 1.546 kilomètres, et ensuite les nombres augmentent rapidement :

| | |
|---|---|
| En 1895 . . . . . . . . . . | 3.322 kil. |
| En 1900 . . . . . . . . . . | 6.546 » |
| En 1905 . . . . . . . . . . | 8.744 » |
| En 1910 . . . . . . . . . . | 11.982 » |

De 1895 à 1910, en 15 ans, le nombre des kilomètres augmente donc de 3.322 à 11.982, soit en moyenne de 577 kilomètres par an.

Quant aux chemins de fer d'intérêt local, si leur longueur a diminué vers 1883, c'est qu'à cette époque beaucoup d'entre eux ont été incorporés dans le réseau d'intérêt général. Ensuite leur progression a été analogue à celle des tramways.

Dans beaucoup de départements, la construction de voies ferrées est confiée aux ingénieurs ; quand ils ne les construisent pas, ils en ont presque partout le contrôle.

Cela devient un service très important qui se greffe sur le service ordinaire et qui est fort intéressant.

C'est de ces deux importantes questions que je vais avoir l'honneur de vous parler dans les leçons qui vont suivre.

Je ne m'attarderai pas sur les théories un peu abstraites qui ont été faites dans certains cours précédents, non pas que j'aie horreur des calculs : il faut toujours en faire, mais parce que nous sommes dans une école d'application, et que c'est surtout la pratique que je dois enseigner.

J'essaierai simplement de vous indiquer tout ce qui s'est fait jusqu'ici, pour les routes et pour les tramways ; j'essaierai de vous apprendre les meilleures méthodes employées aujourd'hui ; en un mot, je vous ferai profiter de l'expérience de vos prédécesseurs, puis je vous indiquerai ce qui est à l'essai ; car, bien qu'obligé à une certaine réserve en raison de mes fonctions officielles de professeur, je suis loin d'être rétrograde et de croire que tout ce qui est nouveau est mauvais. Il faut tout essayer sans s'emballer.

Mon seul but sera de guider vos premiers pas au début de votre carrière, persuadé qu'ensuite vous mettrez tout votre zèle, tout votre dévouement, à perfectionner les méthodes, à en inventer de nouvelles, pour bien servir les intérêts de notre chère patrie.

PREMIÈRE PARTIE

# SERVICE VICINAL

*CHAPITRE PREMIER* : GÉNÉRALITÉS.
*CHAPITRE DEUXIÈME* : PERSONNEL.
*CHAPITRE TROISIÈME* : ASSIETTE DES CHEMINS VICINAUX.
*CHAPITRE QUATRIÈME* : RESSOURCES DE LA VOIRIE VICINALE.
*CHAPITRE CINQUIÈME* : EXÉCUTION DES TRAVAUX.
*CHAPITRE SIXIÈME* : COMPTABILITÉ DES CHEMINS VICINAUX.
*CHAPITRE SEPTIÈME* : CHEMINS RURAUX.

## INTRODUCTION

D'après le programme du cours adopté par M. le Ministre, je dois vous parler du fonctionnement du service vicinal, ce qui n'avait été fait jusqu'à présent que d'une manière un peu superficielle.

Evidemment, je ne pourrai pas vous mettre au courant de tous les détails de cet important service, car il y en a beaucoup trop, et je serais obligé d'y consacrer un trop grand nombre de leçons (1).

Je m'efforcerai dans ce qui va suivre de vous indiquer les principes généraux.

Ce ne sera, pour ainsi dire, qu'un répertoire expliqué, qui vous permettra de retrouver facilement tous les documents, lois, décrets, règlements, etc......, que vous aurez besoin de consulter et d'étudier, pour traiter les innombrables questions qui se présentent journellement dans le service vicinal.

La matière est un peu ardue, mais elle est au fond extrêmement intéressante ; c'est dans ce service que des simplifications réelles pourraient être réalisées.

### Note préliminaire.

Pour arriver à l'exécution d'un travail public quelconque, il faut toujours deux opérations préliminaires : la déclaration d'utilité publique et l'achat des terrains nécessaires.

La loi du 3 mai 1841 est la base de toute la législation pour les travaux en général ; son titre I indique les formalités à remplir pour arriver à la déclaration d'utilité publique, et son titre II fixe les formalités à remplir pour déterminer, d'une façon précise, les propriétés qu'il est nécessaire d'acquérir.

(1) Voir, pour plus de détails, le *Traité pratique des Chemins vicinaux*, par Ernest Henry (2e édition).

Les autres titres de la même loi indiquent les modes d'évaluation des indemnités et de leur paiement.

Je ne vous parlerai pas des questions de droit pur que soulèvent ces questions, puisque mon collègue du cours de Droit les traitera devant vous ; mais, dans le service vicinal, il existe beaucoup d'exceptions, beaucoup de modifications qui, à première vue, paraissent en contradiction avec la loi générale. Cependant cette contradiction n'est qu'apparente, et, de même que toutes les comptabilités se réduisent à un journal et à un grand livre, de même toutes les décisions concernant le classement, le redressement, l'élargissement, l'ouverture des chemins vicinaux et ruraux, équivalent à la déclaration d'utilité publique et à la détermination précise des terrains à acquérir (arrêté de cessibilité).

Ce qui parait compliquer les questions et même les rendre obscures, c'est la diversité des enquêtes préalables prescrites par les nombreux documents administratifs édictés sur la matière.

Dans une savante brochure intitulée : *Les formes des enquêtes administratives*, M. l'inspecteur général Henry a montré les complications qui résultent des innombrables formes de ces enquêtes.

Il en a trouvé jusqu'à 16, et sa conclusion est qu'il serait nécessaire de réviser les documents qui ont institué les règlements d'enquête, de manière à en réduire le nombre et à en unifier les formes élémentaires.

La brochure de M. l'inspecteur général Henry date de 1891, et aucune simplification n'est encore intervenue.

Peut-être serez-vous plus heureux que nous, et parviendrez-vous à obtenir des simplifications.

Pour l'instant, je suis obligé de vous indiquer ce qui existe et ce que nous sommes obligés d'appliquer, et, pour que vous puissiez suivre ce qui va suivre, je dois vous indiquer, en me limitant au service vicinal et aux tramways, les différents documents qui prescrivent les formes des enquêtes, savoir :

1° La circulaire du 20 août 1825 prescrit une enquête *de commodo et incommodo* pour la vente ou l'acquisition de toute propriété communale.

2° L'ordonnance du 18 février 1834 (complétée par celle du 15 février 1835) indique les formalités de l'enquête préalable à la déclaration d'utilité publique des grands travaux. La loi postérieure (de 1841) a prévu un règlement d'administration publique pour déterminer les formes de l'enquête préalable. Ce règlement n'est jamais intervenu. On applique l'ordonnance de 1834.

3° L'ordonnance du 23 août 1835 modifie et simplifie la précédente pour les travaux d'intérêt purement communal.

4° Le titre II de la loi du 3 mai 1841 prévoit les formes de l'enquête parcellaire.

5° Quand il s'agit de chemins vicinaux, les formes de cette enquête ne sont plus les mêmes, en vertu de l'article 12 de la même loi.

6° Enfin le classement et le déclassement des chemins vicinaux sont soumis à des formalités de dépôt ou d'enquête prescrites par les articles 2 et suivants, 29 et suivants de l'instruction générale du 6 décembre 1870.

7° En dernier lieu, le décret du 18 mai 1881, concernant les tramways, fixe les formes d'une enquête, qui a trait en même temps à la déclaration d'utilité publique (titre I de la loi de 1841) et à la détermination des parties du sol à occuper, sur le domaine public, par les voies de tramways (titre II de la loi).

Je n'en finirais pas si je devais vous expliquer toutes les différences de principe et de fo ne qui existent entre ces différentes enquêtes.

Je ne vous les cite que pour que vous puissiez vous reporter aux textes et à la brochure de M. Henry, lorsque vous aurez à les appliquer.

Cela, d'ailleurs, était nécessaire pour vous permettre de suivre les explications que je vais vous donner sur le fonctionnement et l'organisation actuels du service vicinal.

Je le répète d'ailleurs avec M. l'inspecteur général Henry, il est à souhaiter que des simplifications interviennent ; mais pour cela il faudrait une ou plusieurs lois : nous n'avons donc à ce sujet que des vœux à émettre.

# CHAPITRE PREMIER

# GÉNÉRALITÉS

---

**Sommaire.**



## § 1.

## CARACTÈRES DISTINCTIFS DES VOIES PUBLIQUES.

Les voies publiques qui servent actuellement au transport par terre sont les suivantes :

1° Les routes nationales ;

2° Les routes départementales ;

3° Les chemins de grande communication ;

4° Les chemins d'intérêt commun ;

5° Les chemins vicinaux ordinaires ;

6° Les chemins ruraux, reconnus ou non reconnus ;

7° Les rues.

Les routes nationales et départementales font partie de la grande voirie.

Les cinq autres de la petite voirie.

La petite voirie se divise en : { voirie vicinale,<br>voirie rurale,<br>et voirie urbaine.

Toutes ces voies, ou presque toutes, n'ont d'existence légale qu'en vertu des décisions d'une autorité.

*a) Au point de vue du classement.*

Les routes nationales sont classées par le gouvernement, au moyen d'une loi ou d'un décret.

Les routes départementales sont classées par les Conseils généraux, mais il faut cependant un décret pour la déclaration d'utilité publique.

Les chemins de grande communication étaient autrefois classés par le préfet ; depuis 1871, ils sont classés par le conseil général.

Les chemins d'intérêt commun, de même.

Les chemins vicinaux ordinaires sont classés par la commission départementale.

Les rues sont classées, en général, par les préfets ; cependant beaucoup de rues et de chemins ruraux n'ont pas d'acte de naissance, mais tiennent leur caractère légal de leur destination jointe à un long usage.

Le déclassement de toutes ces voies est soumis aux mêmes règles que le classement.

*b) Au point de vue de la propriété du sol.*

Le sol des routes nationales appartient à l'État.

Celui des routes départementales appartient au département.

Le sol des chemins vicinaux de toutes catégories appartient aux communes. Comme celui des autres voies, il est imprescriptible. Le sol des chemins ruraux ne devient imprescriptible que lorsqu'ils ont été régulièrement reconnus (Loi du 20 août 1881).

*c) Au point de vue de la déclaration d'utilité publique des travaux d'ouverture, de redressement et d'élargissement.*

Pour les routes, il faut un décret.

Pour les chemins de grande communication et d'intérêt commun, il faut une décision du Conseil général.

Pour les chemins vicinaux ordinaires, il faut une décision de la commission départementale.

Le tout à la condition qu'il ne s'agisse pas de propriétés *bâties*, car alors un décret est nécessaire.

Pour les chemins ruraux, il faut une décision de la commission départementale.

En ce qui concerne les rues, et c'est là une anomalie, il faut un décret.

*d) Au point de vue de l'expropriation.*

Pour les routes nationales et départementales et les rues, l'expropriation a lieu conformément à la loi du 3 mai 1841, avec le grand jury.

Les indemnités doivent être préalables.

Pour les chemins vicinaux, les indemnités sont réglées par le petit jury, indiqué à l'article 16 de la loi du 21 mai 1836, quand il y a ouverture ou redressement.

De même pour les chemins ruraux.

Mais il y a un avantage pour les chemins vicinaux qui n'existe pas pour les chemins ruraux. S'il ne s'agit pas d'ouverture ou de redressement, mais d'un simple élargissement, la procédure est simplifiée. La décision qui approuve les nouvelles limites du chemin produit l'effet du jugement d'expropriation. Les indemnités sont fixées par le juge de paix à dire d'experts, et la prise de possession peut être préalable au paiement de l'indemnité.

Exception est faite pour les propriétés bâties. En ce cas il faut un décret et le petit jury.

*e) Prescription.*

La possession d'un terrain par l'État ou un département

n'implique la propriété qu'au bout de 30 ans : c'est la prescription trentenaire. Il en est de même pour les chemins ruraux et les rues. Pour les chemins vicinaux, le délai de prescription est de 2 ans seulement. C'est un gros avantage.

Les agents changent, les lieux se modifient rapidement, on ne peut plus retrouver l'ancien état des lieux, ni savoir si le paiement en a été fait ou non. Dans ce cas, les communes peuvent opposer aux réclamants la prescription.

(Art. 18 de la loi de 1836.)

### *f) Rétrocession.*

Pour rétrocéder des parties abandonnées, on applique les mêmes règles : jury ou experts.

### *g) Ressources.*

Les routes nationales sont entretenues par l'État.

Les routes départementales sont entretenues par les départements.

Toutes les autres voies sont entretenues par les communes.

Mais, pour les chemins de grande communication ou d'intérêt commun, le département peut intervenir, et en fait il intervient presque partout et fournit de fortes subventions.

Pour les chemins ruraux et les rues, les dépenses sont facultatives pour les communes ; pour les chemins vicinaux, elles sont obligatoires.

Des ressources spéciales sont affectées aux chemins vicinaux : 5 centimes et 3 journées de prestations. 1 journée de prestations peut être affectée aux chemins ruraux. Nous reviendrons sur cette question des prestations.

### *h) Administration.*

Les routes nationales dépendent du Ministre des travaux publics, par l'intermédiaire des ingénieurs en chef, pour tout ce qui concerne la partie technique, et par l'intermédiaire des préfets pour tout ce qui concerne la partie administrative.

Les routes départementales dépendent des Conseils généraux et des préfets, mais leur administration proprement dite, à l'exclusion des budgets, est toujours restée dans les attributions du Ministre des travaux publics. La loi de 1871 n'a pas modifié sur ce point la législation antérieure.

Les chemins de grande communication et ceux d'intérêt commun sont administrés par le préfet.

Les chemins vicinaux ordinaires, le chemins ruraux et les rues sont administrés par les maires.

### *i) Faveurs.*

Les chemins vicinaux et les chemins ruraux reconnus jouissent de certaines faveurs fiscales. Pour les marchés et adjudications,par exemple, le droit d'enregistrement est un droit fixe de 1 fr. 50.

Pour les travaux départementaux ordinaires,le même droit s'élève jusqu'à 1 fr. 25 0/0,

### *j) Juridiction.*

Toutes les contraventions en matière de grande voirie sont de la compétence des conseils de préfecture. Les mêmes contraventions,quand elles sont commises sur la petite voirie,sont soumises aux tribunaux ordinaires ; de même pour les rues (sauf pour celles de Paris qui font partie de la grande voirie).

Il y a deux exceptions : 1° quand il y a usurpation du sol des chemins vicinaux, c'est encore le conseil de préfecture qui est compétent; 2° certaines contraventions à la police du roulage sur les chemins de grande communication sont de la compétence du conseil de préfecture.

Tout cela est bien compliqué.

*Résumé.* — Il vaudrait mieux 4 catégories de voies au lieu de 8 :

1° Voies nationales,entretenues par l'Etat.

2° Voies départementales,entretenues par les départements.

3° Voies communales, entretenues par les communes avec subventions des départements.

4° Voies communales, entretenues par les communes seules.

## § 2.

## APERÇU DE LA LÉGISLATION

C'est un arrêté du 4 thermidor an X (1802) qui, le premier, a prescrit aux conseils municipaux d'émettre leurs vœux sur le mode le plus convenable d'assurer la réparation des chemins vicinaux, et il a invité ces assemblées à proposer l'organisation qui leur paraîtrait devoir être préférée pour la *prestation en nature*.

C'est la première fois que ce mot apparaît dans la législation; on vécut ainsi sous l'Empire et sous la Restauration.

La loi de 1824 établit 2 journées de prestations sous la direction des maires; elle ne donna pas de résultats importants.

C'est la loi de 1836 qui a créé la vicinalité et elle est encore en vigueur, mais elle a subi quelques modifications importantes.

La loi du 8 juin 1864 a permis de comprendre les rues dans le classement des chemins vicinaux, et elle a exigé l'émission d'un décret pour l'occupation de terrains bâtis.

La loi du 21 juillet 1870 a autorisé la remise aux chemins ruraux des prestations disponibles jusqu'à concurrence du tiers.

La loi du 10 août 1871 a restreint les attributions du préfet en faveur du Conseil général et de la Commission départementale.

Au Conseil général : Détermination de la largeur des chemins de grande communication; classement des chemins de grande communication ; fixation des contingents des communes, etc...

A la Commission départementale : Classement des chemins vicinaux ordinaires ; ouverture, redressement et élargissement des dits chemins ; répartition des fonds provenant des subventions industrielles et approbation des abonnements.

Enfin le Conseil général peut choisir le service auquel sera confiée la direction de la vicinalité.

La loi municipale du 5 avril 1884 a maintenu les dispositions d'une loi précédente du 24 juillet 1867, autorisant les communes à voter en outre 3 centimes spéciaux pour la vicinalité.

Il en résulte que les communes sont autorisées à voter 5 centimes spéciaux, 3 journées de prestations et 3 nouveaux centimes (Loi du 5 avril 1884). Nous avons vu que les départements donnent des subventions aux chemins de grande communication et d'intérêt commun, et la loi de 1836 a dit que ces subventions seraient fournies par des centimes spéciaux départementaux dont le maximum serait fixé par la loi des finances. En 1868, ce maximum a été fixé à 7 et il n'a pas changé depuis. Il est manifestement insuffisant; heureusement la loi de 1871 a permis aux départements le vote de nouveaux centimes jusqu'à concurrence de 12, maximum fixé par la loi des finances. Heureusement encore, des lois spéciales autorisent de nouvelles impositions; il suffit même d'un décret depuis quelques années. On peut donc voir que la loi de 1836 n'est pas la seule qui ait créé le réseau vicinal. Les ressources créées par elle eussent été insuffisantes, car les prestations et les 5 centimes n'atteignent pas les 2/5 des ressources affectées à la vicinalité.

Cependant, on peut dire que c'est la loi de 1836 qui a été la plus féconde, grâce surtout à son élasticité et au pouvoir, pour ainsi dire, discrétionnaire qui a été confié d'abord aux préfets, puis aux Conseils généraux, pour la répartition des contingents.

On a même été très loin, dans ce sens, peut-être un peu trop loin. Ainsi la loi fixe un maximum, les deux tiers des ressources vicinales (5 cent. et 3 journées de prestations) pour l'entretien des chemins de grande communication; mais on a inventé les chemins d'intérêt commun qui viennent implicitement de l'article 6 de la loi de 1836, ainsi conçu :

« Lorsqu'un chemin vicinal intéressera plusieurs communes, le préfet (aujourd'hui le Conseil général), sur l'avis des conseils municipaux, désignera les communes qui devront concourir à sa construction et à son entretien et fixera la proportion dans laquelle chacune d'elles y contribuera. »

Il en résulte que, pour ces chemins, il n'y a plus de maximum et que le Conseil général peut imposer une commune de la totalité de ses ressources vicinales.

Il y a deux départements en France où il n'y a que des chemins d'intérêt commun et pas de chemins de grande communication et où le département prend aux communes (sauf de rares exceptions) la totalité de leurs ressources vicinales.

C'est un résultat que les auteurs de la loi de 1836 étaient loin de prévoir.

## § 3.

## CLASSIFICATION DES CHEMINS VICINAUX

Il y a trois sortes de chemins vicinaux :

1° Les C. V. O. : chemins vicinaux ordinaires ;

2° Les I. C. : chemins d'intérêt commun ;

3° Les G. C. : chemins de grande communication.

1° Les C. V. O. sont communaux, ils ne sortent pas du territoire de la commune. Ils sont entretenus par la commune seule.

2° Les chemins d'intérêt commun ont leur origine à l'article 6 de la loi du 21 mai 1836. Ils intéressent plusieurs communes, et le Conseil général désigne les communes qui doivent concourir à leur construction et à leur entretien ; il fixe la proportion dans laquelle chacune d'elles doit y contribuer.

3° Les chemins de grande communication sont prévus à l'article 7 de la loi. Le Conseil général désigne les communes intéressées et fixe leur contribution, mais avec un maximum, les deux tiers des ressources vicinales.

Ces deux dernières catégories de chemins sont administrées par le préfet, et il en résulte que l'on croit souvent à tort que ce sont des voies départementales : c'est une erreur.

Tous les chemins vicinaux sont, en principe, à la charge des communes. Pour un chemin de grande communication, un certain nombre de communes forment une association chargée de l'entretenir ; et, si l'association n'est pas assez riche, le département lui accorde des subventions.

C'est le préfet, représentant les communes intéressées, qui représente en justice cette espèce d'association de communes.

La régularité de cette association avait été contestée pour les chemins d'intérêt commun, parce que la loi de 1836 n'en parlait pas ; mais, depuis la loi de 1871, qui met sur le même pied les deux catégories de chemins, cette question a été résolue par l'affirmative.

Donc la seule différence, c'est que, pour les chemins de grande communication le département est lié par un maximum (2/3) pour fixer les contingents, et que, pour les chemins d'intérêt commun, il peut prendre la totalité des ressources vicinales.

## § 4.

## CONSTRUCTION DES CHEMINS VICINAUX

Pendant longtemps, les ressources communales et départementales créées par la loi de 1836 ont été seules employées à la construction et à l'entretien des chemins vicinaux.

Au commencement, il s'agissait seulement d'élargir et de régulariser d'anciens chemins, et les ressources ont suffi ; mais ensuite, quand il a fallu réellement construire, les ressources sont devenues insuffisantes.

L'État est donc intervenu : le 22 septembre 1848, il a donné 6 millions ; en 1861, 25 millions ; le 11 juillet 1868, une loi accordait 115 millions pour l'achèvement des chemins vicinaux ordinaires et des chemins d'intérêt commun, et elle créait une caisse où l'on pouvait emprunter à 4 0/0, avec amortissement en 30 ans ; c'était une très large subvention donnée indirectement, car, avec amortissement en 30 ans, l'annuité est supérieure à 4 0/0, même lorsque l'intérêt simple n'est que de 2 0/0. La dotation de la caisse était d'abord de 200 millions, elle a été augmentée de 300 millions en 1879, etc... Le total s'est élevé à 536 millions.

A partir de 1894 cette caisse a été supprimée.

Pour répartir la subvention, on avait créé d'abord un réseau spécialement subventionné. Mais on reconnut la difficulté et la complication de ce système, et aujourd'hui nous ne sommes plus que sous l'empire de la loi du 12 mars 1880.

Des sommes importantes ont d'abord été fixées ; maintenant, depuis 1887, un article de la loi des finances fixe chaque année le total des subventions à accorder, puis ces subventions sont réparties entre les départements et les communes. Nous verrons plus loin comment se fait cette répartition.

§ 5.

## ENTRETIEN DES CHEMINS VICINAUX

En principe les chemins vicinaux de toute catégorie doivent être entretenus par les communes.

Nous avons déjà vu que les départements donnent de fortes subventions pour les chemins d'intérêt commun et les chemins de grande communication. L'entretien des chemins vicinaux ordinaires est obligatoire d'après la loi de 1836, et le préfet peut au besoin imposer les communes d'office, mais il ne peut le faire que dans la limite des ressources prévues par la dite loi. Or, comme toutes ces ressources sont devenues insuffisantes pour la plupart des communes qui consacrent d'autres ressources à l'entretien, il en résulte que cette obligation est généralement sans effet.

On a souvent émis l'avis que l'État, qui contribue à la construction, pourrait contribuer à l'entretien. C'est possible et discutable. Mais actuellement l'État ne contribue pas à l'entretien.

## § 6.

## DE LA PROPRIÉTÉ DU SOL DES CHEMINS VICINAUX

Le mot propriété, toujours employé, n'est pas absolument juste ; en effet, bien que l'on distingue souvent 3 domaines publics, le national, le départemental et le communal, il n'y a en somme qu'un seul domaine public, qui a différentes affectations ; seulement il est entendu d'avance que, si une décision régulière vient à déclasser la voie et la fait rentrer dans le domaine privé, c'est, suivant les cas, l'État, le département ou la commune qui en devient réellement propriétaire ; de même (et cela sans déclassement), les produits du sol appartiennent, suivant les cas, soit à l'État, soit au département, soit à la commune. On emploie le mot propriété parce que c'est plus simple, mais avant de continuer à l'employer, il était nécessaire de faire les réserves ci-dessus.

Ce sont les communes qui sont propriétaires du sol des chemins vicinaux.

Ce principe n'est écrit dans aucune loi, mais il a été consacré par la jurisprudence.

De même, la jurisprudence a décidé que, lorsqu'un département déclasse ses routes départementales pour en faire des chemins d'intérêt commun ou des chemins de grande communication, la propriété du sol est transférée aux communes. Un Conseil général n'a même pas le droit de se réserver la propriété des plantations. Quand un département plante ses chemins de grande communication, les produits appartiennent aux communes.

Il y a dans l'opération du déclassement des routes départementales deux phases distinctes :

1° Le déclassement de la route, qui fait passer le sol dans le domaine privé du département ; ce dernier, alors, pourrait l'aliéner.

2° Le classement en chemins de grande communication qui doit avoir les mêmes conséquences que lorsque l'on incorpore une propriété privée à un chemin vicinal ; seulement, dans l'espèce qui nous occupe, l'incorporation se fait sans qu'une indemnité soit donnée au propriétaire.

Cette règle a cependant une exception quand le classement porte, par exemple, sur un chemin de halage d'un canal ou sur une levée ou digue de fleuve. Dans ce cas, ce chemin de halage ou cette digue n'a pas été déclassé et reste la propriété de l'État.

L'État abandonne seulement aux communes la surface de la digue ou du chemin de halage, en lui permettant de l'entretenir, d'y laisser passer le public, et d'y appliquer les lois de la vicinalité, à l'exception des articles 15 et 16 de la loi du 21 mai 1836.

Le sol des chemins vicinaux est imprescriptible. Pour vendre le sol, en tout ou en partie, il faut une décision portant déclassement et émanant de l'autorité qui a fait le classement.

## § 7.

## RÈGLEMENT GÉNÉRAL SUR LES CHEMINS VICINAUX

Ordinairement une loi laisse à un décret, règlement d'administration publique, le soin de régler certains détails. Le législateur de 1836 a remplacé le décret par un arrêté préfectoral. Cependant cet arrêté doit être communiqué au Conseil général et approuvé par le Ministre de l'intérieur. Autrefois, il différait suivant les *départements* ; *depuis* 1870, on a adopté un modèle uniforme.

Ce règlement fixe les délais nécessaires à l'exécution de chaque mesure, les époques des prestations, leur mode d'emploi, leur conversion en tâches, etc. Il statue sur la confection des rôles, la comptabilité, les adjudications, les alignements, les autorisations de construire, l'écoulement des eaux, les plantations, les fossés, leur curage, et sur tous les autres détails de surveillance et de conservation.

Il y a, dans le règlement de 1870, une section spéciale intitulée :

« Mesures ayant pour objet la sécurité des voyageurs. »

Ces mesures ne peuvent puiser leur force dans la loi de 1836 qui n'en parle pas. La validité de ces mesures ne peut venir que des pouvoirs de police générale que possède le préfet en vertu des lois générales de 1789 et 1790.

La Cour de cassation attribue à ce règlement le caractère de loi locale. Pour ce motif elle a décidé que, lorsqu'il y a lieu d'interpréter un règlement, il n'est pas nécessaire de recourir au Préfet et que les tribunaux, saisis d'une contravention, doivent interpréter le règlement eux-mêmes (Cass., 16 mars 1850). Cette jurisprudence ne s'applique qu'aux dispositions régulièrement édictées par le règlement général, en vertu de l'article 21 de la loi de 1836.

Le règlement peut être modifié, à la condition que les modifications soient soumises aux mêmes formalités que le règlement lui-même.

## § 8.

## INSTRUCTION GÉNÉRALE

Elle ne fait que préciser certains détails et développer les prescriptions du règlement. Ce n'est en somme qu'une circulaire ministérielle.

Depuis son apparition il a fallu la modifier, pour tenir compte des lois et instructions nouvelles :

Loi du 10 août 1871 ;

Circulaire du 16 juin 1877 relative aux indemnités de terrains ;

Circulaire du 16 novembre 1877, comptabilité ;

Loi du 29 décembre 1892 et circulaire du 25 janvier 1894 relatives aux dommages causés aux propriétés.

## CHAPITRE II

# PERSONNEL

§ 1. — Organisation du service vicinal.
§ 2. — Agents voyers.

### § 1.

### ORGANISATION DU SERVICE VICINAL

Le Conseil général, d'après l'article 6 de la loi du 10 août 1871, désigne les services auxquels est confiée l'exécution des travaux sur les chemins de grande communication et d'intérêt commun. Autrefois, les dépenses des routes départementales étaient obligatoires ; la même loi a supprimé cette obligation. Par suite, avant 1871, le service des routes départementales était nécessairement confié aux ingénieurs des ponts et chaussées avec celui des routes nationales. Aujourd'hui les départements peuvent confier les routes départementales aux agents voyers.

Nous avons vu dans l'Introduction que 46 départements ont confié tout le service aux ingénieurs : dans ce cas, l'organisation est semblable à celle du service ordinaire de l'État. Mais, quand il est confié aux agents voyers, il n'y a rien de bien précis. La loi de 1836 se borne à dire que le Préfet *pourra* et non *devra* nommer des agents voyers. Dans l'esprit du législateur, cela voulait dire qu'on ne nommerait d'agents voyers que lorsque les ingénieurs et conducteurs feraient défaut. Le règlement général seul a prévu l'agent voyer en chef, l'agent voyer d'arrondissement et l'agent voyer cantonal à l'occasion des opérations qui sont prescrites.

C'est le préfet qui est le chef responsable du service vicinal. Le rôle de l'agent voyer en chef se borne à préparer les décisions du préfet et à en surveiller l'exécution. Il ne peut communiquer directement avec le Conseil général qu'avec l'autorisation du préfet.

Des commissions cantonales avaient été instituées pour indiquer au préfet les besoins des voies vicinales et les améliorations du service. Elles ne fonctionnent plus guère.

Un décret du 9 juillet 1879 a institué auprès du ministre de l'intérieur un comité consultatif de la vicinalité. Il donne son avis :

Sur les projets d'ouvrages d'art coûtant plus de 10.000 fr. ;

Sur tous les projets inscrits aux programmes ;

Sur toutes les affaires contentieuses introduites au Conseil d'État, etc.

Les Membres du comité inspectent le service vicinal comme les inspecteurs généraux des ponts et chaussées les services des ponts et chaussées.

## § 2.

## AGENTS VOYERS

Le Conseil général désigne seulement le service auquel sera confié le soin de gérer ses chemins ; mais c'est le préfet seul qui nomme les agents voyers. De nombreuses décisions ont annulé des délibérations de Conseils généraux qui fixaient des conditions pour la nomination des dits agents voyers, ou qui indiquaient nominativement certains ingénieurs.

Quand le service est confié aux ingénieurs, le préfet doit-il les nommer agents voyers ? C'est une question qui a été discutée et qui l'est encore.

Pour l'ingénieur en chef et les ingénieurs ordinaires, cela me paraît inutile, puisque le préfet ne peut en nommer d'autres. Cette formalité paraît superflue, car l'article 11 de la loi de 1836 porte simplement que le préfet *pourra* nommer des agents voyers. Ce n'est donc pas une obligation.

Pour les conducteurs qui deviennent agents voyers cantonaux, c'est un peu différent, à cause des chemins vicinaux ordinaires et, de plus, d'après les instructions du Ministre des travaux publics, le préfet doit toujours intervenir pour la désignation des résidences des conducteurs qui doivent remplir les fonctions d'agents voyers. Il est donc nécessaire qu'une décision préfectorale charge en particulier chaque conducteur de gérer une subdivision vicinale.

On a discuté la question du serment des agents voyers.

Devant quelle autorité doit-il être prêté ?

Il a été décidé que les agents voyers doivent prêter serment devant le tribunal ordinaire, c'est-à-dire le tribunal civil. Il est inutile de le renouveler quand les agents changent de résidence dans le même département. Il faut le renouveler quand ils changent de département.

Pour le recrutement des agents voyers, il n'y a pas de règles bien déterminées. Les programmes varient suivant les départements.

Les traitements sont fixés par le Conseil général ; mais c'est le préfet seul qui peut accorder les avancements et distribuer les gratifications, quand le Conseil général a voté un crédit à cet effet.

C'est également le préfet seul qui peut prononcer les révocations et les mises à la retraite.

Des notices individuelles et un état général du personnel vicinal sont adressés chaque année au Ministre de l'intérieur.

# CHAPITRE III

# ASSIETTE DES CHEMINS VICINAUX



## § 1.

## CLASSEMENT

On s'est souvent servi du mot reconnaissance au lieu du mot classement. Cela revient au même, mais il vaut mieux n'employer que le mot classement, qui donne au chemin, ancien ou nouveau, son caractère de vicinalité.

Le classement équivaut à la déclaration d'utilité publique.

Pour les chemins vicinaux ordinaires, c'était, avant 1871, le préfet et, depuis, c'est la commission départementale qui prononce le classement ; c'est un pouvoir propre : le Conseil général ne peut se substituer à elle.

Deux cas se présentent :

*a*) Il s'agit d'un chemin existant ; dans ce cas une enquête n'est pas absolument indispensable. Cependant l'instruction générale exige qu'une reconnaissance soit faite par l'agent voyer cantonal et le maire, et le procès-verbal de cette reconnaissance doit être déposé à la mairie pendant 15 jours. C'est une formalité de dépôt, et cela ressemble à une enquête dont on n'a pas déterminé les formes. Il est fâcheux, je l'ai déjà dit, qu'il n'existe pas un règlement unique pour les enquêtes d'intérêt communal.

L'avis du conseil municipal est exigé par la loi, mais il peut ne pas être suivi. La commission départementale peut refuser le classement ou le prononcer malgré le conseil municipal. Cela paraît à première vue être une anomalie en ce qui concerne le dernier point, car nous verrons plus loin que la commission ne peut décider l'ouverture d'un chemin malgré le conseil municipal. Cela tient à ce que l'entretien seul est obligatoire et que la construction ne l'est pas. Si donc un chemin existant est classé, le conseil municipal est obligé de l'entretenir, tandis que, si la commission départementale décidait l'ouverture d'un chemin, le conseil municipal ne serait pas obligé de le construire. La décision pourrait alors ne pas avoir de sanction.

Il est de bonne administration de ne pas classer un chemin quand les ressources d'entretien ne sont pas assurées, mais ce n'est pas obligatoire.

*b) Chemin à ouvrir*. — Dans ce cas, l'instruction générale prescrit une enquête suivant les formes de l'ordonnance de 1835, parce qu'il faut que la décision de la commission départementale dise explicitement qu'il y a déclaration d'utilité publique. Quand le chemin existe, il est implicitement déclaré d'utilité publique, on ne fait que le reconnaître ; quand on ouvre un chemin, il faut le créer et le déclarer utile.

Une commune peut obtenir le classement d'un chemin sur le territoire de sa voisine, si cette dernière n'a aucun intérêt au dit chemin ; mais c'est compliqué et très rare.

On trouve souvent des parties limitrophes à deux communes. Dans ce cas, il est bon de classer la moitié de la partie limitrophe sur une commune et l'autre moitié sur la seconde. Il faut alors une entente amiable entre les deux communes.

Les chemins de grande communication et les chemins d'intérêt commun sont classés par le Conseil général (lois du 18 juillet 1866 et du 10 août 1871).

Deux cas se présentent :

S'il s'agit de chemins existants, une enquête n'est pas indispensable, mais il faut l'avis des conseils municipaux et du Conseil d'arrondissement. Ces avis peuvent d'ailleurs ne pas être suivis.

S'il s'agit d'un chemin à ouvrir, il faut l'enquête de 1835, et il est nécessaire que le Conseil général prononce explicitement la déclaration d'utilité publique.

On a soutenu que le Conseil général ne peut classer, comme chemins de grande communication, que des chemins existants et déjà classés comme chemins vicinaux ordinaires, mais cela n'a pas été admis.

Cependant c'est ce que l'on fait généralement, parce que les subventions de l'État sont plus fortes pour les chemins vicinaux ordinaires que pour les chemins de grande communication ; il est donc plus avantageux de commencer par construire les chemins comme chemins vicinaux ordinaires et de les classer ensuite comme chemins de grande communication.

*Dispositions diverses.*

Le classement a pour effet de faire bénéficier le chemin des dispositions établies en faveur de la vicinalité. Les communes peuvent y employer des ressources spéciales et obtenir des subventions de l'État.

Le classement comme chemin de grande communication ou d'intérêt commun a pour effet de permettre au département de subvenir en partie à l'entretien : c'est là la raison de la plupart des demandes des communes.

Il ne faut pas confondre la largeur d'un chemin avec les limites des terrains que l'on est obligé d'acheter pour construire un chemin. Il y a, en sus de la plateforme, les fossés, les talus, etc... L'instruction prescrit que l'arrêté de classement fixe la largeur, mais cette fixation ne doit être considérée que comme une indication générale, absolument comme un décret déclaratif d'utilité publique relatif à un chemin de fer indique que l'écartement des rails sera de 1 m. 44, 1 m. 00 ou 0 m. 60 et que la ligne sera à une ou deux voies.

L'indication d'une largeur absolue pourrait être gênante, car, dans les traverses, la largeur peut nécessairement varier. Pour éviter toute difficulté, j'ai souvent fait insérer dans les arrêtés de classement : *la largeur de la plateforme est fixée à N mètres, sauf dans la traversée de X où le chemin pourra conserver ses largeurs actuelles.*

Autrefois, les rues ne devaient pas être classées vicinales. Ce n'est qu'en 1861 que la loi du 8 juin décida ce qui suit :

« Toute rue qui est reconnue, sous les formes légales, être le prolongement d'un chemin vicinal, en fait partie intégrante et est soumise aux mêmes lois et règlements. »

Quand on déclasse une route départementale pour en faire un chemin vicinal de grande communication, il faut une enquête suivant les formes de l'ordonnance de 1834. Une route départementale intéresse, en effet, plusieurs communes. L'ordonnance de 1835 n'est valable que pour les projets d'intérêt purement communal.

Pour déclasser une route nationale, il faut évidemment un décret, mais, à la suite d'une rectification ou d'un changement de tracé, la portion délaissée peut être aliénée au profit des Domaines sans nouveau décret, à la condition, s'il y a lieu, de laisser aux riverains un chemin d'exploitation. Cependant, sur la demande ou avec l'assentiment des Départements ou des communes, l'ancienne route peut être classée par décret parmi les routes départementales, ou parmi les chemins vicinaux ou même parmi les chemins ruraux (voir la loi du 24 mai 1842).

Les voies d'accès aux gares, après la construction d'une ligne de chemin de fer, font partie du domaine public, encore affecté au dit chemin de fer. Il faut les faire passer dans le domaine public affecté à la commune. On a beaucoup discuté, et la circulaire du 7 mars 1882 indique les formalités à remplir. Il faut faire toutes celles qui sont prescrites pour un classement de chemin (vicinal ordinaire ou de grande communication), mais ensuite la commission départementale ou le Conseil général ne donne plus qu'un avis, et c'est un décret qui, après avis du ministre des travaux publics, déclasse l'avenue, en tant que voie nationale, et la reclasse comme chemin vicinal ordinaire ou de grande communication.

Quand on emprunte un chemin privé, il faut le considérer comme propriété privée ordinaire ; c'est donc une ouverture.

Quand un particulier se prétend propriétaire d'un chemin qui pourrait être classé, et s'il y a des présomptions qu'il ait raison, la commission départementale doit surseoir à statuer. Il appartient aux tribunaux civils de juger la question, car ils sont seuls compétents pour juger les questions de propriété.

Quand on rectifie un chemin anciennement classé, un nouvel arrêté de classement n'est pas nécessaire, si la direction générale n'est pas considérablement modifiée.

C'est une question de mesure.

De même, quand un chemin de fer modifie un chemin, un nouveau classement n'est pas nécessaire pour la partie nouvelle qui remplace l'ancienne.

## § 2.

## OUVERTURE ET REDRESSEMENT

Le classement et la déclaration d'utilité publique se mélangent un peu. Nous venons de voir, pour certains chemins existants, la première étape, qui est le classement et qui équivaut à la déclaration d'utilité publique ; mais, quand il s'agit d'ouverture ou de redressement, il faut une déclaration d'utilité publique spéciale (nous l'avons déjà vu).

*Pour les chemins vicinaux ordinaires*, c'est la commission départementale qui déclare l'utilité publique après enquête, suivant les formes de l'ordonnance du 23 août 1835, sur un projet dressé par le service vicinal (Voir la circulaire du 25 août 1894). L'enquête est ordonnée par le préfet.

Quand les travaux s'étendent sur une commune voisine, mais sont payés par la première, c'est qu'ils n'intéressent pas la deuxième. L'enquête de 1835 est suffisante. Inutile d'employer l'enquête de 1834.

L'avis du conseil municipal est obligatoire.

*Pour les chemins de grande communication et d'intérêt commun*, c'est le Conseil général qui déclare l'utilité publique. Alors il faut employer l'enquête de 1834. Il y a une commission d'enquête, mais il n'est pas besoin de consulter le conseil municipal. C'est encore une anomalie.

Comme, pour arriver à l'acquisition des terrains, il faut une autre enquête qui ne ressemble pas à celle de 1834, il est clair que, pour une ouverture de chemin de grande communication nécessitant l'enquête de 1834, il suffit de faire un avant-projet et non un projet complet : ce serait du temps perdu. En effet, pour les acquisitions de terrains on sera obligé de refaire une nouvelle enquête appelée : parcellaire, et il faudra toujours y joindre un plan parcellaire (Titre II de la loi de 1841).

Si les conseils municipaux ne sont pas appelés à délibérer pour l'enquête, il faut (nous l'avons vu) qu'ils aient délibéré pour le classement. Puis, contrairement à ce qui se passe pour les chemins vicinaux ordinaires, le Conseil général peut passer outre à l'opposition d'un conseil municipal, puisque c'est le département qui construit ; il pourra donc construire malgré une commune.

Le service vicinal doit nécessairement fournir au Conseil général tous les renseignements nécessaires : Dépenses totales, contingents possibles des communes intéressées et importance de la subvention départementale.

*Dispositions communes à toutes les catégories de chemins.*

D'après l'article 15 de l'instruction générale, les pièces à soumettre à l'enquête consistent en un plan, un nivellement et un rapport. Mais il faut faire connaître les dispositions principales des ouvrages et l'appréciation sommaire des dépenses de construction. Il est bon d'ajouter l'évaluation des dépenses d'entretien et, si c'est un chemin de grande communication, les contingents qui pourront être réclamés aux communes.

Très souvent on joint aux dossiers un véritable plan parcellaire : nous avons vu que c'est inutile ou prématuré, quand on emploie l'enquête de 1834, mais, quand on emploie celle de 1835, cela peut avoir une grande utilité. Les déclarations recueillies sont alors de deux sortes : celles qui ont trait à l'utilité de l'ouverture et celles qui concernent l'application du tracé aux propriétés riveraines.

On peut ainsi éviter une seconde enquête, si l'on arrive à acquérir les terrains à l'amiable, mais il ne faut pas s'y tromper : si l'on est obligé de recourir à l'expropriation, il est nécessaire de recourir à l'enquête du titre II de la loi du 3 mai 1841.

Il faut donc, pour éviter de perdre son temps, dresser de suite le plan parcellaire, quand il est certain que le tracé sera adopté et qu'il n'y a pas deux solutions en présence. S'il y a un doute, il ne faut faire que l'avant-projet sommaire, prévu dans les instructions.

Tout ce que nous venons de dire ne concerne que les terrains non bâtis. Quand il s'agit de terrains bâtis, il faut un décret.

§ 3.

## ÉLARGISSEMENT

Il faut toujours ramener les formalités à remplir aux différents titres de la loi du 3 mai 1841.

Titre I : déclaration d'utilité publique. — Titre II : détermination des propriétés à acquérir après enquête parcellaire.

Nous venons de voir les décisions qui portent déclaration d'utilité publique, en matière de redressement ou d'ouverture. Or, en matière d'élargissement, il y a une simplification. On admet que l'utilité publique est déclarée par l'arrêté de classement et on passe de suite au titre II : détermination des propriétés à acquérir.

Comment d'ailleurs distinguer le redressement de l'élargissement ?

On a souvent admis le principe suivant :

Soient A, B, C, A', B', C', l'ancien chemin, X, Y, Z, V,

le nouveau. Si le nouveau chemin abandonne l'ancien, en laissant entre eux deux, l'espace E B' F, c'est un redressement.

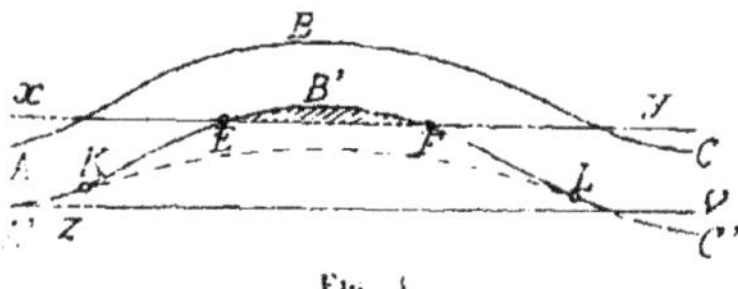


Fig. 4.

Si la limite de l'ancien chemin était K L, il n'y aurait qu'élargissement. C'est un peu subtil, c'est d'ailleurs une question de mesure, et le Conseil d'État a même décidé que l'on ne pourrait procéder par élargissement, pour porter un chemin de 3 à 10 mètres : c'est alors une ouverture.

C'est la commission départementale ou le Conseil général qui prononce l'élargissement, suivant qu'il s'agit d'un chemin vicinal ordinaire ou d'un chemin de grande communication.

L'enquête est nécessaire en vertu de la loi du 28 juillet 1824, qui la prescrit aux communes pour vendre ou acheter des terrains. Il faut un plan parcellaire, indiquant les limites du chemin, et un état indiquant les surfaces de terrain à occuper.

On peut employer l'enquête du 20 août 1825, ou celle du 23 août 1835 ; on prend de préférence cette dernière, et de plus on peut alors, si le chemin n'est pas préalablement classé, procéder en même temps, avec une seule enquête, au classement et à l'élargissement.

L'avis du conseil municipal est nécessaire, mais on peut passer outre à son opposition. Les dépenses deviennent alors obligatoires pour les communes.

C'est encore plus vrai quand il s'agit d'un chemin de grande communication.

La fixation de la largeur est laissée aux soins de la commission départementale ou du Conseil général. Une avenue de gare peut être très large. Les limites du chemin doivent être fixées d'une manière précise. L'indication de la largeur dans l'arrêté de classement ne suffit pas.

La décision d'élargissement a un effet tout à fait spécial aux chemins vicinaux. Ainsi, tandis que, pour prendre possession d'un terrain, il faut en général, outre la déclaration d'utilité publique, un arrêté de cessibilité et un jugement d'expropriation, puis le paiement *préalable* de l'indemnité, la décision d'élargissement équivaut à l'arrêté de cessibilité et au jugement d'expropriation ; de plus, le paiement de l'indemnité n'a pas besoin d'être préalable. Ainsi le décide l'article 15 de la loi de 1836.

Le droit des propriétaires riverains se résout en un droit à indemnité qui sera réglée à l'amiable ou par le juge de paix, à dire d'experts.

Enfin, si le propriétaire n'a pas fait régler son indemnité au bout de deux ans, il y a prescription.

Je ne vous conseille pas d'invoquer cette prescription quand vous serez certains que l'indemnité n'a pas été payée. Cela fait mauvais effet. L'Administration doit être honnête, et il ne faut invoquer la prescription que lorsqu'il y a doute. C'est d'ailleurs *l'esprit* de la loi. L'aspect des lieux change rapidement quand il s'agit d'un chemin. Les agents du service changent aussi. Au bout de deux ans et même moins, on ne retrouve plus rien, et la prescription de deux ans n'a *été* introduite que pour éliminer des demandes dont il est devenu impossible de vérifier l'équité.

Comme on le voit, ces dispositions spéciales aux chemins vicinaux sont toutes à l'avantage des communes

Elles ne s'appliquent pas aux terrains bâtis. Pour ces derniers, un décret est toujours indispensable.

## § 4.

## OCCUPATION DES TERRAINS BATIS

Qu'entend-on par terrains bâtis ?

Un terrain clos de murs doit être considéré comme terrain bâti. Cependant la négative a été jugée, pour un terrain en partie clos par un mur en pierres sèches et pour un terrain dont les terres étaient soutenues par un mur de soutènement en pierres sèches.

Un terrain clos de haies vives n'est pas un terrain bâti; mais, si c'est un jardin attenant à l'habitation, il est considéré comme un terrain bâti.

C'est la loi du 8 juin 1864 qui a décidé qu'il faut un décret, pour l'ouverture comme pour l'élargissement d'un chemin sur les terrains bâtis, ou du moins la jurisprudence l'a bien établi.

Il en résulte que, si un élargissement ou un redressement s'étend sur les deux catégories de terrains, il faut deux décisions, l'une du Conseil général, l'autre du Chef de l'État. Quelle est celle qui doit intervenir la première ? On admet que c'est la décision du Conseil général, mais, si le décret était refusé, la première décision pourrait devenir inutile. Elle devrait être rapportée. Il eût été préférable de réserver tout au décret, quand l'opération touche sur un point à des terrains bâtis.

De plus, quand on traite à l'amiable, un gros inconvénient se produit. S'il y a déclaration d'utilité publique, les formalités de timbre, d'enregistrement, de purge, etc... sont très simplifiées, mais, si l'on élargit le chemin sur un terrain bâti en traitant à l'amiable, sans décret, il faut appliquer les règles du droit commun, ce qui est très onéreux pour les communes.

Il est à souhaiter que la législation soit modifiée sur ce point.

## § 5.

## DÉCLASSEMENT

*Chemins vicinaux ordinaires.* — Comme l'exige la logique, il faut procéder aux mêmes formalités pour déclasser un chemin que pour le classer.

C'est la commission départementale qui est compétente après enquête et avis des conseils municipaux.

La commission départementale peut ne pas suivre ces avis.

La décision qui autorise le redressement d'un chemin vicinal ordinaire emporte de plein droit le déclassement des parties abandonnées, sans qu'il soit nécessaire de le prononcer par décision spéciale. Que devient l'ancien chemin abandonné ? L'instruction générale prescrit d'inviter le conseil municipal à dire s'il est d'avis que le chemin soit conservé comme chemin rural ou supprimé.

Il est utile que les deux informations se fassent en même temps.

Dans ce cas, le préfet peut autoriser l'aliénation.

*Chemins de grande communication et d'intérêt commun.* — Les formalités sont les mêmes pour le déclassement et pour le classement : avis des conseils municipaux et du Conseil d'arrondissement. Quand un chemin de grande communication est déclassé, on admet qu'il rentre dans la catégorie des chemins dont il faisait partie au moment de son classement. Si la commune intéressée veut le faire passer dans une autre catégorie, il faut faire une nouvelle instruction.

## § 6.

## RÉDUCTION DE LARGEUR

En somme, c'est une modification des limites du chemin. Il faut donc tout simplement procéder aux mêmes formalités que s'il s'agissait d'augmenter la largeur : Enquête, avis des conseils municipaux et décision de la commission départementale ou du Conseil général, suivant les catégories de chemins.

## § 7.

## ACQUISITIONS DE TERRAINS

### *Cessions gratuites ou amiables*

Autrefois l'on manquait tellement de chemins que les propriétaires abandonnaient leurs terrains gratuitement. Il n'en est plus guère ainsi aujourd'hui. Cependant il y a encore des cessions gratuites; il est nécessaire néanmoins de faire un acte, surtout en raison des mutations à faire sur les matrices cadastrales : sans cela, les propriétaires continuent à payer les impôts. Quand l'élargissement, le redressement ou l'ouverture a été régulièrement prononcé, les traités d'acquisition amiable sont régulièrement passés dans la forme administrative, entre le maire et les propriétaires.

Ils doivent être soumis au conseil municipal

### *Cas de l'élargissement. Fixation des indemnités.*

Nous l'avons vu, la prise de possession peut être préalable au paiement, mais la décision doit être notifiée aux propriétaires dix jours avant la prise de possession.

C'est à partir de la date de la notification que le propriétaire peut se faire régler.

Si des arbres doivent être abattus, il peut être sursis par le préfet à l'abattage, pour permettre la fixation d'une juste indemnité.

En tout cas, l'affaire est portée devant le juge de paix qui statue sur le rapport d'experts nommés, l'un, par le sous-préfet et l'autre, par le propriétaire. S'il y a désaccord, le juge de paix nomme un tiers expert. Les experts prêtent serment. La décision du juge de paix est un véritable jugement, susceptible d'appel lorsque le montant de l'indemnité dépasse le montant de sa compétence en dernier ressort.

### *Cas du redressement et de l'ouverture.*

Quand il ne s'agit pas de terrains bâtis, nous avons vu que les décisions de la commission départementale et du Conseil général équivalent au décret d'utilité publique ; l'expropriation se poursuit alors conformément au titre II de la loi du 3 mai 1841, modifié sur certains points par son article 12 qui rappelle l'article 16 de la loi de 1836.

Le plan parcellaire doit être soumis à l'enquête parcellaire décrite au titre II, mais la commission d'enquête est remplacée par le conseil municipal ; ensuite le préfet prend l'arrêté de cessibilité, et le tribunal rend le jugement d'expropriation.

Comme vous le voyez, deux enquêtes sont nécessaires ; elles ont lieu généralement sur les mêmes pièces, mais on ne peut les confondre, parce que leurs formes diffèrent sensiblement. Ce serait à modifier. Pour régler les indemnités en matière de vicinalité, le jury, au lieu d'être composé de douze membres, n'est composé que de quatre membres (art. 16 de la loi de 1836) : c'est le petit jury. Le magistrat directeur, qui peut être le juge de paix, a voix délibérative en cas de partage.

S'il y a consentement à la cession, mais désaccord sur le prix (art. 14), point n'est besoin de rendre le jugement d'expropriation : l'affaire est portée de suite devant le petit jury.

Quand il s'agit d'occuper un terrain faisant partie du domaine public inaliénable et affecté à un autre service public, il ne peut y avoir d'expropriation, la loi de 1841 ne s'applique pas ; il faut une décision de l'autorité compétente, changeant l'affectation dudit domaine. Il n'y a, en effet, qu'un seul domaine public qui est affecté à des services, soit de l'État, soit des départements, soit des communes.

Quand il s'agit d'un cimetière, on ne peut l'occuper que 10 ans au moins après les dernières inhumations.

Quand un immeuble est classé monument historique, l'expropriation (loi du 30 mars 1887) ne peut être poursuivie qu'après avis du Ministre des beaux-arts.

L'enregistrement, la transcription, la purge des hypothèques se font comme en matière de travaux de l'État. Je n'ai pas à vous en parler, puisque M. le professeur de droit administratif vous en parlera. Il n'y a qu'une observation à faire au sujet de la dispense de purge, prévue par l'article 19 de la loi de 1841, pour les indemnités inférieures à 500 francs. Le maire ne peut faire usage de cette faculté qu'avec l'autorisation du conseil municipal et l'approbation du préfet et cela pour chaque acquisition

*Paiement des indemnités.*

L'indemnité doit être préalable quand il s'agit d'ouverture ou de redressement ; elle peut être postérieure quand il s'agit d'élargissement.

En principe, toute indemnité est à la charge de la commune qui est propriétaire du chemin. C'est évident pour les chemins vicinaux ordinaires. Une commune peut être forcée de créer des ressources, quand un propriétaire frappé d'alignement se met à l'alignement. C'est un engagement qu'elle a pris lors de l'approbation du plan.

Quand on construit un chemin de grande communication, les acquisitions de terrains qui font partie intégrante des travaux peuvent être payées par les fonds centralisés qui sont, au moins en partie, des fonds départementaux, et le sol n'en appartient pas moins aux communes, ce qui est une anomalie.

Quand un plan d'alignement a été approuvé pour un chemin de grande communication et qu'un riverain se met à l'alignement, on admet généralement que l'indemnité doit être payée par la commune, puisque le sol lui appartient, mais, quand le département lui prend les deux tiers des ressources vicinales, c'est-à-dire le maximum, peut-on exiger davantage de la commune ? je ne le pense pas : il faut prendre l'indemnité sur son contingent.

L'action en indemnité se prescrit en deux ans, et le délai court à partir de la prise de possession. Cette prescription ne s'applique qu'à l'action en règlement. Si l'indemnité a été réglée mais n'a pas été payée, la créance ne s'éteint que conformément aux règles ordinaires de la prescription.

§ 8

## ALIÉNATION DE TERRAINS

C'est le préfet qui peut, en conseil de préfecture (art. 69 de la loi du 5 avril 1884), autoriser les aliénations.

Il faut une enquête d'après la loi de 1824, puisqu'il s'agit de vendre du terrain, et une délibération du conseil municipal. En principe, les terrains ont dû être retranchés préalablement du domaine public.

On procède généralement aux deux opérations à la fois, déclassement et aliénation, en employant l'enquête de 1835.

### *Droit de préemption.*

Deux cas peuvent se présenter :

1° Un chemin a été déclassé en tout ou en partie ;

2° La largeur du chemin a été simplement réduite.

Dans le premier cas, d'après l'article 19 de la loi de 1836, les riverains *pourront faire leur soumission de se rendre acquéreurs de la partie délaissée* et d'en payer la valeur, qui sera fixée par des experts dans les formes déterminées par l'article 17.

C'est un droit de préemption ; le maire doit donc mettre les riverains en demeure de déclarer, dans un délai de quinzaine, s'ils entendent user du bénéfice de cet article.

Mais est-ce une obligation pour la commune de vendre son terrain aux riverains ?

Il en a été décidé autrement : la commune n'est pas forcée de vendre.

Quand la commune a décidé la vente, on partage le chemin en deux, si les riverains sont différents des deux côtés. Si l'un d'eux consent seul à l'acquisition, il peut acquérir la *totalité*.

Dans le second cas, le droit de préemption est plus complet : le riverain a le droit d'exiger que la commune lui vende le terrain qui le sépare de la voie publique, mais à la condition qu'il y ait une décision fixant les nouvelles limites du chemin, comme le fait un plan d'alignement, par exemple. Sinon la commune peut rester propriétaire de la portion délaissée, mais elle ne peut la vendre à d'autres ; car c'est toujours le chemin ou une dépendance du chemin, sur laquelle les riverains ont droit de vue et d'accès.

Quand la cession a lieu à l'amiable, la convention est soumise à l'approbation du conseil municipal et du préfet.

En cas de désaccord, la somme due est fixée à dire d'experts (art. 17), mais le tiers expert est nommé par le conseil de préfecture.

Quand les riverains ont renoncé à leur droit de préemption, la commune peut vendre le terrain. Il peut en résulter des dommages pour les riverains ; dans ce cas, ces derniers peuvent en demander la réparation devant le conseil de préfecture.

Le produit des ventes n'est pas nécessairement affecté à la vicinalité. C'est une ressource extraordinaire dont la commune peut faire ce qu'elle veut.

Quand des terrains acquis pour la construction d'un chemin ne reçoivent pas cette destination, on applique, comme pour les travaux de l'État, les articles 60 et 61 de la loi du 3 mai 1841.

§ 9.

## ÉCHANGE DE TERRAINS

L'échange est une vente et une acquisition : on applique les règles relatives à la vente et à l'acquisition, mais il faut faire attention à ce que le riverain de la parcelle que la commune vend ait renoncé à son droit de préemption.

# CHAPITRE IV

# RESSOURCES DE LA VOIRIE VICINALE

§ 1. — Revenus ordinaires.
§ 2. — Prestations.
§ 3. — Réforme de la prestation.
§ 4. — Examen de la loi de finances du 31 mars 1903.
§ 5. — Centimes spéciaux ordinaires.
§ 6. — Centimes spéciaux extraordinaires.
§ 7. — Impositions extraordinaires, emprunts communaux.
§ 8. — Subventions particulières.
§ 9. — Subventions industrielles.
§ 10. — Subventions départementales.
§ 11. — Subventions de l'État.
§ 12. — Ressources des chemins de grande communication et d'intérêt commun.

## § 1.

## REVENUS ORDINAIRES

Certaines communes, en petit nombre, possèdent des revenus ordinaires et n'ont pas besoin de voter les prestations et les cinq centimes. Les dépenses des chemins vicinaux sont des dépenses obligatoires ; il en résulte que, d'après l'article 1er de la loi de 1836 et les articles 136 et 149 de la loi municipale du 5 avril 1884, le préfet, en conseil de préfecture, peut imposer les communes d'office et même, si elles possèdent des revenus ordinaires, jusqu'à concurrence d'une somme supérieure aux trois journées de prestations et aux cinq centimes.

A côté des revenus ordinaires, il y a les centimes pour

insuffisance de revenus, autorisés par l'article 133 de la loi de 1884. Ils sont très importants, mais leur produit ne peut être affecté qu'aux dépenses ordinaires, c'est-à-dire à l'entretien.

Malheureusement, ce produit est dissimulé sous le titre de : prélèvement sur les revenus ordinaires. Les agents du service ne sont pas mis suffisamment au courant de cette partie des budgets communaux.

§ 2.

## PRESTATIONS

En cas d'insuffisance des revenus ordinaires, les communes (art. 2 de la loi de 1836) pourvoient aux dépenses vicinales au moyen de trois journées de prestations et de cinq centimes spéciaux. Autrefois, les prestations devaient porter sur la totalité des éléments imposables : on ne pouvait distraire les hommes des voitures, par exemple. Cela a été changé par la loi de finances de 1903 ; nous en reparlerons plus loin.

La prestation est appréciée en argent, suivant un tarif arrêté chaque année par le Conseil général ; on considère 5 catégories de journées, savoir :

1° Journées d'hommes ;
2° — de chevaux ;
3° — de bœufs, mulets, ânes ;
4° — de voitures à 2 roues ;
5° — de voitures à 4 roues.

On y a ajouté :

6° Journées d'automobiles.

En général, les Conseils généraux fixent des prix bas ; en effet, dans les départements pauvres, les ressources en argent manquent. On veut donc inciter les prestataires à s'acquitter en argent, au lieu de perdre trois journées évaluées 1 fr. ou 1 fr. 50, par exemple. C'est souvent un mauvais calcul, car les gens riches s'acquittent toujours en argent, et, quand on convertit les prestations en tâches, la valeur de la journée disparaît. Il n'y a plus que la somme de travail à fournir qui reste.

Il faut faire tous ses efforts, quand on a un service vicinal, pour que les prestations soient converties en tâches, et alors on peut relever les prix et obtenir plus de ressources pour le bien de la vicinalité.

*Assiette de la prestation.*

L'article 3 de la loi de 1836 est ainsi conçu :

« Tout habitant, chef de famille ou d'établissement à titre de propriétaire, de régisseur, de fermier ou de colon partiaire, porté au rôle des contributions directes, pourra être appelé à fournir, chaque année, une prestation de trois jours :

« 1° Pour sa personne et pour chaque individu mâle, valide, âgé de 18 ans au moins et de 60 ans au plus, membre ou serviteur de la famille et résidant dans la commune ;

« 2° Pour chacune des charrettes ou voitures attelées et, en outre, pour chacune des bêtes de somme, de trait, de selle au service de la famille ou de l'établissement dans la commune. »

D'après les instructions, on résume la question de la manière suivante :

1° La prestation en nature est due, pour sa personne, par tout habitant de la commune, célibataire ou marié et quelle que soit sa profession, si d'ailleurs il est porté au rôle des contributions directes, mâle, valide et âgé de 18 ans au moins et de 60 ans au plus.

2° S'il est habitant et chef de famille ou d'établissement, à titre de propriétaire, de régisseur, de fermier ou de colon partiaire, il doit la prestation pour sa personne d'abord, et, en outre, pour chaque individu mâle, valide, âgé de plus de 18 ans et de moins de 60 ans, membre ou serviteur de la famille et résidant dans la commune. Il la doit encore pour chaque charrette ou voiture et pour chaque bête de somme, de trait, de selle, au service de la famille ou de l'établissement, dans la commune.

3° La prestation est due par tout individu, même non porté au rôle des contributions directes, même âgé de moins de

18 ans ou de plus de 60 ans, même invalide, même du sexe féminin, même n'habitant pas la commune, si cet individu est le chef d'une famille ou d'un établissement situé dans la commune. Il ne doit pas la prestation pour sa personne, mais pour tous les éléments imposables qu'il emploie.

On a beaucoup discuté sur tous ces points, sur l'*inscription* au rôle des contributions directes, sur les fonctions publiques des contribuables, sur ce qu'on doit entendre par membres de la *famille*, de serviteurs de la famille, *sur* la validité des hommes, sur les destinations des différents animaux, sur les charrettes et voitures de luxe, sur le lieu d'imposition, etc... Je ne vous parlerai pas de ces discussions, parce que notre service n'a pas à s'occuper de la confection des rôles, bien que, cependant, il soit quelquefois consulté sur les difficultés qui se présentent ; en principe, cela regarde les contributions directes.

J'appellerai votre attention seulement sur le principe même de cet impôt. D'après l'esprit de la loi et l'intention du législateur, cet impôt doit pouvoir, au gré du contribuable, être acquitté en nature, sans que le dit contribuable soit obligé de dépenser un sou en argent, en travaillant lui-même et en faisant travailler ses serviteurs, ses animaux, ses voitures, etc...

Cependant on a donné, en fait, quelques accrocs à ce principe. Ainsi on impose les voitures de luxe et celles qui sont impropres à transporter des petits matériaux. De plus, depuis quelques années, on impose les automobiles. Or, si un propriétaire mettait sa voiture de luxe ou son automobile à la disposition d'un agent voyer pendant 3 jours pour acquitter ses prestations, je me demande ce que l'agent voyer pourrait en faire et à quoi il pourrait l'employer. Cela ne se présente généralement pas, parce que les propriétaires craignent avec raison qu'on détériore leurs véhicules de luxe.

Cependant le principe ne doit pas être oublié par le service, et il l'est quelquefois. En effet, on transforme souvent, et je l'ai fait moi-même, la prestation non seulement en tâche, ce qui est légal, mais en fournitures. Si les prestataires ne réclament pas, c'est parfait, c'est très avantageux et simplifie le service considérablement. Mais on ne peut les y forcer, car alors ils sont, le plus souvent, obligés d'acheter les matériaux avec leur argent, ce à quoi ils peuvent se refuser. Par suite, quand les prestataires réclament, il faut leur céder de suite et ne leur réclamer que des tâches.

*Confection et publication des rôles.*

Cela regarde toujours les contributions directes, mais il est nécessaire que vous sachiez que, dès l'origine, les prestations sont divisées en deux parties. En effet, dans le délai d'un mois après la publication du rôle, chaque prestataire doit individuellement déclarer au maire s'il opte pour l'exécution en nature, et, s'il ne dit rien, on peut lui réclamer sa taxe en argent.

Le receveur municipal n'envoie plus au préfet, qui le renvoie au service vicinal, qu'un *extrait* de rôle contenant seulement les options en nature.

Il y a donc deux catégories de cotes, celles qui sont dues en argent, par suite de non-option, celles qui devront être exécutées en nature par suite d'option : mais ces dernières se diviseront encore en deux, parce que certains prestataires qui ont opté n'exécutent pas, bien qu'ils en aient été régulièrement requis : c'est ce qu'on appelle les *non-exécutions*.

Cela fait en somme 3 catégories :

1° les non-options, exigibles en argent dès le commencement de l'année ;

2° les cotes réellement exécutées en nature ;

3° les non-exécutions, exigibles en argent après le délai fixé par le règlement général.

Les réclamations sont portées devant le conseil de préfecture, comme en matière de contributions directes.

Le produit des prestations est spécialement affecté aux chemins vicinaux de toute catégorie, aussi bien à la construction qu'à l'entretien. On a discuté la question pour la construction, mais cela est bien établi aujourd'hui.

La loi du 21 juillet 1870 a modifié un peu cette spécialité. Quand les chemins vicinaux d'une commune sont tous construits et en bon état, et si aucune subvention ne lui est accordée pour les dits chemins, la dite commune peut être autorisée par le Conseil général à employer le tiers de ses prestations sur les chemins ruraux.

§ 3.

## RÉFORME DES PRESTATIONS

L'impôt des prestations a été et est encore très attaqué, parce qu'il rappelle, de loin cependant, l'ancienne corvée. Voici une partie de l'étude que j'ai publiée en 1889 dans le département du Loiret :

## CONSIDÉRATIONS GÉNÉRALES ET EXAMEN DES PROJETS DE RÉFORME PRÉSENTÉS

### I. — INTRODUCTION.

On a dit qu'à la veille du centenaire de 1789 il fallait faire disparaître l'impôt des prestations, qui, sous une forme adoucie, rappelle par certains côtés le plus impopulaire des impôts de la monarchie.

Cette idée ne nous paraît pas juste.

L'ancienne corvée a été définitivement supprimée par l'assemblée constituante ; sous la Restauration, la loi du 28 juillet 1824 a établi une prestation de deux journées de travail, mais elle ne paraît pas avoir donné de grands résultats ; c'est la loi du 21 mai 1836 qui a définitivement établi le régime actuel de trois journées de prestation.

La prestation est évidemment un impôt en nature, mais cet impôt ne ressemble que sur ce point à l'ancienne corvée ; il en diffère essentiellement, puisqu'il est perçu sur tous les citoyens sans distinction, et que ces derniers ont toujours le droit de l'acquitter en argent.

La prestation ne doit donc plus être considérée que comme un impôt analogue à tout autre, et les seules questions qu'il y ait lieu de discuter sont les suivantes :

L'impôt de la prestation est-il plus désagréable et plus injuste que les autres ?

Quels résultats donne-t-il ?

Peut-on le remplacer par un autre impôt moins désagréable et moins injuste ?

## II. — L'IMPOT DE LA PRESTATION EST-IL INJUSTE ?

Nous n'hésitons pas à répondre affirmativement à cette question en ce qui concerne les hommes.

La loi de 1836 a dispensé de la prestation les hommes âgés de moins de 18 ans et de plus de 60 ans. Or, un homme de plus de 60 ans peut continuer une exploitation agricole ou industrielle, il a toujours le même intérêt au bon entretien des chemins, et il ne paie plus l'impôt : cela est évidemment injuste. De plus, l'ouvrier, le manœuvre, qui n'a que ses bras et qu'un intérêt très indirect et assez faible au bon état des voies de communication, supporte une charge égale à celle du grand industriel et du riche propriétaire. Enfin l'impôt de la prestation, sur les hommes, est un impôt de capitation, et, par suite, on peut lui faire tous les reproches que l'on fait avec raison à tous les impôts de cette espèce.

Il n'en est pas ainsi lorsque nous considérons l'impôt de la prestation sur les chevaux et sur les voitures. Il est évident que, plus on a de voitures et de chevaux, et plus on est intéressé au bon entretien des chemins. De plus, ce sont les chevaux et les voitures qui dégradent les chemins, et non les piétons. Par suite, il est juste que les propriétaires de ces chevaux et voitures soient imposés pour l'entretien de ces chemins. Nous reconnaissons que les commerçants, les industriels, les propriétaires fonciers, etc., ont également un intérêt très réel, quoique indirect, au bon entretien des chemins et, par suite, il ne faudrait pas mettre la totalité des frais de cet entretien uniquement à la charge de ceux qui se servent des chemins et qui les usent ; nous reviendrons, plus loin, sur cette question, mais il est évident que les propriétaires des chevaux et voitures doivent payer une partie de cet entretien et que leurs charges doivent être proportionnelles au nombre de chevaux et de voitures qu'ils possèdent.

En résumé, suivant nous, l'impôt de la prestation est injuste quand il est appliqué aux hommes, il est juste quand il est appliqué aux chevaux et aux voitures.

### III. — QUELS SONT LES RÉSULTATS DE L'IMPOT DE LA PRESTATION ?

Nous n'avons pas à revenir sur les bienfaits de la loi du 21 mai 1836 et sur les magnifiques résultats qu'elle a préparés. Nous nous servons du terme préparés, car il ne faut pas oublier que cette loi a été complétée par d'autres lois, notamment par celle du 14 juillet 1868 et surtout par celle du 12 mars 1880.

On a tort, en effet, d'attribuer uniquement à la prestation les résultats obtenus par la vicinalité, car, si nous prenons le tableau n° 1 du *compte rendu général des opérations effectuées en 1882*, publié par le Ministre de l'intérieur, nous voyons que l'ensemble des ressources de cet exercice, pour toute la France, se décompose de la manière suivante :

| | |
|---|---|
| Ressources communales. . . . . . . . | 110 millions |
| « provenant des particuliers. . . | 4 » |
| « sur fonds départementaux et de l'Etat . . . . . . . . . . | 109 » |
| Total. . . . . . | 223 millions |

La prestation n'entre dans les ressources communales que pour 60 millions et ne représente, par suite, que 27 0/0 des ressources totales.

Cet exemple montre que la prestation n'entre que pour une partie, qui n'est certes pas négligeable, mais qui est relativement faible, dans l'ensemble des ressources vicinales; par suite, il ne faut pas lui attribuer uniquement les bons résultats obtenus par les lois de 1836, 1868 et 1880. Ce n'est pas une arche sainte à laquelle on ne saurait toucher sans amener les plus grands malheurs.

Examinons maintenant les résultats de la prestation au moyen de quelques exemples :

« Supposons un gros fermier dont le rôle de prestation monte à 120 francs. Nous lui donnons, par exemple, pour tâche le transport de 60 mètres cubes de matériaux à 4 kilomètres de distance. Il trouvera toujours deux ou trois journées de l'été ou de l'automne où ses chevaux n'auront presque rien à faire. Il acquittera sa tâche sans, pour ainsi dire, qu'il lui en coûte rien, et, si nous lui proposions l'alternative de payer 40 francs en argent ou de s'acquitter de 120 francs en nature, nous sommes convaincu qu'il préférerait exécuter sa tâche en nature.

Il nous paraîtrait donc regrettable de priver le pays d'une pareille ressource et de supprimer un impôt qui, dans certains cas, rapporte beaucoup, sans presque rien coûter à celui qui l'acquitte.

Au contraire, si nous considérons la prestation sur les hommes, l'impôt est bien plus difficile à percevoir et à acquitter. Si un prestataire veut se libérer à la journée, il ne fait pas grand'chose le plus souvent. S'il se libère à la tâche, il fait so[illegible]nt un métier qu'il ne connait pas et qui lui répugne (cassage [illegible] extraction de matériaux). Le travail est mal fait. L'impôt est désagréable à acquitter et son rendement est faible.

En résumé, l'impôt de la prestation sur les chevaux et voitures est facile à acquitter, son rendement est très bon ; sur les hommes isolés, il est désagréable à acquitter, son rendement est mauvais. »

Après avoir ainsi exposé la question, je faisais remarquer que tous les projets alors présentés et consistant à remplacer simplement les prestations par des centimes sur les quatre contributions directes auraient de graves inconvénients.

Si l'impôt était communal, il faudrait un nombre de centimes variant de 82 à 6, suivant les communes.

S'il était départemental, le nombre des centimes varierait de 43 à 4 suivant les départements.

On serait donc amené à établir l'impôt sur toute la France,

pour éviter les inégalités, et alors il faudrait 16 à 17 centimes nationaux.

Je proposais donc un autre projet en m'exprimant ainsi :

### IV. — EXPOSÉ DU PROJET

« Nous avons vu plus haut que l'impôt de la prestation est injuste quand il est appliqué aux hommes, parce que c'est un impôt de capitation, et qu'au contraire il est équitable lorsqu'il est appliqué aux chevaux et aux voitures.

« Nous avons vu également que le même impôt ne produit pas de très bons résultats quand il est appliqué aux hommes et que son rendement est faible ; qu'au contraire il donne des résultats excellents quand il est appliqué aux chevaux et voitures et que son rendement est alors très satisfaisant.

« La conclusion est facile à tirer : pour être équitable et conserver les bons résultats, pour supprimer les inconvénients et conserver les avantages, il faut supprimer la prestation sur les hommes et la conserver sur les chevaux et voitures. »

J'arrivais donc, comme résultat, à laisser les prestations sur toutes les voitures et les chevaux, etc..., et à racheter les prestations-hommes au moyen de centimes départementaux dont le nombre aurait varié de 6 à 8.

Comme conséquence, l'exécution à la journée devenait impossible, puisque l'on n'aurait plus eu d'hommes pour conduire les chevaux, et, par suite, la transformation en tâches devenait obligatoire.

On a beaucoup discuté sur tous les projets présentés, notamment sur le mien, et enfin la loi de finances du 31 mars 1903 a décidé ce qui suit.

## § 4.

## EXAMEN DE LA LOI DE FINANCES DE 1903.

L'article 5 de la loi est ainsi conçu :

« Dans les budgets de 1904 et suivants, les conseils municipaux auront la faculté de remplacer par une taxe vicinale le produit des journées de prestations que les communes sont tenues de voter pour les chemins vicinaux.

« Ce remplacement pourra porter soit sur la totalité ou sur une partie de la prestation individuelle considérée isolément, soit, après que celle-ci aura été convertie, sur la totalité ou sur une partie de la prestation des animaux et véhicules.

« La taxe vicinale sera représentée par des centimes additionnels aux quatre contributions directes en nombre suffisant pour produire une somme équivalente à la valeur des prestations remplacées. Lorsque ce nombre de centimes sera supérieur à 20, la substitution devra être autorisée par le Conseil général.

« Les redevables pourront se libérer en nature de la taxe vicinale, pourvu qu'elle ne soit pas inférieure à 1 franc et à condition de déclarer, dans les délais prescrits, qu'ils entendent faire usage de cette faculté.

« La libération en nature sera soumise aux dispositions qui régissent la prestation.

« Elle s'effectuera soit en journées, évaluées aux prix fixés par le Conseil général pour le rachat de la prestation, soit en tâches d'après un tarif de conversion arrêté par la commission départementale sur la proposition du conseil municipal.

« Le règlement établi en conformité de l'article 21 de la loi du 21 mai 1836 sera modifié et complété de manière à assurer l'exécution du présent article. »

Une modification essentielle est à remarquer. Avant 1903, les communes ne pouvaient séparer la prestation individuelle de la prestation d'animaux et véhicules. Aujourd'hui elles peuvent supprimer la première en la remplaçant par des centimes et conserver la seconde.

La réciproque n'est pas vraie : on ne peut supprimer la prestation des animaux et conserver celle des hommes. C'est un acheminement au système que j'avais indiqué avec tous ceux qui connaissent la question, la suppression de la prestation individuelle et le maintien de celle des animaux et véhicules. Il est vrai que les communes peuvent transformer la totalité, mais le législateur, sachant que, pour certaines communes, le nombre de centimes serait excessif, a fixé un maximum de 20 centimes, au-dessus duquel l'autorisation du Conseil général est nécessaire. Le législateur a pensé que les Conseils généraux seraient raisonnables et empêcheraient les injustices.

En Seine-et-Marne, le Conseil général, entrant dans les vues que j'avais exposées, a pensé qu'il y avait lieu de faciliter la suppression de la prestation-hommes et de maintenir la prestation chevaux et véhicules. En conséquence il a décidé, d'une manière générale et dans les limites des pouvoirs qui lui étaient donnés par la loi, que les communes pourraient racheter toutes leurs prestations-hommes, même si l'imposition correspondante dépassait 20 centimes. Mais il a spécifié que, dans le cas où la transformation de tout ou partie des prestations (animaux et véhicules), ajoutée à celle des hommes, excéderait cette limite, il n'autoriserait pas la dite transformation.

En Seine-et-Marne, le résultat était le suivant en 1906.

Sur 589 communes :

24 communes avaient remplacé la totalité de leurs prestations par la taxe.

11 communes avaient remplacé les 3 journées d'hommes et 2 journées d'animaux et de véhicules.

12 communes avaient remplacé les 3 journées d'hommes et 1 journée d'animaux et de véhicules.

62 communes avaient remplacé les trois journées d'hommes seulement.

Les impositions étaient toutes inférieures à 20 centimes.

Cette réforme est encore trop nouvelle pour qu'on puisse en juger les résultats.

Voici cependant quelques renseignements statistiques qui m'ont été fournis par le Ministère de l'intérieur, pour toute la France.

En 1903, avant la réforme, 35.284 communes avaient des prestations.

Ces prestations ont été maintenues intégralement :

En 1904, dans 30.922 communes,

En 1905, dans 27.051 communes,
En 1906, dans 24.585 communes,
En 1907, dans 22.692 communes,
En 1908, dans 21.605 communes,
En 1909, dans 20.054 communes,
En 1910, dans 18.882 communes.

Le nombre des transformations réalisées chaque année va en diminuant :

Il a été de 4.362 de 1903 à 1904
Et seulement de 1.551 de 1908 à 1909
Et de 1.172 de 1909 à 1910.

En 1910, 2.140 communes avaient remplacé partiellement leurs prestations par la taxe vicinale, et 14.259 communes les avaient transformées en totalité.

En 1903, l'impôt de la prestation sur les hommes a produit

| | | | |
|---|---|---|---|
| . . . . . . . . . . . . | 25.305.000 fr. | 43,2 | 0/0 |
| et celle des animaux et véhicules . . . . . . . . . . | 33.217.000 fr. | 56,8 | 0/0 |
| Total. . . | 58.522.000 fr. | 100 | |
| En 1910 l'impôt des prestations sur les hommes a produit . | 14.330.000 fr. | 39 | 0/0 |
| L'impôt sur les animaux et véhicules. . . . . . . . | 22.376.000 fr. | 61 | 0/0 |
| Total. . . . . | 36.706.000 fr. | 100 | |
| La taxe vicinale a produit. . | 23.886.000 fr. | | |
| Total. . . . . | 60.592.000 fr. | | |

Comme on le voit, l'impôt sur les hommes a diminué de 43, 2 0/0 à 39 0/0.

Et l'impôt sur les animaux et véhicules a augmenté de 56,8 0/0 à 61 0/0.

Si l'on établit le pourcentage par rapport à la production totale, on trouve :

Impôt sur les hommes 23, 6 0/0.
Impôt sur les animaux et véhicules 36,9 0/0
Taxe vicinale 39, 4 0/0

On tend donc à se rapprocher du résultat que je considérais comme désirable, c'est-à-dire que, dans beaucoup de communes, on supprime les journées d'hommes et on maintient celles des animaux et véhicules.

Je prendrai, d'ailleurs, la liberté de vous exposer que la loi de finances de 1903 n'a peut-être pas été assez étudiée et qu'elle présente certaines lacunes.

Certes, au point de vue de la facilité de notre service, elle n'aura que des avantages, car, la taxe vicinale faisant permuter l'impôt de personnes moins riches à personnes plus riches, augmentera les rachats en argent. C'est ce qui est déjà arrivé, et le service est plus facile ; mais la loi devrait être complétée sur deux points importants, savoir :

1° La conversion devrait être obligatoire.

En effet la loi porte que les redevables pourront se libérer en nature, et que la libération pourra s'effectuer, soit en journées, soit en tâche.

Je me demande comment le service pourrait s'en tirer, dans une commune où la libération à la journée serait admise.

D'abord il serait impossible d'employer utilement les vieillards, les infirmes et les femmes qui, contrairement à l'ancienne loi, sont imposés à la taxe vicinale.

En second lieu, si les journées d'hommes sont supprimées et si les journées d'animaux et de véhicules sont maintenues, il sera matériellement impossible d'utiliser ces chevaux et véhicules, sans leurs conducteurs habituels.

Par suite, suivant moi, la conversion de la taxe en tâches devrait être obligatoire

2° La loi a prescrit que le minimum acquittable en nature est de 1 franc.

Comment les agents du service pourraient-ils déterminer soit une fraction de journée, soit une tâche, de la valeur de 1 fr. 05, par exemple. Ce n'est plus une difficulté, c'est presque une impossibilité, et en tout cas beaucoup de paperasserie et de démarches pour de tout petits intérêts.

La loi, suivant nous, devrait porter ce minimum à au moins 5 francs.

Quoi qu'il en soit et en raison du bon esprit de tous les contribuables français, qui, quoi qu'on en dise, se plient très facilement aux exigences des lois, la taxe vicinale ne paraît pas avoir soulevé de sérieuses difficultés.

Quelques injustices se produisent cependant ; ainsi :

Un cultivateur propriétaire habite la commune A, où il a tous ses chevaux et voitures, mais il exploite une grande quantité de terres lui appartenant, situées sur la commune B. La commune A maintient les prestations, et il les paie, d'après le nombre de ses chevaux et véhicules. Au contraire la commune B établit la taxe vicinale, il la paie également comme propriétaire. Il paie donc deux fois, et cela n'arriverait pas si toutes ses terres étaient sur la même commune,ou si les deux communes avaient adopté le même régime (1).

Ce ne sont d'ailleurs que des exceptions assez rares.

Enfin, nous sommes actuellement dans une période de tâtonnements,la question générale des prestations est toujours en suspens au Parlement, et l'on continue à faire des questionnaires et des enquêtes dans tous les départements. J'ai donc été obligé d'entrer dans d'assez longs détails sur cette question pour vous en montrer l'importance, et j'espère que cela vous permettra, si vous êtes consultés, et vous le serez certainement, d'émettre des avis en toute connaissance de cause.

## § 5.

## CENTIMES SPÉCIAUX ORDINAIRES

La loi de 1836 a prévu cinq centimes spéciaux ordinaires, à défaut de revenus ordinaires. Ils peuvent être imposés d'office par le préfet pour l'entretien, mais non pour les travaux d'ouverture, de redressement et d'elargissement, car ce sont des travaux d'amélioration que les communes ne sont pas obligées de faire.

(1) On pourrait supposer le cas contraire. La commune A, où le fermier a ses animaux et véhicules, a transformé les prestations en taxe. La commune B, où il a ses terres, a conservé les prestations. Alors le fermier ne paie plus ni prestations ni taxe, ou du moins très peu de chose.

## § 6.

## CENTIMES SPÉCIAUX EXTRAORDINAIRES

La loi de 1867 a permis aux communes de voter trois centimes spéciaux extraordinaires; mais, en vertu de la loi municipale de 1884, il faut séparer le budget communal en budget ordinaire et budget extraordinaire. Or on ne sait plus au juste comment faire, car les dits trois centimes étaient destinés à l'entretien, qui est une dépense ordinaire. Il en résulte une difficulté sérieuse; on pourrait sans inconvénient supprimer ces trois centimes extraordinaires et les remplacer par les centimes pour insuffisance de revenus.

## § 7.

## IMPOSITIONS EXTRAORDINAIRES. — EMPRUNTS COMMUNAUX

Ces impositions doivent être destinées à couvrir des dépenses accidentelles. La loi du 5 avril 1884 indique les règles à suivre.

Le Conseil général vote annuellement un maximum (vingt centimes ordinairement). Quand le conseil municipal vote une contribution n'excédant pas cinq centimes dans les limites du maximum, il n'a besoin d'aucune autorisation.

Quand la contribution excède cinq centimes sans excéder le maximum et si la durée n'est pas supérieure à 30 ans, il suffit de l'autorisation du préfet.

Quand l'imposition dépasse le maximum, il faut un décret et, si elle est établie pour une durée de plus de 30 ans, il faut un décret rendu en Conseil d'État.

Les emprunts peuvent être contractés par le Conseil municipal avec les mêmes autorisations, quand la contribution nécessaire est comprise dans les limites indiquées ci-dessus.

Pour rembourser les emprunts, on peut employer des revenus ordinaires, mais non les 5 centimes et les prestations perçues en vertu de la loi de 1836. Les emprunts déguisés sont interdits.

Nous verrons plus loin que la part des communes pour les travaux exécutés en vertu de la loi du 12 mars 1880 doit consister en ressources extraordinaires ; il en résulte que les emprunts destinés à cet effet ne peuvent être gagés que par des ressources extraordinaires.

## § 8.

## SUBVENTIONS PARTICULIÈRES

Les principales, et presque toutes, sont constituées par la cession gratuite de terrains. On peut évaluer ces cessions en argent pour la fixation de la subvention de l'État, dont le quantum dépend de la subvention communale totale.

Ces subventions doivent être acceptées.

## § 9.

## SUBVENTIONS INDUSTRIELLES

L'article 14 de la loi de 1836 est ainsi conçu :

« Toutes les fois qu'un chemin vicinal, entretenu à l'état de viabilité par une commune, sera habituellement temporairement dégradé par des exploitations de mines, ou de carrières, de forêts ou de toute entreprise industrielle appartenant à des particuliers, à des établissement publics, à la couronne ou à l'État, il pourra y avoir lieu à imposer aux entrepreneurs ou propriétaires, suivant que l'exploitation ou les transports auront eu lieu pour les uns ou les autres, des subventions spéciales, dont la quotité sera proportionnée à la dégradation extraordinaire qui devra être attribuée aux exploitations.

« Ces subventions pourront, au choix des subventionnaires, être acquittées en argent ou en prestations en nature et seront exclusivement affectées à ceux des chemins qui y auront donné lieu.

« Elles seront réglées annuellement, sur la demande des communes, par les conseils de préfecture, après des expertises contradictoires, et recouvrées comme en matière de contributions directes.

« Les experts seront nommés suivant le mode déterminé par l'article 17.

« Ces subventions pourront aussi être déterminées par abonnement ; elles seront réglées, dans ce cas, par le préfet en conseil de préfecture ».

Ces allocations ont le caractère de subventions d'entretien et peuvent être attribuées aux chemins de toute catégorie. Elles sont exigibles quel que soit le domicile de l'industriel, même si les dégradations ont lieu sur une autre commune ou même un autre département.

Ces subventions ont donné lieu à de nombreuses discussions et à de nombreux procès.

Les trois conditions suivantes sont nécessaires :

1° Les chemins dégradés doivent être entretenus à l'état de viabilité.

2° Les dégradations doivent être extraordinaires.

3° Les transports doivent appartenir à l'une des catégories visées par l'article 14 de la loi de 1836.

Je crois devoir entrer dans quelques détails, car on a, dans le service vicinal, de nombreux rapports à faire sur cette question.

1° Qu'entend-on par *état de viabilité* ?

La viabilité peut être médiocre, mais il faut que les chemins soient entretenus. Il s'agit, d'ailleurs, d'une *subvention* et non d'une indemnité ; par suite, on admet que ladite subvention peut être nécessaire pour, avec les fonds communaux, amener le chemin à l'état de viabilité.

Il est facile, avec la comptabilité, de vérifier si la commune a dépensé de l'argent pour l'entretien d'un chemin.

Des *industriels se sont trompés en arguant* qu'il fallait vérifier l'état de viabilité avant le commencement des transports.

Ils se sont également trompés en pensant que, puisque la loi prévoit un règlement annuel, il fallait constater l'état du chemin au commencement de chaque année. Cela serait d'ailleurs impossible pour les transports de betteraves qui dégradent les chemins à la fin d'une année et au commencement de l'autre.

Il suffit donc d'établir que les chemins sont ordinairement entretenus, fût-ce médiocrement ; cela suffit, mais c'est aux communes qu'il appartient d'en faire la preuve.

En janvier, on publie alors, et c'est le service vicinal qui les dresse, des tableaux par communes, constatant l'état de viabilité de tous les chemins.

La publication et l'affichage de ces tableaux sont constatés par les maires.

Pendant 10 jours les intéressés peuvent présenter leurs observations et demander une constatation contradictoire.

Ce ne sont que des dispositions administratives, elles peuvent ne pas avoir lieu, et les intéressés peuvent au commencement de leur exploitation réclamer une constatation nouvelle, qui ne doit pas leur être refusée. En somme, ce ne sont que des éléments d'appréciation qui doivent être donnés au conseil de préfecture.

2° Les dégradations doivent être *extraordinaires* ; quand un industriel use normalement d'un chemin, il ne doit rien. Quand donc la dégradation devient-elle extraordinaire ? C'est très délicat à établir, surtout quand plusieurs industriels se servent du même chemin ; chacun d'eux le dégrade normalement et la dégradation totale est extraordinaire.

De nombreux arrêts ont rejeté des demandes inférieures à 40 fr. Une dégradation dont la réparation ne coûte que 40 fr. n'est pas extraordinaire. En définitive, il faut que le service établisse qu'il y a dégradation extraordinaire, et c'est souvent difficile.

3° Quels sont les transports passibles de subventions ? Ils sont énumérés dans la loi d'une manière limitative.

Cette loi désigne d'abord les mines, mais, quand ce sont les habitants qui transportent les charbons pour leurs besoins personnels, ils ne doivent rien. Les compagnies houillères ne sont pas responsables en dehors de leur rayon d'exploitation, et ce sont les marchands de charbon que l'on peut seuls atteindre, *quand ils transportent des houilles*, d'une gare de chemin de fer au lieu d'utilisation.

Les carrières sont visées par la loi comme les mines. Les forêts également : exploitation de futaies, de perches, etc... défrichement d'un bois ; vidange d'une coupe de bois ; transformation du bois en charbon, même si les produits sont transportés par les acheteurs.

Toutefois, s'il s'agit d'épluchages et de transports de bourrées, le Conseil d'État a décidé que l'exploitant ne doit rien et que cette exploitation ne rentre pas dans celles qui sont prévues à l'article 14.

Les moulins dits : à petit sac et à petite mouture, c'est-à-dire ceux qui moulent le blé des habitants en vue de leur alimentation, ne peuvent être atteints.

De même pour les grains et les farines, lorsque les transports ne dépassent pas les limites de la consommation locale ; mais, quand les meuniers font le commerce de farine en grand, les subventions sont dues.

Les sucreries sont les industries qui dégradent le plus nos chemins. Les subventions sont dues par l'industriel quand il fait les transports et même quand les transports sont faits par les propriétaires des champs où les betteraves ont poussé, même si les cultivateurs les transportent eux-mêmes à une gare.

On a souvent soutenu qu'il s'agissait dans ce dernier cas d'un transport agricole échappant à la subvention, mais le Conseil d'État en a décidé autrement, sauf dans le cas où les bettraves sont transportées des champs à la ferme pour alimenter les animaux.

Les distilleries tombent sous l'application de la loi. De même, certaines industries diverses, comme les forges et les hauts-fourneaux, féculeries, plâtrières, verreries, produits chimiques, etc..., mais il faut toujours qu'il s'agisse de produits industriels et de matières *transformées* ou à transformer.

Les entreprises de travaux, pour le compte de l'État ou des communes, tombent sous l'application de la loi.

Quand les transports ont une destination agricole et qu'ils sont effectués par les cultivateurs, ils échappent à toute demande de subvention : Chaux et plâtres pour engrais, pulpes de betteraves destinées à l'alimentation des bestiaux, marnes et cendres pour engrais, mais à la condition que les transports soient faits par les agriculteurs.

L'article 14 ne prévoit que les entreprises industrielles, *il est limitatif* : les établissements de commerce ne doivent rien ; c'est une anomalie.

De même, les entreprises de transport, n'étant pas prévues par la loi, ne doivent rien. Il faudrait qu'elles employassent leurs véhicules à transporter des produits tombant sous l'application de la loi. Aussi, les entrepreneurs de transports par automobiles, même avec des camions automobiles, ne peuvent être imposés, et on l'a souvent trouvé regrettable.

Si, cependant, des camions automobiles transportaient des betteraves pour un sucrier, ce serait différent ; mais c'est alors le sucrier et non l'entrepreneur de transports qu'il faudrait imposer.

*Débiteurs de la subvention.* — Je viens d'en citer plusieurs ; ceux qui exécutent effectivement les transports ne sont pas nécessairement ceux qui doivent payer la subvention. La loi porte : les propriétaires et les entrepreneurs ; quand il s'agit de sucreries, par exemple, c'est l'industriel propriétaire qui est responsable, même si les transports sont effectués par les agriculteurs. Quand il s'agit de forêts appartenant à l'État, c'est l'adjudicataire, même si les transports sont faits par d'autres. Pour les travaux publics, c'est l'entrepreneur, et quelquefois ses sous-traitants, si le premier a cédé une partie de ses travaux.

La question des entrepreneurs de compagnies de chemins de fer n'est pas bien résolue. Le Conseil d'État tendrait à rendre les compagnies, et non les entrepreneurs, responsables des subventions. Ce serait une anomalie, par rapport à ce qui se passe pour les entrepreneurs de l'État.

Les subventions doivent être réglées chaque année, mais c'est difficile pour les betteraves, par exemple, où les transports sont à cheval sur le 1er janvier.

Le Conseil d'État admet maintenant que, pour les betteraves, on peut ne faire qu'une seule évaluation des dommages par campagne, comprenant deux portions d'année.

*Détermination du montant des subventions.*

Elle est fort difficile. Il faut, dit la loi, que la subvention soit : *proportionnée à la dégradation extraordinaire qui doit être attribuée aux exploitations.*

Les éléments dont il y a lieu de tenir compte sont donc les suivants :

1° L'état du chemin avant les transports ;

2° Le nombre des colliers attelés aux voitures des exploitants ;

3° Le poids des matières transportées ;

4° Leur nature ;

5° L'espèce des voitures et le mode de chargement ;

6° Les longueurs parcourues ;

7° La saison pendant laquelle se sont effectués les transports.

Il faut, en outre, tenir compte, afin de déduire la somme correspondante de la somme totale nécessaire pour réparer le chemin :

1° du droit qu'ont les industriels de se servir normalement du chemin ;

2° des dégradations produites par la circulation générale autre que celle des exploitants.

On a imaginé bien des procédés.

*Premier procédé.* — On peut calculer la dépense totale nécessaire pour faire la réparation et en déduire la dépense ordinaire d'entretien.

Quand il n'y a qu'un seul industriel, c'est assez facile, mais quand il y en a plusieurs, c'est plus délicat. On pourrait partager la subvention à réclamer proportionnellement aux nombres de colliers et aux nombres de tonnes appartenant aux divers industriels, mais le Conseil d'État ne l'a pas toujours admis.

Il faut tenir compte de toutes les circonstances locales.

*Deuxième procédé.* — On pourrait répartir la dépense totale proportionnellement aux colliers de la circulation industrielle et de la circulation générale ; mais le Conseil d'État n'a pas admis ce système d'une manière absolue, parce qu'il ne tient pas compte du droit de l'industriel de se servir normalement du chemin.

*Troisième procédé.* — On peut adopter un coefficient uniforme par collier kilométrique ou par tonne kilométrique ; mais le Conseil d'État a encore repoussé ce système qui ne peut servir qu'aux abonnements amiables, ainsi que nous le verrons plus loin.

Quoi qu'il en soit, pour avoir un élément sérieux d'appréciation, les services vicinaux bien tenus procèdent toujours à des comptages au moment des transports.

Je vous conseille de le faire toujours, quand la subvention à réclamer en vaudra la peine, bien entendu.

### *Formation des demandes.*

Pour les chemins vicinaux ordinaires, la demande doit être faite par le maire, et, à défaut d'arrangement amiable, c'est le maire qui introduit l'affaire devant le conseil de préfecture.

Si une commune entretient un chemin sur le territoire d'une autre commune, cette dernière, d'après le Conseil d'État, a seule qualité pour introduire la demande. C'est un inconvénient, car elle n'a pas d'intérêt à le faire, et, si elle ne le fait pas, c'est la première qui est lésée.

Pour les chemins de grande communication, la loi n'est pas explicite, mais il est admis que c'est le préfet, représentant les communes intéressées au chemin.

Pour les chemins d'intérêt commun, le Conseil d'État a longtemps refusé au préfet le droit de représenter les communes, parce que ces chemins n'étaient pas prévus dans la loi de 1836, mais il a changé d'avis depuis 1871, en se fondant sur ce que la loi du 10 août 1871 avait assimilé, par diverses dispositions, les chemins d'intérêt commun aux chemins de grande communication. C'est donc le préfet qui représente l'ensemble des communes devant le conseil de préfecture.

La loi ne fixe aucun délai pour les réclamations. Cependant il faut une limite, et l'instruction générale prévoit que les demandes doivent être adressées soit dans le courant de janvier pour l'année précédente, soit, si la dégradation a été temporaire, dans le mois qui suit la cessation des transports.

Chaque demande est notifiée administrativement à l'exploitant, avec invitation de faire connaître dans le délai de 10 jours s'il adhère à cette demande. Sinon l'affaire est portée devant le conseil de préfecture.

### *Abonnements.*

La loi de 1836 prévoit le règlement des subventions par voie d'abonnement. C'est une convention amiable qui doit être acceptée, d'abord, par le conseil municipal pour les chemins vicinaux ordinaires et par le préfet pour les chemins de grande communication et d'intérêt commun et qui est définitivement approuvée par la commission départementale. Naturellement, elle doit être bien faite et prévoir tous les détails.

L'abonnement peut être fait pour plusieurs années, mais, en général, le délai maximum est de 5 ans.

C'est un moyen qu'avec ma longue expérience je recommande à tous les agents du service vicinal, car le recouvrement des subventions industrielles est toujours hérissé de difficultés. L'instruction devant le conseil de préfecture est longue et difficultueuse, et les experts que l'on est obligé de nommer coûtent fort cher. Il est souvent avantageux, pour le département et les communes, de céder quelque chose, en vertu de ce principe qu'un mauvais arrangement vaut souvent mieux qu'un bon procès. En tout cas, il ne faut pas entamer de procès pour de petites subventions.

En Seine-et-Marne, mes prédécesseurs et moi-même nous avons fini, après beaucoup d'efforts, à faire accepter par la plupart des sucriers un tarif d'abonnement à la tonne kilométrique. Le tarif est généralement de 6 centimes la tonne kilométrique. L'abonnement à 6 centimes est consenti pour plusieurs années sans que le montant total en soit fixé ; chaque année il suffit alors de compter les tonnes kilométriques, et on trouve facilement,avec l'aide des contributions indirectes, le nombre de tonnes de betteraves amenées à l'usine de telle ou telle provenance. On connaît ainsi la longueur du parcours sur chaque chemin et la quantité. La somme due est facilement évaluée,et il suffit de la faire approuver par la commission départementale.

Pour les plâtres, par exemple, qui sont transportés toute l'année, nous avons un tarif moins fort, 4 ou 5 centimes.

Je vous recommande cette manière de faire, mais naturellement il faut s'entendre à l'amiable.

D'après la loi de 1836, les subventions, en cas de désaccord, sont réglées par le conseil de préfecture, sauf appel devant le Conseil d'État.

L'expertise était autrefois obligatoire, elle ne l'est plus depuis la loi du 22 juillet 1889 (art. 13) sur la procédure devant le conseil de préfecture, à moins qu'elle ne soit demandée par l'une des parties, *pour vérifier les faits qui servent de base à la réclamation*.

Autrefois un expert était nommé par l'industriel, l'autre par l'administration : ce n'était qu'en cas de désaccord qu'un tiers expert était nommé par le conseil de préfecture.

Suivant la loi de 1889, les 3 experts sont nommés en même temps.

Les communes et le préfet peuvent désigner, comme experts, les agents du service vicinal ; mais il est bon que ce ne soit pas l'agent, dans la subdivision duquel ont eu lieu les dégradations. Je vous conseille de faire désigner un agent voisin, mais jamais celui qui exerce ses fonctions dans la subdivision. Du reste, l'art. 17 de la loi de 1889 interdit de désigner comme experts les fonctionnaires qui ont exprimé une opinion dans l'affaire litigieuse.

Je ne m'étendrai pas davantage sur la procédure, car ce n'est plus que du droit administratif. J'ajouterai cependant, parce que cela regarde le service, que les industriels ont le droit de s'acquitter en nature ou en argent. Il faut donc les mettre en demeure de choisir ; s'ils choisissent la nature, ils sont assimilés à des prestataires, mais, alors,on peut se buter à des difficultés, quand on n'a pas suffisamment d'argent sur un chemin.

Que les subventions soient exécutées en nature ou payées en argent, elles doivent revenir au chemin qui a été dégradé, et sa dotation est augmentée d'autant.

## § 10.

## SUBVENTIONS DÉPARTEMENTALES

Nous l'avons vu déjà, le département peut subventionner l'entretien des chemins de grande communication et d'intérêt commun. Il pourrait même subventionner les chemins vicinaux ordinaires ; en général, cela ne se fait pas.

Au contraire, les subventions données aux chemins de grande communication et d'intérêt commun sont souvent considérables.

En vertu de la loi de 1836 et de celle du 10 août 1871, les départements peuvent voter :

1° Les centimes facultatifs ordinaires (Art. 58 de la loi du 10 août 1871).

Leur maximum est fixé par la loi de finances.

2° Des centimes spéciaux ordinaires (Article 8 de la loi du 21 mai 1836).

Le maximum est de 7.

3° Des centimes extraordinaires. Quand ils ne dépassent pas le maximum fixé par la loi de finances (actuellement 12), le Conseil n'a pas besoin d'autorisation. Quand ils dépassent ce maximum, il fallait une loi, mais, depuis quelques années, il suffit d'un décret.

Les subventions peuvent venir de fonds d'emprunt, nous le verrons tout à l'heure à propos de la loi du 12 mars 1880.

La répartition des subventions ne peut être faite que par le Conseil général, qui ne peut déléguer la commission départementale à cet effet.

## § 11.

## SUBVENTIONS DE L'ÉTAT

La distribution des subventions de l'État s'opère actuellement en vertu :

1° de la loi du 12 mars 1880,

2° du décret du 3 juin 1880,

3° du décret, modifiant le précédent, du 4 juillet 1895,

4° de l'instruction spéciale ministérielle du 25 mars 1893.

Aucune limite n'est fixée ; l'État inscrit une certaine somme chaque année à son budget. Les subventions sont accordées annuellement en vue de la construction et uniquement de la construction de certains chemins déterminés, quelle que soit leur catégorie.

L'instruction spéciale limite les subventions aux travaux ci-après :

1° La construction d'une chaussée, quand le chemin n'a jamais été empierré ;

2° Les rectifications ayant pour objet d'adoucir les déclivités ;

3° Les élargissements quand ils sont impérieusement commandés par les besoins de la circulation ;

4° La transformation des tabliers des ponts ;

5° La consolidation des ponts suspendus ;

6° La reconstruction des ponts parvenus à l'extrême limite de durée.

La même instruction exclut du bénéfice des subventions :

1° Les rechargements ;

2° Les trottoirs et caniveaux ;

3° La substitution d'une chaussée pavée à une chaussée empierrée et réciproquement ;

4° Les égouts ;

5° Les suppressions de cassis ;

6° Les améliorations dans les traverses, rescindements, etc...

Les départements et les communes sont tenus :

1° De consacrer aux dépenses de la vicinalité l'intégralité des ressources spéciales ordinaires qu'ils sont autorisés à voter ;

2° D'appliquer aux travaux à subventionner la portion de ces ressources qui n'est pas nécessaire pour assurer l'entretien des chemins construits ou à l'état de viabilité ;

3° De couvrir, au moyen de ressources extraordinaires, le déficit subsistant après application aux dépenses prévues des ressources ordinaires spéciales qui ne donnent pas droit aux subventions.

Les communes doivent en outre :

1° Affecter aux travaux à subventionner tout l'excédent disponible de leurs revenus ordinaires et les fonds libres de la vicinalité ;

2° Assurer l'entretien normal de leurs chemins vicinaux ordinaires construits ou à l'état de viabilité.

Tous les ans, un programme préparatoire est présenté au Conseil général, au mois d'avril, et approuvé par lui pour l'année suivante.

Il comprend :

1° Les travaux à faire sur les chemins de grande communication et d'intérêt commun ;

2° Les travaux à faire sur les chemins vicinaux ordinaires.

Une même commune ne doit pas présenter deux projets. Elle doit terminer le premier avant d'en présenter un second.

Le programme ferme est approuvé à la deuxième session.

Pour tenir compte du cas où une commune abandonnerait un projet et du cas où des rabais considérables seraient obtenus, on ajoute un programme éventuel composé de projets susceptibles de remplacer ceux qui seraient abandonnés.

Le montant des travaux à subventionner est égal à la différence entre le montant total des dépenses et le montant de celles qui sont couvertes par les ressources ordinaires ne donnant pas droit à subvention.

Quand il s'agit d'un chemin de grande communication ou d'un chemin d'intérêt commun, le département reçoit seul une subvention de l'Etat, et voici le principe du barème adopté :

On suppose que, plus le centime départemental est élevé, plus le département est riche et moins il a besoin de subventions. Par contre, on suppose que plus la superficie du département est grande, plus il a besoin de subventions. On divise donc le centime par le nombre de kilomètres carrés représentant la superficie de chaque département, et l'on obtient ainsi un coefficient qui varie en France d'un peu moins de 2 à un peu plus de 9 (sauf dans deux département où le coefficient dépasse 15), puis on sépare les départements en 9 catégories :

1° celle où le coefficient est au-dessous de 2 ;
2° — il est compris entre 2,01 et 2,50 ;
3° — — 2,51 et 3,00 ;
4° — — 3,01 et 3,50 ;
5° — — 3,51 et 4,00 ;
6° — — 4,01 et 5,00 ;
7° — — 5,01 et 6,00 ;
8° — — 6,01 et 9,00 ;
9° — il est supérieur à 9,01,

et alors les subventions de l'État varient de 61,35 0/0, pour la 1re catégorie, à 21,35 0/0 pour la 9e.

Ainsi, pour Seine-et-Marne, dont la superficie est de 5909 kilomètres carrés, tant que le centime n'a pas dépassé 53000 fr., le coefficient :

$\frac{53.000}{5\ 907}$ était inférieur à 9, et par suite le département faisait partie de la 8e catégorie et recevait 26,35 0/0.

Depuis quelques années, la valeur du centime ayant augmenté, le coefficient a dépassé 9. Le département est passé dans la 9e catégorie et ne reçoit plus que 21,35 0/0.

L'on agit pour les communes comme je viens de l'indiquer pour les départements, c'est-à-dire en prenant le rapport du centime communal à la superficie de la commune. Le coefficient varie de moins de 0,021 à plus de 1,020, et les communes sont divisées en 10 catégories ; leurs parts contributives varient de 15,45 0/0 à 85,45 0/0. Le surplus est réparti entre l'État et le département, mais cette répartition est variable suivant la richesse du département.

Si ce dernier est classé dans la 1re catégorie :

| | |
|---|---|
| L'Etat donne : . . . . . . . . . . | 72,20 0/0 |
| Le département : . . . . . . . . . | 12,35 0/0 |
| Total : . . . . . . . . . . . | 84,55 0/0 |
| La commune paie : . . . . . . . . | 15,45 0/0 |
| Total : . . . . . . . . . . . | 100,00 |

Les communes pauvres, dans les départements pauvres, peuvent donc construire leurs chemins vicinaux en ne payant que 15,45 0/0 de la dépense totale.

Si les cessions gratuites de terrains peuvent être évaluées à 15.45 0/0, les communes ne paient plus rien du tout. On a abusé quelquefois de ce système.

Au contraire, une commune riche, dans un département riche, classé dans la 9e catégorie, ne reçoit qu'une faible subvention, et la répartition extrême est la suivante :

| | |
|---|---|
| Part de l'État : . . . . . . . . . . | 7,00 0/0 |
| Part du département : . . . . . . . . | 7,55 |
| | 14,55 |
| Part de la commune : . . . . . . . . | 85,45 |
| Total : . . . . . . . . . . . . | 100,00 |

Il y a naturellement tous les intermédiaires, inscrits dans un barème imprimé.

Des substitutions sont admises, c'est-à-dire que les communes peuvent prendre à leur charge la part du département et réciproquement.

Le programme de chaque année est approuvé par le Ministre, après que tous les projets ont été examinés par le comité consultatif de la vicinalité.

Les travaux doivent, en principe, s'exécuter en une seule année ; cependant l'article 7 de la loi du 12 mars 1880 admettait que les subventions pouvaient être allouées dans l'année qui suivait celle pour laquelle elles avaient été accordées. Il en résultait que les travaux devaient être terminés en 2 ans sous peine d'annulation de la subvention.

Ce délai de 2 ans a été porté à 3.

Des subventions extraordinaires peuvent être accordées, en sus des subventions normales, pour des travaux d'une importance exceptionnelle, lorsque les départements ou les communes n'ont pas les ressources suffisantes.

## § 12.

## RESSOURCES DES CHEMINS DE GRANDE COMMUNICATION ET D'INTÉRÊT COMMUN

En principe, on ne saurait trop le répéter, l'entretien et la construction de ces chemins sont à la charge des communes déclarées intéressées à chaque chemin par le Conseil général. Mais ils peuvent recevoir des subventions, du département pour l'entretien, du département et de l'État pour la construction.

Leurs ressources sont centralisées à la préfecture et s'appellent les fonds centralisés.

Elles sont alors les suivantes :

1° Les contingents communaux, revenus ordinaires, prestations et centimes spéciaux de la vicinalité ;

2° Les ressources extraordinaires communales ;

3° Les subventions départementales, subventions de l'État (pour la construction seulement), subventions industrielles, souscriptions particulières.

D'après la loi de 1836 (art. 7) et la loi de 1871 (art. 46, n° 7), les contingents communaux sont fixés par le Conseil général. Ce dernier peut même désigner des communes dont le territoire n'est pas traversé. Les conseils municipaux et d'arrondissement doivent être consultés, mais on peut ne pas suivre leurs avis.

Pour les chemins de grande communication, il y a un maximum prévu par la loi de 1836, le tiers des prestations et le tiers des 5 centimes. Mais ce maximum ne s'applique pas aux revenus ordinaires qui peuvent être entièrement pris.

Pour les chemins d'intérêt commun, les contingents peuvent absorber les trois journées de prestation et les 5 centimes. Ces contingents sont fixés par ligne et en général en fractions de journées et de centimes.

Ils peuvent donc varier tous les ans. On avait recommandé de les fixer en nombres de francs, mais cela ne s'est jamais fait dans les départements où j'ai exercé mes fonctions.

La loi dit que ces contingents doivent être fixés en *proportion du degré d'intérêt que les communes ont à l'existence du chemin*.

C'est très élastique. On a cherché bien des systèmes, on a voulu tenir compte de l'existence des routes nationales et départementales traversant le territoire de certaines communes, du réseau des chemins vicinaux ordinaires etc.... Beaucoup d'ingénieurs et moi-même, nous avons cherché des formules, sans en trouver de satisfaisantes.

Quelques départements ont voulu prendre en bloc à toutes les communes le maximum des deux tiers. Le Conseil d'État a déclaré qu'une mesure générale de ce genre est illégale; on s'en est tiré en prenant une décision d'espèce, pour chacune des communes, en *particulier*, et, comme le Conseil général est le maître absolu, sans avoir besoin de motiver ses décisions, la légalité est alors respectée.

Un département prend, je crois, toutes les ressources vicinales aux communes, après avoir classé tous les chemins d'intérêt commun. C'est légal s'il n'y a que des décisions d'espèce.

En résumé, c'est une question qui soulève bien des discussions au sein des Conseils généraux, et elle ne peut être résolue que par le bon sens et à l'estime. Vous aurez bien souvent des rapports très délicats à rédiger au sujet de ces épineuses questions.

## CHAPITRE V

# EXÉCUTION DES TRAVAUX

§ 1. — Projets.
§ 2. — Travaux à prix d'argent.
§ 3. — Travaux en nature.

### § 1.

### PROJETS

Il n'y a pas deux manières de dresser un projet, et les instructions du Ministre de l'intérieur se rapprochent sensiblement de celles du Ministre des travaux publics.

Je dois vous indiquer, cependant, par qui lesdits projets doivent être approuvés.

Pour les chemins vicinaux ordinaires, c'est le préfet qui approuve, après avis des conseils municipaux. Cette approbation est subordonnée à l'acceptation du conseil municipal pour les travaux neufs. Le préfet ne pourrait passer outre à une opposition que si la dépense était obligatoire, et elle ne l'est pas pour les travaux neufs.

Cependant les limites des chemins sont fixées par la commission départementale, et il y a là une dualité d'approbation assez bizarre.

Pour les chemins de grande communication et d'intérêt commun, c'est encore le préfet, et il ne serait pas obligé, paraît-il, de communiquer les projets au Conseil général. Il doit le faire cependant, quand cela ne serait que par convenance.

De plus, quand de nouvelles limites doivent être fixées au chemin, le Conseil général doit, non pas être consulté, mais prendre la décision.

Il en résulte que tous les projets sont en général soumis au Conseil général, et cela est d'autant plus nécessaire qu'il y a généralement, pour chaque projet, un crédit spécial qui doit être voté par lui. Quand on demande une subvention en vertu de la loi du 12 mars 1880, tous les projets sont approuvés par le Ministre de l'intérieur. En tout cas, il faut que les voies et moyens soient assurés, et cette règle est capitale.

§ 2.

## TRAVAUX A PRIX D'ARGENT

Les règles à suivre sont celles du service ordinaire. Il n'y a que des modifications absolument insignifiantes.

§ 3.

## TRAVAUX EN NATURE

Sur ce point quelques explications sont nécessaires.

Les époques d'exécution des prestations sont choisies dans les limites fixées par l'article 20 du règlement général : du 1er janvier au 1er juin et du 1er septembre au 15 octobre.

Elles sont arrêtées chaque année par le préfet, pour les chemins de grande communication ou d'intérêt commun, et par le maire, pour les chemins vicinaux ordinaires. Ces époques peuvent être modifiées quand les circonstances l'exigent, mais pas au delà de décembre, car les prestations doivent être exécutées dans l'année pour laquelle elles ont été votées.

Les prestations s'exécutent à la journée ou à la tâche.

*A la journée*, le nombre d'heures de travail est fixé à 9 par l'article 21 du règlement général.

Les prestataires peuvent être appelés, pour les chemins de grande communication ou d'intérêt commun, en dehors du territoire de la commune, mais à partir de 3 kilomètres le temps employé à l'aller et au retour est compté comme passé sur le chantier.

L'agent voyer dresse, d'accord avec le maire, pour chaque chemin de grande communication et d'intérêt commun et pour l'ensemble des chemins vicinaux ordinaires, un état d'indication indiquant la répartition des travailleurs, en respectant, bien entendu, les décisions du Conseil général.

On convoque les prestataires 5 jours à l'avance, mais, en vertu de ce principe que l'impôt peut être acquitté avec les outils que l'on possède, l'administration pourrait être très gênée si les prestataires ne se prêtaient pas aux nécessités.

Ainsi un prestataire imposé pour un cheval et une voiture, mais pour aucun homme, peut amener le cheval et la voiture sur le chantier, puis s'en aller. Leur utilisation est alors bien difficile. On vient d'imposer les automobiles ; je me demande ce que l'on ferait, si un propriétaire se contentait d'amener son automobile sur le chantier en la laissant trois jours à la disposition de l'administration.

Il en est de même des voitures de luxe.

L'exécution à la journée présente donc des difficultés.

C'est le surveillant qui émarge les prestataires quand ils ont terminé leur journée. Ensuite la réception est faite sur les chemins de grande communication et d'intérêt commun par l'agent voyer, en présence du maire, et sur les chemins vicinaux ordinaires par le maire assisté de l'agent voyer.

L'agent voyer inscrit le décompte résumé des travaux sur l'état d'indication, porte le résultat sur son carnet et adresse le tout à son chef, après avoir émargé les cotes exécutées en nature sur l'extrait du rôle ; ainsi que nous l'avons vu, les options sont alors divisées en deux : les cotes exécutées et les non-exécutions.

*Prestations à la tâche* :

Pour éviter les difficultés indiquées, on fait bien de transformer les prestations en tâches, comme le permet l'article 4 de la loi de 1836. Le tarif de conversion en tâches doit être approuvé, d'abord, par le conseil municipal ; ce dernier peut donc le repousser en s'abstenant de le voter. C'est un inconvénient. Souvent les conseils votent un tarif élevé, ce qui diminue le rendement ; alors le préfet n'a plus qu'un droit, celui de ne pas appliquer ce tarif sur les chemins de grande communication ou d'intérêt commun et de revenir à l'exécution à la journée. C'est un grave inconvénient ; il y a là une lacune dans la loi.

Cette exécution à la tâche est très recommandée, elle est plus équitable et rend davantage.

Les états d'indication sont toujours dressés par l'agent voyer et le maire. Mais des difficultés peuvent se présenter : on ne peut demander plus de 3 journées d'hommes, de chevaux et véhicules. Si donc on prend un prestataire imposé pour un cheval et une voiture seulement, il est strictement impossible de lui imposer une tâche légale. Il y a bien d'autres cas du même ordre. Il faut donc être très prudent et même assez large dans la surveillance de l'exécution de ces prestations, afin de ne pas créer des difficultés inutiles.

La réception des travaux est faite par le maire, assisté de l'agent voyer cantonal ; on peut faire des réductions si la tâche assignée n'a pas été complètement exécutée. L'agent voyer envoie à son chef les états et l'extrait du rôle après émargement.

Quelquefois, et même dans beaucoup de départements que j'ai connus, on a amené les prestataires à fournir tout simplement une certaine quantité de matériaux et à les transporter à tel endroit. C'est très avantageux pour le service qui n'a plus qu'à mesurer et vérifier les matériaux apportés par chacun des prestataires. Ces derniers y consentent souvent, parce qu'alors ils font leurs fournitures à peu près quand ils veulent, à temps perdu. Ce n'est pas illégal, quand tout le monde est d'accord, mais, je l'ai dit précédemment, cela ne peut se faire qu'à l'amiable, du consentement de chaque prestataire. Si un prestataire s'y refuse, il faut se garder d'insister et lui imposer une tâche légale, sans fourniture.

Ceux d'entre vous qui seront chargés d'un service vicinal constateront que le rôle d'ingénieur agent voyer d'arrondissement est très délicat et très important ; il faut un mélange de fermeté et de souplesse pour diriger les jeunes agents qui sont, les uns, trop coulants et, les autres, beaucoup trop sévères.

C'est un réel talent, pour l'agent cantonal et l'agent d'arrondissement, d'utiliser la prestation en lui faisant rendre tout ce qu'elle peut rendre, sans faire crier le contribuable.

Autrefois, on remettait des prestations à des entrepreneurs, c'est-à-dire qu'on chargeait les dits entrepreneurs de faire travailler comme ouvriers un certain nombre de prestataires ; puis on lui retenait, sur son décompte, le montant des cotes correspondantes.

C'était bien mauvais, je ne pense pas qu'on le fasse aujourd'hui.

Les contestations, résolues d'abord par le maire et l'agent voyer, sont portées devant le préfet, après avis de l'ingénieur en chef.

Ensuite, si les décisions sont des mesures administratives qui froissent les intérêts des prestataires, sans porter atteinte à leurs droits, on ne peut en appeler qu'au Ministre de l'intérieur.

Si ces décisions lèsent des droits, si, par exemple, les tâches n'ont pas été établies suivant les formes réglementaires, c'est le conseil de préfecture qui est compétent.

Les subventions industrielles en nature et les souscriptions particulières sont recouvrées suivant les mêmes règles.

CHAPITRE VI

# BUDGETS COMMUNAUX



## § 1

## BUDGETS COMMUNAUX

Les dépenses de la vicinalité constituent des dépenses communales. Ces dépenses doivent donc figurer au budget général de la commune.

Les prévisions du budget général de la commune, en ce qui touche la vicinalité, ne peuvent être établies qu'au moyen des propositions émanant des agents voyers. Puis, après que le budget général de la commune a été réglé, il est nécessaire que les agents voyers soient renseignés sur les ressources et les dépenses de ce budget général.

Le règlement général indique les détails de cette question, mais ce n'est pas parfait. Des relations étroites existent pour les chemins vicinaux ordinaires, en matière de comptabilité, entre la gestion de l'agent cantonal et celle du receveur municipal. Le premier vérifie les travaux et certifie les dépenses, le second effectue les paiements. Il faut donc que les deux comptabilités soient bien semblables, afin de déterminer le reliquat en fin d'exercice. Il faut donc que les deux comptables soient également et exactement avisés des ressources créées et des crédits ouverts.

Or, il n'en est pas toujours ainsi ; dans certains départements, il y a quelque désordre ; dans d'autres, au contraire, il y accord parfait. Cela tient beaucoup au zèle des agents du service vicinal, à la condition qu'ils soient aidés par la préfecture et la trésorerie générale.

Entre le 1er et le 15 avril, le service vicinal prépare le modèle n° 2 (art. 16 du règlement) qui fait connaître la situation des chemins vicinaux ordinaires et les ressources à créer pour l'année suivante : il comprend les contingents pour les chemins de grande communication et les chemins d'intérêt commun. Le conseil municipal vote l'ensemble du budget, mais le crédit destiné aux chemins vicinaux ordinaires ne figure pas explicitement sur la formule officielle, et ce n'est que 6 mois après, en novembre, que le conseil (formule 13) détermine l'emploi de ce crédit.

Auparavant, le service vicinal a dressé un nouveau budget composé de deux parties : dans la première, il rappelle les ressources qui résultent du budget primitif et des votes subséquents, et il indique l'emploi de ces ressources.

Il est permis de se demander à quoi sert ce nouveau budget, et il serait préférable de tout régler au mois d'avril.

Dans le département de la Marne, on a supprimé la formule n° 13 ; on pourrait faire de même dans tous les autres départements.

La formule n° 3 débute par une mise en demeure de voter les contingents des chemins de grande communication. C'est un bien gros mot et il est préférable, aujourd'hui que les communes ne sont pas récalcitrantes, en général, de ne pas employer cette forme. Il est toujours temps, après des refus, heureusement très rares, de procéder à la mise en demeure.

## § 2.

## BUDGET DÉPARTEMENTAL

En matière de vicinalité, le budget départemental peut renfermer :

1° Les subventions allouées pour les travaux d'entretien et les travaux neufs des chemins de diverses catégories ;

2° Les contingents communaux et les ressources éventuelles (subventions industrielles et souscriptions particulières) des chemins de grande communication et des chemins d'intérêt commun ;

3° Les subventions de l'État (loi de 1880).

Le service vicinal est appelé à fournir à l'administration préfectorale les propositions nécessaires pour l'établissement du budget du département.

Chaque chemin de grande communication ou d'intérêt commun doit faire l'objet d'un crédit spécial au budget.

Le crédit représente la recette argent qui résulte :

1° des contingents communaux ;

2° des souscriptions particulières ;

3° des subventions industrielles ;

4° des produits divers ;

5° des subventions du département ;

6° des subventions de l'État (Loi de 1880).

Pour les subventions à accorder aux chemins vicinaux ordinaires, en vertu de la loi de 1880, c'est un crédit global qui est inscrit au budget.

C'est l'agent voyer en chef qui prépare tous les états nécessaires, en tenant compte des prestations acquittables en argent pour non-options et pour non-exécutions, ainsi que des ressources éventuelles.

Ce ne sont que des prévisions ; aussi convient-il de les faire assez larges ; surtout maintenant, avec la taxe vicinale, il serait plus simple de supposer, d'abord, que toutes les prestations et taxes seront rachetées en argent. On aurait ainsi des crédits-argent trop forts puisqu'il faudrait en déduire les prestations et taxes acquittées en nature, mais le budget y gagnerait en clarté, et c'est ce que nous faisions en Seine-et-Marne,

Autrefois, on faisait un budget rectificatif dans la deuxième session. On l'a remplacé par le budget supplémentaire, qui est voté au mois d'avril.

Déjà au mois d'avril, on peut faire des rectifications utiles et se rapprocher de la vérité pour les crédits de l'exercice en cours.

## § 3.

## RECOUVREMENT DES RESSOURCES EN ARGENT

1° *Gestion du receveur municipal.*

Les ressources communales destinées aux chemins vicinaux sont recouvrées par le receveur municipal (Règlement général, art. 122).

Tous les rôles de taxes et de prestations doivent parvenir à ce comptable par l'intermédiaire du receveur des finances.

Le receveur municipal doit recouvrer les divers produits aux échéances déterminées par les titres de perception ou par l'administration et d'après le mode prescrit par les lois et règlements (art. 124).

Il doit adresser le 5 de chaque mois au maire un état faisant connaître le montant des recouvrements effectués pendant le mois écoulé, sur les ressources des chemins vicinaux. Cet état permet de maintenir l'ordonnancement des dépenses dans les limites des ressources recouvrées.

Le recouvrement des produits de chaque exercice doit être terminé le 31 janvier de la deuxième année.

En cas d'impossibilité, les cotes non recouvrées sont reportées à l'exercice suivant.

Les cotes irrécouvrables doivent faire l'objet de délibérations des conseils municipaux, approuvées par le préfet.

2° *Gestion du trésorier-payeur général.*

Ce comptable est chargé de recouvrer les produits afférents aux chemins de grande communication et aux chemins d'intérêt commun.

Les [illegible]ats sont rendus exécutoires par le préfet qui les lui remet (art. 64 de la loi de 1871). Le relevé des recouvrements est envoyé chaque mois au préfet qui en avise l'agent voyer en chef, afin de permettre à ce dernier de ne pas dépasser par ses propositions les sommes recouvrées.

C'est le Conseil général qui délibère sur les créances irrécouvrables.

§ 4.

## JUSTIFICATION DES RECETTES ET DES DÉPENSES

Elle se fait au moyen de pièces indiquées soit par le règlement général, soit par l'instruction générale : savoir :

En ce qui concerne le receveur municipal : Pour les recettes, à l'article 137 du règlement général ; pour les dépenses, à l'article 138.

En ce qui a trait à la comptabilité du trésorier-payeur général : Pour les recettes, règlement du 12 juillet 1897 et règlement général, article 145 ; pour les dépenses, même règlement sur la comptabilité et règlement général, article 146.

§ 5.

## ORDONNANCEMENT DES DÉPENSES

*Gestion du maire.* — C'est le maire qui est l'ordonnateur des dépenses, pour les dépenses relatives aux chemins vicinaux ordinaires, pour lesquelles un crédit a été ouvert au budget communal.

Il ne peut payer que par mandats. Ces derniers sont remis aux créanciers.

Les maires ne peuvent changer l'affectation des dépenses, ni outrepasser le montant des crédits.

Quand les travaux sont exécutés en régie, il faut, en général, faire délivrer à chacun des ouvriers un mandat individuel.

Le mandat collectif est autorisé (modèles 21 et 28 annexés à l'instruction générale), mais c'est toujours une mauvaise manière de procéder.

Toutes les dépenses d'un exercice doivent être mandatées avant le 31 janvier.

Le maire tient 2 registres :

1° Le journal des mandats, sur lequel il inscrit tous les mandats au fur et à mesure de leur délivrance ;

2° Le livre de détail, sur lequel il ouvre un compte à chaque article de crédit porté au budget.

*Gestion du préfet.* — C'est le préfet qui mandate les dépenses relatives aux chemins de grande communication et aux chemins d'intérêt commun.

Les règles relatives au mandatement sont les mêmes qu'en matière de comptabilité départementale.

La clôture de l'exercice est maintenant fixée au 31 janvier.

Le préfet tient, pour le service de la vicinalité, un livre divisé en 4 parties, savoir :

Chemins de grande communication et d'intérêt commun, prestations, dégrèvements (art. 143 du règlement général).

## § 6.

## PAIEMENT DES DÉPENSES

*Gestion du receveur municipal.* — Avant de payer, le receveur municipal doit s'assurer sous sa responsabilité :

1° Que la dépense porte sur un crédit régulièrement ouvert et qu'elle ne dépasse pas ce crédit ;

2° Que la date de la dépense constate une dette à la charge de l'exercice auquel on l'impute et que l'objet de cette dépense ressortit bien au service particulier que le crédit a en vue d'assurer;

3° Que les pièces justificatives ont été produites (art. 128 et 138 du règlement général. Instruction générale, art. 239 et 229, Circulaire ministérielle du 30 décembre 1876).

Il doit, en outre, vérifier que le montant des dépenses n'excède pas le montant des ressources correspondantes réalisées.

Le receveur doit, aussi, s'assurer que les pièces produites sont certifiées et visées par les agents du service vicinal. Le règlement général (art. 19) énonce, en effet, qu'aucune dépense n'est admise dans les comptes qu'après avoir été *reconnue, vérifiée* et *certifiée* par les agents du service.

C'est un point très important.

Quand un receveur municipal refuse de payer, le maire n'a pas le droit de requérir qu'il soit passé outre, ainsi que peuvent le faire les ordonnateurs de l'État. L'affaire doit être portée devant le Ministre de l'intérieur qui statue.

Les ressources créées pour le service des chemins vicinaux ne peuvent, sous aucun prétexte, être appliquées à des travaux étrangers à ce service. Tout emploi de fonds effectué contrairement à ces règles doit être rejeté des comptes et mis à la charge du comptable ou de l'ordonnateur suivant les cas (art. 67 du règlement général).

Le receveur municipal tient spécialement pour la comptabilité vicinale 2 registres :

1° Le livre de détails des recettes et des dépenses, destiné à présenter d'une manière distincte les opérations relatives à ce service ;

2° Le carnet des ordonnances de dégrèvements, qui sert à inscrire les réductions et décharges (art. 130, 131 et 132 du règlement général).

*Gestion du trésorier-payeur général.* — C'est le trésorier qui assure le paiement des dépenses relatives aux chemins de grande communication et d'intérêt commun.

L'exercice est clos, pour les paiements, le 28 février.

## § 7.

## COMPTES DES RECETTES ET DES DÉPENSES

I. — *Comptes des agents du service vicinal.* — Ces comptes sont établis sur 2 tableaux : l'un pour les ressources constatées (modèle n° 33) ; — l'autre pour les dépenses effectuées (modèle n° 34).

En ce qui concerne les chemins vicinaux ordinaires, ces tableaux sont dressés à la clôture de l'exercice par chaque agent voyer cantonal, pour chacune de ses communes. Ils parviennent hiérarchiquement au préfet.

En ce qui concerne les chemins de grande communication et les chemins d'intérêt commun, les tableaux 33 et 34 sont établis par les agents voyers d'arrondissement (Voir le règlement général, art. 109, et la circulaire du 22 novembre 1871).

La rédaction de ces tableaux n'en est pas moins laborieuse, surtout pour les chemins vicinaux ordinaires, et ce n'est pas sans peine, que les agents voyers cantonaux arrivent à présenter une situation en concordance exacte avec celle que relève le compte n° 68 du receveur municipal.

Les instructions laissent encore à désirer et vous aurez souvent à débrouiller sur ce point des questions assez délicates.

A la fin de l'exercice, l'agent voyer en chef doit dresser, en outre :

1° Une situation comparative des crédits ouverts et des dépenses faites pour les chemins de grande communication et les chemins d'intérêt commun (modèle 57);

2° Un état des dépenses dont il rend personnellement compte (modèle 58) ;

3° Des états présentant, pour les chemins du département, les ressources et les dépenses de l'exercice (modèles 59, 60, 61 et 62) ;

4° Un état (modèle 59 bis) indiquant l'origine et la nature des sommes passées en non-valeurs (circulaire du 9 septembre 1878).

II. — *Comptes des ordonnateurs*. — Les comptes d'administration que les maires présentent aux conseils municipaux sont approuvés par le préfet.

Les comptes que le préfet présente au Conseil général sont approuvés par décret.

III. — *Comptes des receveurs municipaux*. — Le compte général de gestion de ce comptable est épuré par le conseil de préfecture, pour les communes dont les revenus ordinaires sont inférieurs à 30.000 francs. Au-dessus de 30.000 francs, c'est la Cour des comptes.

Un point important à signaler : la circulaire du 31 mars 1875 recommande de déterminer avec le plus grand soin l'excédent des ressources à la clôture de l'exercice précédent. C'est ce qu'on appelle le reliquat.

Le receveur municipal et l'agent cantonal doivent se mettre bien d'accord sur ce point, et cela est indispensable. En cas de désaccord, ce reliquat est fixé par le préfet, après avis des chefs de service.

IV. — *Comptes du trésorier*. — Ces comptes sont soumis aux dispositions édictées par le décret du 13 juillet 1883, articles 20 et suivants.

## CHAPITRE VII

# CHEMINS RURAUX

### LOI DU 20 AOUT 1881.

Avant 1881, les chemins ruraux n'avaient, pour ainsi dire, pas d'existence légale.

Voici ce que disait le rapporteur de la loi en préparation au Sénat :

« Le nombre des chemins ruraux est de 810.000, et leur longueur est de 1.605.000 kilomètres. Ils présentent un développement triple de celui des chemins vicinaux. Cependant ils sont dans une situation bien différente. Ils n'ont aucun titre régulier opposable aux tiers, leur état civil n'existe qu'à l'état de renseignement. La preuve de leur existence résulte de circonstances de fait, présentant rarement un caractère incontestable. Déshérités, au point de vue légal, ils le sont encore au point de vue financier ; la loi elle-même s'oppose à ce que la plupart des communes y fassent les moindres dépenses.

« Aussi, tous ceux qui vivent au milieu des campagnes peuvent témoigner du triste état de ces chemins, qui sont défoncés par tous et ne sont réparés par personne. »

La loi du 20 août 1881 a eu pour objet de remédier à ces inconvénients.

Les deux premiers articles définissent les chemins ruraux :

*Article 1er* — « Les chemins ruraux sont les chemins appartenant aux communes et affectés à l'usage du public, qui n'ont pas été classés comme chemins vicinaux. »

*Article* 2.—« L'affectation à l'usage du public peut s'établir, notamment, par la destination du chemin, jointe soit au fait d'une circulation générale et continue, soit à des actes réitérés de surveillance et de voirie de l'autorité municipale. »

L'application de ces deux articles a donné lieu à bien des discussions, et, comme les ingénieurs chargés d'un service vicinal sont toujours consultés sur les difficultés qui s'élèvent à propos des chemins ruraux, nous avons à émettre des avis, qui sont souvent fort délicats, au sujet de la question de savoir si un chemin est rural ou particulier ; car on peut toujours contester ou interpréter dans divers sens l'affectation à l'usage du public, la circulation générale et continue, les actes de surveillance de l'autorité municipale, etc...

L'article 3 est un peu plus net :

*Article* 3. — « Tout chemin affecté à l'usage du public est présumé, jusqu'à preuve contraire, appartenir à la commune sur le territoire de laquelle il est situé. »

Ainsi, quand un chemin sert au public, si un propriétaire prétend qu'il est à lui, c'est à lui qu'il appartient d'en faire la preuve ; c'est là un point très important.

L'article 4 prévoit des arrêtés de reconnaissance pris, après enquête et avis du conseil municipal, par la commission départementale.

Ces arrêtés désignent la direction des chemins, leur largeur etc..., ils doivent être affichés et notifiés à chaque riverain.

L'innovation la plus importante est celle de l'article 5, ainsi conçu :

*Article* 5. — « Ces arrêtés vaudront prise de possession....

. . . . . . . . . . . . . . . . . . . . . . .

« Cette possession pourra être contestée dans l'année de la notification. »

Ainsi, si un propriétaire ne réclame pas dans l'année, la commune devient, sans conteste, la légitime propriétaire du chemin régulièrement reconnu.

C'est là le grand avantage de la loi du 20 août 1881.

Après cette reconnaissance, le sol des chemins ruraux devient imprescriptible comme celui des chemins vicinaux (article 6).

Malgré tout cela, les questions que soulèvent les chemins ruraux sont très compliquées, mais, heureusement pour l'administration, l'article 7 a laissé aux tribunaux civils la connaissance de toutes les contestations relatives à la possession totale ou partielle des chemins ruraux. C'est un principe absolu, en effet, que toutes les questions de propriété ne peuvent être jugées que par les tribunaux civils.

Dès lors, en cas de contestation, au sujet de la propriété d'un chemin, l'administration est obligée de surseoir à statuer jusqu'à ce que la question de propriété ait été tranchée.

L'article 8 de la loi prescrit un règlement général, communiqué au Conseil général et transmis au Ministère de l'Intérieur pour être approuvé, s'il y a lieu.

C'est la copie presque textuelle de ce qui a été fait par la loi de 1836 sur les chemins vicinaux. Cependant les préfets n'ont pas le pouvoir d'arrêter la largeur, ni le tracé des chemins reconnus ; les limites de leur pouvoir se trouvent implicitement indiquées dans l'article 21 de la loi de 1836, tel que l'a modifié la loi du 10 août 1871.

Je n'entrerai pas dans le détail des prescriptions contenues dans le règlement général: vous n'aurez qu'à vous y reporter.

Voyons maintenant quelles ressources les communes peuvent affecter aux chemins ruraux ?

L'article 10 est ainsi conçu :

« L'autorité municipale pourvoit à l'entretien des chemins ruraux reconnus, dans la mesure des ressources dont elle peut disposer. En cas d'insuffisance des ressources ordinaires, les communes sont autorisées à pourvoir aux dépenses des chemins ruraux reconnus, à l'aide, soit d'une journée de prestations, soit de centimes extraordinaires..... »

Les communes n'ont pas usé souvent de la faculté de voter une journée supplémentaire de prestations. En ce qui me concerne, je ne l'ai jamais vu. En revanche, j'ai vu beaucoup de communes qui appliquent à leurs chemins ruraux l'excédent des 3 journées prévues pour les chemins vicinaux ordinaires, quand elles sont dans les conditions indiquées par la loi du 21 juillet 1870.

L'article 11 prévoit des subventions industrielles comme celles qui sont prévues par la loi de 1836.

D'après l'article 13, l'ouverture, le redressement et l'élargissement sont prononcés par la commission départementale, mais, contrairement à ce qui se passe pour les chemins vicinaux, en matière d'élargissement, où l'indemnité n'est pas nécessairement préalable, la prise de possession ne peut avoir lieu qu'après une expropriation poursuivie conformément aux dispositions des § 2 et suivants de l'article 16 de la loi de 1836.

L'indemnité doit donc être préalable.

L'article 14 donne aux communes le droit d'occupation temporaire pour l'extraction des matériaux nécessaires aux chemins ruraux.

D'après l'article 16, quand un chemin cesse d'être affecté à l'usage du public, ce qui doit être décidé dans les mêmes formes que sa reconnaissance, le dit chemin peut être vendu, après autorisation du préfet, accordée après enquête.

Cependant l'aliénation n'est pas autorisée si, dans le délai de 3 mois, les intéressés formés en syndicat, conformément aux articles 19 et suivants, consentent à se charger de l'entretien.

L'article 17, au cas où l'aliénation est ordonnée, fixe les formalités à remplir pour mettre les riverains en demeure d'acquérir le sol délaissé. Le prix est fixé par deux experts nommés, l'un par la commune, l'autre par le riverain ; en cas de désaccord (et c'est une différence avec les chemins vicinaux), les deux experts en nomment un troisième, et, s'ils ne sont pas d'accord sur la désignation du troisième, elle est faite par le juge de paix.

Un point important, qui diffère encore du cas des chemins vicinaux, c'est que l'entretien des chemins ruraux n'est pas obligatoire.

Les derniers articles de la loi de 1881 donnent aux propriétaires le droit de se former en syndicat pour construire ou entretenir des chemins ruraux. Pour mettre ou maintenir la voie en état de viabilité, il faut l'une des majorités suivantes : ou bien la moitié plus un des intéressés représentant au moins les deux tiers de la superficie des propriétés desservies ; ou bien les deux tiers des intéressés représentant plus de la moitié de la superficie.

Pour des travaux d'amélioration, il faut la moitié plus un et les trois quarts de la superficie, ou les trois quarts des intéressés et plus de la moitié de la superficie.

Pour une ouverture d'ensemble, il faut l'unanimité.

Je n'entrerai pas davantage dans le détail de ces associations qui, je le crois, sont très rares.

J'aurai terminé tout ce que j'ai à vous dire sur les chemins ruraux en vous indiquant, enfin, que le code rural, dont une partie fait la suite de la loi de 1881, comporte un article 33 ainsi conçu :

« Les chemins et sentiers d'exploitation sont ceux qui servent exclusivement à la communication entre divers héritages ou à leur exploitation. Ils sont, en l'absence de titres, présumés appartenir aux propriétaires riverains, chacun en droit de soi ; mais l'usage en est commun à tous les intéressés. L usage de ces chemins peut être interdit au public. »

Quand on compare cet article à l'article 3 de la loi primitive, on voit qu'un chemin rural affecté à l'usage du public est présumé appartenir aux communes jusqu'à preuve contraire, et qu'un chemin ou sentier d'exploitation servant exclusivement à la communication entre divers héritages est présumé appartenir aux riverains.

Cela paraît clair, mais, en pratique, cela ne l'est pas du tout, car cette affectation, soit au public, soit seulement aux intéressés est très difficile et souvent impossible à déterminer. C'est une affaire d'appréciation.

Je vous signale ces difficultés, car, dans un service départemental, vous aurez souvent à émettre des avis très délicats sur ce sujet.

## DEUXIÈME PARTIE

# VOIES FERRÉES SUR CHAUSSÉES

# INTRODUCTION

Je vous ai fait précédemment l'historique des tramways en France.

Je vous rappellerai ce qui suit :

| | | |
|---|---|---|
| En 1880, il n'y avait que. . . . . . de tramways déclarés d'utilité publique en France. | 645 | kilom. |
| Les effets de la loi du 11 juin 1880 ont mis quelques années à se faire sentir. | | |
| En 1885, il y en avait. . . . . . . . | 798 | » |
| En 1890, — . . . . . . . . . | 1.546 | » |
| Et alors les nombres augmentent rapidement. | | |
| En 1895, il y en avait. . . . . . . . | 3.322 | » |
| En 1900 — . . . . . . . . | 6.546 | » |
| En 1904 — . . . . . . . . | 8.744 | » |
| En 1909 — . . . . . . . . | 10.122 | » |
| En 1910 — . . . . . . . . | 11.962 | » |

De 1895 à 1910, en 15 ans, le nombre de kilomètres augmente de 3.322 à 11.962, soit en moyenne de 576 par an.

Pendant la même période, les kilomètres de chemins de fer d'intérêt local passent de 4.611 à 11.671.

Ils ont bien plus que doublé.

Quand ces chemins de fer empruntent le sol des routes ou chemins, on leur applique les règles des tramways.

Dans beaucoup de départements, la construction de ces chemins de fer et tramways est confiée aux ingénieurs, et cela devient pour eux un service très important.

C'est la loi du 11 juin 1880 qui a réellement créé les tramways. Je ne vous parlerai donc que de ce qui a été fait depuis.

Les documents législatifs ou réglementaires ont d'abord été les suivants :

1° La loi du 11 juin 1880 ;

2° Le décret du 18 mai 1881 sur la forme des enquêtes ;

3° Le décret du 6 août 1881 : établissement et exploitation des voies ferrées sur routes ;

4° Le cahier des charges type pour les concessions de tramways, approuvé par un décret en date du 6 août 1881 ;

5° Le décret du 20 mars 1882 : conditions financières imposées aux concessionnaires de chemins de fer d'intérêt local et de tramways.

Le décret du 6 août 1881 a été plusieurs fois, en partie, modifié par des décrets successifs. Le décret du 30 janvier 1894 a modifié l'article 5. Cet article exigeait impérieusement des contre-rails dans les parties où la voie ferrée était accessible aux voitures ordinaires.

Le décret de 1894 a ajouté :

« Toutefois l'administration peut, à titre révocable, dispenser le concessionnaire de poser des rails à gorge ou des contre-rails, sur tout ou partie des voies publiques dont le sol est emprunté par la voie ferrée ».

Cette faculté, qui n'est encore qu'une permission donnée à titre révocable, avait été énergiquement demandée par les concessionnaires, parce que les contre-rails sont coûteux et difficiles à poser et que, de plus, ils opposent une résistance sérieuse à la traction. D'un autre côté, l'absence de contre-rails nuit considérablement à la possibilité de l'entretien des chaussées. Nous en reparlerons plus loin.

Les décrets des 25 juillet 1899 et 13 février 1900 ont apporté quelques modifications aux dispositions adoptées primitivement ; mais c'est le décret du 16 juillet 1907 qui a apporté le plus de modifications à celui de 1881. Voici dans quelles circonstances :

L'exploitation des chemins de fer était réglée par une ordonnance de 1846, rendue en exécution de la loi de 1845, et par un décret du 9 mars 1889.

Un nouveau décret du 1er mars 1901 a modifié presque toute l'ordonnance de 1846 et a abrogé le décret de 1889 relatif aux chemins de fer. Or le décret de 1881, relatif aux tramways, se reportait souvent et explicitement à des articles de l'ordonnance de 1846. Il en résultait que cette ordonnance, pour ainsi dire abrogée pour les chemins de fer par un décret, n'était plus applicable qu'aux tramways, pour certains articles.

Le décret du 16 juillet 1907 a fait disparaître cette anomalie. Il a réuni en un seul document toutes les prescriptions relatives aux tramways. Enfin un décret plus récent a modifié la largeur des ornières (7 juillet 1910). Il en résulte que les tramways sur routes ne sont plus soumis qu'aux dispositions prévues par les documents ci-après :

1° Loi du 11 juin 1880 ;

2° Décret du 18 mai 1881 (enquêtes) ;

3° Décret du 16 juillet 1907 ;

4° Décret du 20 mars 1882 (conditions financières) ;

5° Décret du 7 juillet 1910 (largeur des ornières).

## CHAPITRE PREMIER

# LOI DU 11 JUIN 1880 ET DÉCRET DU 18 MAI 1881



### § 1.

### LOI DU 11 JUIN 1880.

Contrairement à la loi de 1865, qui permettait à l'État de donner des subventions en capital, la loi du 11 juin 1880 ne prévoit que des subventions annuelles. Les départements peuvent donner des subventions en capital, mais alors, en vertu de l'article 12 du décret de 1882, le capital est transformé en annuités au taux de 4 0/0, pour l'application des articles 13 et 36 de la loi.

L'article 13 de la dite loi est ainsi conçu :

« Lors de l'établissement d'un chemin de fer d'intérêt local, l'État peut s'engager, en cas d'insuffisance du produit brut pour couvrir les dépenses de l'exploitation et 5 p. 100 par an du capital de premier établissement, tel qu'il a été prévu par l'acte de concession, augmenté, s'il y a lieu, des insuffisances constatées pendant la période assignée à la construction par ledit acte, à subvenir pour partie au paiement de cette insuffisance, à la condition qu'une partie au moins équivalente sera payée par le département ou par la commune, avec ou sans le concours des intéressés.

« La subvention de l'État sera formée : 1° d'une somme fixe de 500 francs par kilomètre exploité ; 2° du quart de la somme nécessaire pour élever la recette brute annuelle (impôts déduits) au chiffre de 10.000 francs par kilomètre pour les lignes établies de manière à recevoir les véhicules des grands réseaux ; 8.000 francs pour les lignes qui ne peuvent recevoir ces véhicules.

« En aucun cas la subvention de l'État ne pourra élever la recette brute au-dessus de 10.500 francs et de 8.500 suivant les cas, ni attribuer au capital de premier établissement plus de 5 0/0 par an.

« La participation de l'État sera suspendue quand la recette brute annuelle atteindra les limites ci-dessus fixées. »

L'article 36, relatif aux tramways, est tout à fait semblable, si ce n'est que la limite de 10.000 et de 8.000 francs, prévue au paragraphe 2, est réduite à 6.000 francs et que la limite de 10.500 et de 8.500, prévue au paragraphe 3, est réduite à 6.500 francs.

De plus, la subvention de l'État n'est donnée qu'aux tramways qui font le service des marchandises petite vitesse. Par suite, tous les tramways urbains n'ont pas de subventions de l'État. Au contraire, la plupart des tramways établis en rase campagne ont reçu et reçoivent d'importantes subventions de l'État et des départements.

Or la détermination de la subvention de l'État, qui fait l'objet d'une circulaire du 26 septembre 1887, présente des difficultés et, bien que la question doive être traitée dans un autre cours, je crois devoir vous expliquer les principes généraux suivants :

A représente le capital de premier établissement par kil. ;
R — la recette brute (impôts déduits) par kil. ;
F — les frais d'exploitation par kilomètre ;
I — l'insuffisance kilométrique ;
G — la subvention kilométrique du département ;
S — la subvention kilométrique de l'État.

Il y a deux cas à considérer :

1er *Cas.* — *Système de la garantie d'intérêt.* — Les subventions de l'État et du Département sont touchées par le concessionnaire. D'après l'article 13, relatif aux chemins de fer d'intérêt local, et l'article 36, relatif aux tramways, de la loi du 11 juin 1880, il faut, pour que l'État intervienne, *que la recette brute soit insuffisante pour couvrir les frais d'exploitation et* 5 0/0 *du capital de premier établissement*, c'est-à-dire que l'on ait :

$$R < 0,05\,A + F.$$

L'insuffisance à couvrir a pour valeur :

$$I = 0,05\,A + F - R$$

Comme les mêmes articles de la loi portent que l'État peut subvenir au paiement de l'insuffisance I, à condition qu'une partie au moins équivalente soit payée par le département ou les communes, la subvention de l'État est d'abord limitée par un premier maximum qui est le suivant :

$$\frac{1}{2}\,I = \frac{0,05\,A + F - R}{2}. \qquad (1)$$

Les deuxièmes paragraphes des mêmes articles de la loi portent que la subvention de l'État *sera formée en ajoutant* 500 *francs au quart de la somme nécessaire pour élever la recette brute à un chiffre déterminé* m.

$m =$ 10.000 fr. pour les chemins de fer d'intérêt local susceptibles de recevoir les véhicules des grands réseaux ;

$m =$ 8.000 fr. pour les chemins de fer d'intérêt local qui ne peuvent recevoir ces véhicules ;

$m =$ 6.000 fr. pour les tramways.

Il en résulte que la subvention de l'État est limitée par un deuxième maximum qui a pour valeur :

$$500 \text{ francs} + \frac{m - R}{4}. \qquad (2)$$

Les troisièmes paragraphes des mêmes articles de la loi portent qu'en aucun cas la subvention de l'État ne pourra élever la recette brute au-dessus de $m +$ 500 fr., et, comme le département ou la commune doit toujours payer une subvention au moins équivalente, il en résulte que la subvention de l'État est limitée par un troisième maximum qui a pour valeur :

$$\frac{1}{2}\,(m + 500 - R). \qquad (3)$$

Pour bien faire comprendre le moyen de calculer la subvention de l'État, nous croyons devoir donner un exemple :

Admettons un tramway pour lequel on ait :

$$A = 52.000 \text{ francs},$$

et où la formule d'exploitation soit :

$$F = 2.000 + \frac{R}{3}.$$

On aura : $I = 0,05 \times 52.000 \text{ fr.} + 2.000 \text{ fr.} + \frac{R}{3} - R$

ou

$$I = 4.600 \text{ fr.} - \frac{2}{3} R,$$

et le premier maximum deviendra :

$$\frac{1}{2} I = 2300 - \frac{R}{3}. \qquad (1)$$

Comme il s'agit d'un tramway, le deuxième maximum

$$500 + \frac{m - R}{4}$$

deviendra :

$$500 + \frac{6.000 - R}{4} = 2.000 - \frac{R}{4}, \qquad (2)$$

et le troisième maximum, $\frac{1}{2}(m + 500 - R)$,

deviendra : $\frac{1}{2}(6.000 + 500 - R) = 3.250 - \frac{R}{2}$ (3)

Représentons graphiquement (fig. 5) ces résultats, en prenant pour abscisses les recettes brutes et pour ordonnées les subventions ; la ligne CE représente les insuffisances, la ligne C'E le premier maximum, la ligne KH le deuxième maximum et la ligne P L le troisième maximum.

Le premier et le deuxième maximum se rencontrent au point U, pour une recette brute de 3.600 fr. et une subvention de 1.100 fr. Le troisième et le premier maximum se rencontrent au point Q, pour une recette de 5.700 fr. et une subvention de 400 fr.

Enfin, comme l'État a toujours limité son maximum dans le décret ou la loi qui déclare l'utilité publique, admettons que cette limite soit de 1.500 fr. par kilomètre ; nous pouvons tracer la ligne S R qui sera encore un maximum.

Par suite, si les recettes brutes sont comprises entre 0 et 2.000 fr. la subvention de l'État restera fixée à 1.500 fr. conformément à la loi ou au décret.

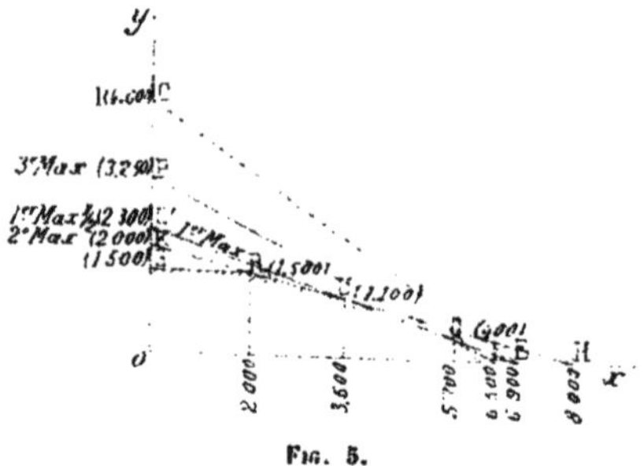

Fig. 5.

Si les recettes brutes sont comprises entre 2.000 et 3.600 fr. on appliquera le deuxième maximum, et la subvention de l'État variera de 1.500 à 1.100 fr. Si les recettes brutes sont comprises entre 3.600 et 5.700 fr., on appliquera le premier maximum, et la subvention de l'État variera de 1.100 fr. à 400 fr. Si les recettes brutes sont comprises entre 5.700 et 6.500 fr., on appliquera le troisième maximum, et la subvention de l'État variera de 400 à 0.

Naturellement, on trouve des cas où certains maximum ne sont pas applicables.

De plus, lorsque la formule d'exploitation varie suivant les recettes brutes, il faut en tenir compte, et le problème est plus compliqué.

Enfin, lorsque le département s'est engagé, comme c'était le cas le plus général au début de l'application de la loi de 1880, à subvenir à l'insuffisance totale, la subvention kilométrique du département est indiquée par les différences des ordonnées des deux lignes CE et SRUQL.

2ᵉ Cas. — *Subvention fixe du département en capital.* — Nous supposerons encore que la subvention de l'État est touchée par le concessionnaire.

Nous trouvons d'abord, comme dans le 1er cas, le premier maximum :

$$\frac{I}{2} = \frac{0,05\ A + F - R}{2}. \qquad (1)$$

En second lieu, l'article 12 du décret du 20 mars 1882 a prescrit d'évaluer et de transformer le capital fourni par le département en annuités au taux de 4 0/0. Si nous appelons G cette annuité, la subvention annuelle de l'État ne devra pas la dépasser. Nous aurons donc un deuxième maximum : G. (2)

Les deuxièmes paragraphes des articles 13 et 36 nous donnent, comme précédemment, un troisième maximum :

$$500 + \frac{m - R}{4}. \qquad (3)$$

Comme on admet, conformément au décret de 1882, que le concessionnaire reçoit du département une subvention annuelle égale à G, et qu'alors les subventions de l'État et du département s'additionnent, les troisièmes paragraphes des articles de loi précités donnent un quatrième maximum :

$$m + 500 - R - G. \qquad (4)$$

Enfin, en s'appuyant sur la dernière phrase des troisièmes paragraphes des articles 13 et 36, qui dit que la subvention de l'État ne doit pas attribuer au capital de premier établissement plus de 5 0/0 par an, la circulaire de 1887, qui suppose toujours que l'annuité G est donnée par le département au concessionnaire, a admis un cinquième maximum :

$$I - G. \qquad (5)$$

Prenons un exemple, et supposons :

$$A = 100.000 \text{ francs},$$
$$F = 2.400 + R/3,$$
$$m = 10.000 \text{ francs}.$$

Supposons, en outre, que le département ait fourni par kilomètre un capital de 50.000 francs, qui équivaut, d'après le décret de 1882, à une annuité de 2.000 francs ; on aura alors :

$$I = 7.400 - \frac{2R}{3},$$

et les cinq maximum auront les valeurs suivantes :

$$\frac{1}{2}\,\mathrm{I} = 3.700 - \frac{\mathrm{R}}{3}\,; \qquad (1)$$

$$\mathrm{G} = 2.000\,; \qquad (2)$$

$$500 + \frac{m - \mathrm{R}}{4} = 3.000 - \frac{\mathrm{R}}{4}\,; \qquad (3)$$

$$m + 500 - \mathrm{R} - \mathrm{G} = 8.500 - \mathrm{R}\,; \qquad (4)$$

$$\mathrm{I} - \mathrm{G} = 5.400 - \frac{2}{3}\,\mathrm{R}. \qquad (5)$$

Faisons le graphique (fig. 6) comme précédemment. Les deuxième et troisième maximum se rencontrent au point Q pour des recettes brutes égales à 4.000 francs.

Le troisième et le cinquième maximum se rencontrent au point R, pour des recettes brutes égales à 5.760 francs et une subvention de 1.560 francs.

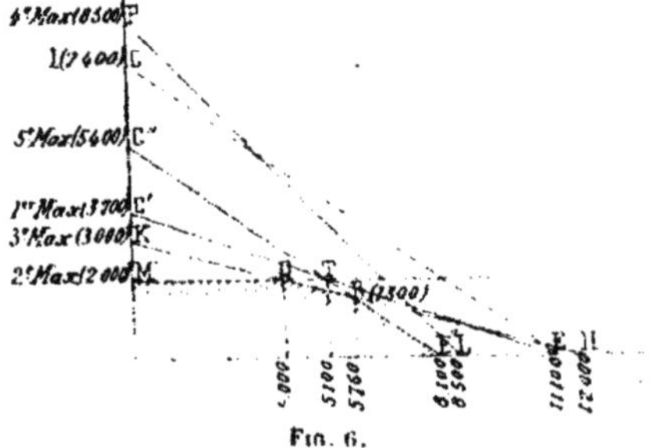


Fig. 6.

Par suite, et à la condition que l'État n'ait pas fixé par la loi déclarative d'utilité publique un maximum inférieur à G, tant que les recettes brutes seront comprises entre 0 et 4.000 francs, la subvention de l'État sera égale à G ou à 2.000 francs. Si les recettes sont comprises entre 4.000 et 5.760 francs, on appliquera le troisième maximum, et la subvention de l'État variera de 2.000 à 1.560 francs.

Si les recettes brutes sont comprises entre 5.760 et 8.100 francs, on appliquera le cinquième maximum, et la subvention de l'État variera de 1.560 à 0.

Le quatrième maximum ne sera pas applicable à l'espèce ; quant au premier, 1/2 I, comme il se rencontre nécessairement en un même point T avec le deuxième et le cinquième maximum, il n'est jamais appliqué.

Tout ce que je viens d'exposer suppose que l'État et le département donnent chacun leur subvention au concessionnaire. Quand l'État donne sa subvention au département, tout est changé ainsi que je l'exposerai tout à l'heure.

Dans ce dernier exemple, les frais d'exploitation sont déterminés par une formule forfaitaire :

$$F = 2.400 + \frac{R}{3}.$$

Cela veut dire que l'État et le département ne s'occupent pas des frais réels d'exploitation dépensés par l'exploitant, mais qu'on suppose que ces frais ne sont qu'une fonction des recettes brutes R.

C'est tout à fait inexact et c'est très mauvais.

Cependant, pendant bien des années après la promulgation de la loi de 1880, des conventions nombreuses ont été passées avec la formule forfaitaire ; les dites conventions étaient très avantageuses pour les concessionnaires, mais elles étaient très onéreuses pour les départements et l'État.

Certes, il ne faut pas s'arranger de manière qu'un concessionnaire ne puisse faire de bénéfice ; il est nécessaire qu'il ait au moins l'espoir d'en faire, car sans cela on n'en trouverait pas de sérieux. L'on ne trouverait que ceux qui ne prennent des affaires, même onéreuses, qu'avec l'unique intention de les lancer et de les abandonner ensuite à d'autres, quand l'entreprise devient mauvaise.

Mais ce qu'il faut éviter, c'est que l'intérêt de l'exploitant soit en contradiction avec l'intérêt du public, c'est-à-dire avec le développement du trafic.

J'ai été un des premiers, avec MM. Considère et Colson, à signaler, en 1891 et 1892, les inconvénients des premières conventions passées en vertu de la loi de 1880, et voici ce que je disais au commencement du chapitre III de la brochure que j'ai fait paraître en 1892 :

« Quand l'État et les départements s'imposent des sacrifices quelquefois considérables pour établir des chemins de fer ou des tramways, ils n'ont qu'un but : faciliter les transactions et servir les intérêts du public.

« Par suite : 1° le constructeur doit établir les lignes économiquement, mais sans commettre de malfaçons, ni d'erreur de tracé ; 2° l'exploitant doit faire tous ses efforts pour développer le trafic, soit en diminuant ses tarifs, soit en organisant des trains supplémentaires, etc.

« Or, une convention étant toujours nécessaire entre le département et un concessionnaire ou fermier, il est indispensable, pour que cette convention soit bonne, que les deux parties contractantes aient les mêmes intérêts ; par suite, il faut d'abord que le constructeur ait avantage à construire économiquement et bien, tout en faisant un bénéfice raisonnable ; il faut ensuite que l'exploitant réalise un bénéfice sérieux quand il développe le trafic et qu'il augmente les recettes. »

« Or les forfaits sont toujours mauvais. Pour la construction, quand on a fixé un prix par kilomètre, le concessionnaire constructeur n'a qu'un but : faire des économies ; c'est une prime à la malfaçon. De plus, il a intérêt à faire des détours diminuant le prix kilométrique, mais augmentant la longueur. C'est tout bénéfice pour lui, il y a plus de kilomètres et chaque kilomètre lui coûte moins cher. De plus, en exploitation, la longueur étant plus grande, il touchera des prix de transport plus considérables. Tout cela au détriment du public. Ce raisonnement milite en faveur de la suppression des forfaits de construction et en faveur de la construction par les départements. Tous les bons esprits sont arrivés, avec peine quelquefois, à penser que le meilleur système consiste à faire faire la construction par les départements. »

Je n'ai plus besoin d'insister sur ce point, comme je le faisais en 1892.

En ce qui concerne l'exploitation, les formules forfaitaires employées à l'origine étaient encore plus mauvaises. Elles étaient toutes de la forme:

$$F = a + bR,$$

$a$ variant de 1,800 fr à 2,400 fr. par kilomètre et $b$ étant égal à 1/3 ou à 0,30.

Prenons par exemple :

$$F = 2.000 + \frac{R}{3}.$$

Le département, en général, garantissait la totalité de l'insuffisance ; par suite, le concessionnaire était certain de toucher 5 0/0 du capital de premier établissement, 0,05 A. En premier lieu, comme A était généralement évalué à forfait, il commençait par faire un bénéfice sérieux en capital, mais, à supposer que ce bénéfice fût nul, il avait placé son argent à 5 0/0, amortissement compris ; c'était encore un taux très élevé, surtout lorsque le cours de la rente 3 0/0 était égal ou supérieur à 100 francs.

Pour l'exploitation, il était sûr de toucher le résultat de la formule :

$$F = 2.000 + \frac{R}{3}$$

et, comme il avait à sa charge les frais d'exploitation, que nous appellerons $F_r$, son bénéfice était donné par la différence, soit :

$$B = 2.000 + \frac{R}{3} - F_r.$$

Supposons un régime d'exploitation bien établi. Le concessionnaire a des frais d'exploitation $F_r$, inférieurs au résultat de la formule : il fait un bénéfice : il reçoit 5 0/0 de son capital de premier établissement et peut dormir sur ses deux oreilles et ne s'occuper de rien ; pourvu qu'il ne se mette pas dans un cas où la déchéance pourrait être prononcée, l'on n'a rien à lui dire.

S'il se donnait du mal, pour développer le trafic, en faisant des diminutions de tarif, en organisant des trains supplémentaires, en créant, en un mot, de nouvelles facilités pour le public, il augmenterait la recette de $r$, mais il augmenterait les frais réels de $f_r$, et son bénéfice nouveau serait :

$$B' = 2.000 + \frac{R + r}{3} - (F_r + f_r).$$

Pour qu'il y gagne, ou du moins pour qu'il n'y perde pas, il faut que l'on ait :

$$\frac{r}{3} = f_r.$$

Il faut, par exemple, que, lorsque la recette augmente de 100 francs, les frais réels n'augmentent que de 33 francs. C'est impossible, car il faudrait pour cela que le coefficient d'exploitation, c'est-à-dire le rapport des frais réels aux recettes $f_r/r$ ne fût pas supérieur à 0, 33. Or, sur les grands réseaux, ce coefficient est un peu supérieur à 0,50 et, sur les petites lignes, il approche de 1 quand il ne le dépasse pas.

Dès lors, avec ce système de formule forfaitaire, l'exploitant n'a aucune espèce d'intérêt à développer le trafic. Bien plus, on l'a dit souvent, il aurait intérêt à le refuser, car ses frais réels $F_r$ diminueraient plus que le tiers de la recette que l'on toucherait en moins.

Quelle que soit l'honnêteté d'un concessionnaire, il est extrêmement mauvais de le mettre dans l'alternative, ou de remplir son devoir à son détriment, ou de ne pas le remplir à son avantage et au détriment du public.

Depuis 1892, ces formules ont été abandonnées, mais beaucoup d'entre elles sont encore en vigueur, et l'on en constate chaque jour les graves inconvénients.

De nombreuses études ont été faites et, dans le Finistère, M. Considère a fait approuver une formule où le coefficient de R varie avec les natures de transport : pour inciter le concessionnaire à transporter des marchandises, le coefficient de R augmente et tend vers 1, à mesure que la marchandise a moins de valeur ; la formule est de la forme :

$$F = a + b\,R + c\,R' + d\,R''...$$

L'exploitant a presque toute la recette pour lui, quand c'est une marchandise de 3e classe.

C'était une grosse amélioration, et je m'étonne qu'elle n'ait pas été plus appliquée. Cependant, on a bien amélioré la situation, et, en général, la formule n'est plus qu'un maximum que l'exploitant ne doit pas dépasser ; puis, pour l'inciter à faire des économies, on lui donne une prime d'économie égale en général aux deux tiers de la différence entre le maximum donné par la formule et ses frais réels ; enfin, pour l'inciter à développer le trafic, on lui donne, en sus, un tiers du bénéfice net.

Voici un exemple, celui de l'avant-dernière convention de Seine-et-Marne.

Toute la construction a été faite par le département ; n'en parlons pas.

Quant à l'exploitation proprement dite, elle est faite par une société aux conditions suivantes :

1° La formule qui donne le maximum des frais d'exploitation est :

$$F = 900 + \frac{2}{3} R \text{ par kilomètre.}$$

Si la société dépensait plus que le résultat de la dite formule, l'excès serait entièrement à sa charge. Si elle dépense réellement moins que F, on l'autorise à prendre une prime d'économie P qui est égale aux deux tiers de la différence entre le résultat de la formule et les frais réels $F_r$.

$$P = \frac{2}{3} (F\text{-}F_r)$$

et, en remplaçant F par sa valeur :

$$P = \frac{2}{3} (900 + \frac{2}{3} R - F_r) = 600 + \frac{4}{9} R - \frac{2}{3} F_r.$$

La société est donc autorisée à porter en compte des frais majorés $F_m$ :

$$F_m = F_r + P = 600 + \frac{4}{9} R - \frac{2}{3} F_r + F_r = 600 + \frac{4}{9} R + \frac{F_r}{3}$$

Enfin, lorsque R est plus grand que $F_m$, la société prend le tiers de l'excédent net, c'est-à-dire :

$$\frac{E}{3} = \frac{1}{3} (R - F_m) = \frac{1}{3} \left(R - 600 - \frac{4}{9} R - \frac{F_r}{3}\right)$$

$$= \frac{5}{27} R - 200 - \frac{F_r}{9}.$$

La part de la société sera donc :

$$P_s = F_m + \frac{E}{3} = 600 + \frac{4}{9} R + \frac{F_r}{3}$$

$$- 200 + \frac{5}{27} R - \frac{F_r}{9}$$

$$P_s = 400 + \frac{17}{27} R + \frac{2}{9} F_r.$$

Le bénéfice d'exploitation de la société sera ce qu'elle prend de la recette, $P_s$, moins ses frais réels $F_r$,

$$\text{ou } BS = P_s - F_r = 400 + \frac{17}{27}R - \frac{7}{9}F_r. \qquad (1)$$

Le bénéfice du département sera :

$$BD = -400 + \frac{10}{27}R - \frac{2}{9}F_r,$$

et généralement le département le partage avec l'État.

Ce qu'il faut retenir, c'est cette formule :

$$BS = 400 + \frac{17}{27}R - \frac{7}{9}F_r.$$

Elle montre que le bénéfice d'exploitation de la société augmente avec R et diminue quand $F_r$ augmente. L'exploitant a donc intérêt à développer la recette R et à diminuer les dépenses réelles $F_r$.

De plus, quand il fait une opération ayant pour résultat d'augmenter R de $r$ et $F_r$ de $f_r$, il suffit, pour qu'il gagne, que l'on ait :

$$\frac{17}{27}r > \frac{7f_r}{9}$$

ou

$$17r > 21f_r,$$

ou que le coefficient d'exploitation $\frac{f_r}{r}$, pour les excédents, soit inférieur à $\frac{17}{21}$ ou 81 0/0, ce qui est acceptable.

La convention incite donc l'exploitant à développer le trafic au grand avantage du public, et, par suite, cette formule est bien plus avantageuse que les anciennes, à tous les points de vue.

Depuis quelques années, les pouvoirs publics ne veulent plus guère donner de concessions avec garantie ; il faut que le concessionnaire exploite à ses risques et périls, sauf à faire un compte d'attente des pertes qu'il peut subir pendant les premières années.

Dans ce cas, il peut espérer récupérer ensuite les dites pertes sur les produits nets des années suivantes, quand il y en aura.

Cette manière de faire a pour but d'empêcher les concessionnaires de construire et d'exploiter de mauvaises lignes.

C'est un frein aux demandes des populations, mais la dite mesure a eu souvent pour résultat d'éloigner des sociétés sérieuses et de laisser le champ libre à celles qui ne le sont pas et qui ne veulent que lancer des affaires pour exploiter, non des voies ferrées, mais le public.

On a donc admis quelquefois la garantie limitée comme quantum et comme durée, c'est-à-dire, par exemple, que la garantie de l'État et du département est limitée pendant 3 ans à 500 fr. par kilomètre au maximum et diminue ensuite de 50 fr. par an ; il en résulte que le maximum est de :

450 fr. la 4e année ;
400 fr. la 5e année ;
. . . . . . . . . .
50 fr. la 12e année ;
et 0 fr. la 13e année.

C'est, suivant moi, équitable : il faut aider l'exploitant les premières années et le laisser se débrouiller au bout de quelque temps. C'est encore un moyen de l'inciter à développer le trafic, puisqu'il sait que, dans 13 ans, il devra se tirer d'affaire tout seul.

En dernier lieu, on exige maintenant, même lorsque le département prend en principe à sa charge la totalité de la dépense, que le concessionnaire ou le rétrocessionnaire fournisse en capital le quart ou le cinquième du montant total des frais de construction, sauf au département à lui rembourser sa part contributive par annuités.

Cela revient à exiger du dit concessionnaire un cautionnement élevé qui va chaque année en diminuant et qui devient nul en fin de concession. En effet, en cas d'inexécution des engagements pris, le service des annuités est suspendu ; on peut prononcer la déchéance, et le concessionnaire peut perdre entièrement la portion non encore amortie du capital qu'il a engagé. Le but est d'empêcher un rétrocessionnaire de prendre une ligne improductive.

Enfin l'État prend toujours comme intermédiaire (pour les tramways) une ville ou un département, ce qui n'est pas obligatoire d'après l'article 27 de la loi, et il ne donne plus sa subvention au rétrocessionnaire ; c'est là une clause très importante. L'État donne sa subvention au département ou à la ville, son premier concessionnaire, qui, il ne faut pas l'oublier, reste responsable vis-à-vis de l'État de son rétrocessionnaire.

Ces conditions diffèrent essentiellement des anciennes. Or, en voulant toujours appliquer la circulaire de 1887 qui ne s'applique qu'à des espèces déterminées, surtout au cas où la subvention de l'État est encaissée par l'exploitant comme celle du département, on en a quelquefois déduit des conséquences absolument contraires au bon sens.

Il s'est produit un fait qui n'est pas rare. La circulaire de 1887 est passée à l'état de loi, pour bien des gens, et on l'a appliquée par habitude à des cas pour lesquels elle n'a jamais été faite ; on a été jusqu'à dire qu'elle était absurde puisqu'elle conduisait à des résultats absurdes.

Ce n'est pas exact : la circulaire de 1887 est parfaitement juste, *à la condition de l'appliquer aux cas qu'elle a prévus.* L'absurdité est de l'appliquer aux cas qu'elle n'a pas prévus et auxquels, par suite, elle ne s'applique pas.

Dès lors, pour raisonner juste, quand la subvention de l'État est encaissée par le département et lorsque toutes les dépenses de construction sont, en fait, à la charge du département (3/4 ou 4/5 payés directement par lui et le surplus remboursé par lui au concessionnaire par annuités), il ne faut plus suivre à la lettre la circulaire de 1887, mais appliquer d'abord et simplement les dispositions de la loi.

Voici donc comment il faut raisonner :

Puisque le département prend toutes les dépenses à sa charge et puisque c'est lui qui reçoit les subventions de l'État, c'est comme s'il exploitait en régie (1). Le rétrocessionnaire ne doit plus être considéré, lorsque l'on a à fixer la subvention

(1) Le cas se présente en Indre-et-Loire pour la ligne de Ligré-Rivière à Richelieu. Cette ligne a été déclarée d'utilité publique sans qu'aucune convention ait été passée avec aucun exploitant. C'est le département qui l'a construite et ce sont les chemins de fer de l'État qui l'exploitent en régie pour le compte du département : c'est ce dernier qui reçoit les subventions de l'État chaque année. De même, dans la Seine-Inférieure, la ligne de Montérollier-Buchy à Saint-Saëns, est exploitée par la Compagnie du Nord pour le compte du département, mais en vertu d'une convention annexée à la déclaration d'utilité publique.

de l'État, que comme un fermier d'exploitation, qui a passé avec le département une convention approuvée par l'Etat. C'est évident, puisque le dit rétrocessionnaire n'a pas à s'occuper de la subvention de l'État.

Dès lors, prenons le type de convention le plus habituel depuis quelques années.

Le département paie directement les 3/4 du capital de premier établissement, et il rembourse le quatrième quart au rétrocessionnaire par annuités à un taux convenu.

La formule d'exploitation $F = a + bR$ n'est plus qu'un maximum, quand l'exploitant dépense en frais réels ; $F_r$ une somme inférieure au résultat de la formule, on lui accorde une prime d'économie P, et il est autorisé à porter en compte des frais majorés : $F_m = F_r + P$, quand les recettes dépassent $F_m$, l'excédent, $E = R - F$, est soit versé en totalité au département, soit partagé, dans une proportion déterminée, la moitié ou les deux tiers, entre l'exploitant et le département.

Examinons les prescriptions de la loi :

1° La loi porte que l'État peut s'engager, en cas d'insuffisance du produit brut pour couvrir les dépenses d'exploitation et 5 °/₀ par an du capital d'établissement, à subvenir pour partie à cette insuffisance, à condition qu'une partie au moins équivalente sera payée par le département.

L'insuffisance, c'est, comme nous l'avons vu :

$$I = 0,05\,A + F - R,$$

et nous avons toujours le premier maximum déjà indiqué pour la subvention de l'État :

$$S \leqq \frac{I}{2}. \qquad (1)$$

2° Dans l'espèce, le département ne garantit pas les insuffisances, il prend seulement à sa charge tous les frais de premier établissement. Quelle est sa charge totale ?

Elle se compose d'abord des 3/4 du capital de premier établissement A, et le décret de 1882 a décidé que l'on doit transformer ce capital en une annuité calculée à 4 0/0, c'est donc $\frac{3}{4} A \times 0,04$).

puis de l'annuité de remboursement servie au concessionnaire au taux $t$, soit $\frac{1}{4} A \times \frac{t}{100}$.

Enfin, quand les recettes R dépassent $F_m$, une partie de l'excédent E, soit B, est remboursée au département. Sa charge totale sera donc :

$$T = \frac{3}{4} A \times 0,04 + \frac{1}{4} A \times \frac{t}{100} - B,$$

B ne devant être employé que lorsque R dépasse $F_m$.

D'après la loi, la charge de l'État doit être au plus égale à celle du département, d'où un deuxième maximum pour sa subvention S :

$$S \leqq \frac{T}{2}. \qquad (2)$$

3° La loi porte que la subvention de l'État est formée en ajoutant 500 francs au quart de la somme nécessaire pour élever la recette brute à un chiffre déterminé $m$.

$m = 10.000$ pour un chemin de fer à voie normale ;

$m = 8.000$ pour un chemin de fer à voie étroite ;

$m = 6.000$ pour un tramway.

D'où un *troisième maximum* :

$$S \leqq 500 + \frac{m - R}{4}$$

ou

$$S \leqq 500 + \frac{m}{4} - \frac{R}{4}. \qquad (3)$$

4° En dernier lieu, la loi énonce qu'en aucun cas la subvention de l'État ne peut élever la recette brute à une somme supérieure à $m + 500$.

D'où un 4e maximum

$$S \leqq m + 500 - R. \qquad (4)$$

Toutes les prescriptions de la loi sont ainsi respectées scrupuleusement.

Prenons un exemple.

C'est un tramway : $m = 6.000$ fr.

$$A = 60.000 \text{ fr. par kilomètre}$$

$$F = 900 + \frac{2}{3} R.$$

Cette dernière formule est souvent employée actuellement. Il est prévu une prime d'économie, et il est admis que, lorsque les recettes dépasseront les frais réels, majorés de la prime d'économie, l'excédent sera partagé dans la proportion de 1/3 pour l'exploitant et 2/3 pour le département.

Je supposerai que les frais réels sont toujours égaux au résultat de la formule, car sans cela il faudrait faire des hypothèses sur les différentes valeurs des frais réels $F_r$ par rapport aux recettes R et il serait presque impossible de dresser un graphique.

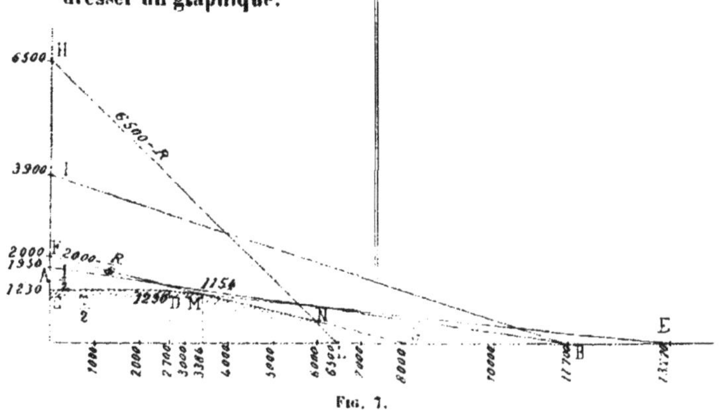


FIG. 7.

1° Calculons les 4 maximum.

$$I = 0,05 \times 60.000 \text{ fr.} + F - R$$

$$F = 900 + \frac{2}{3} R$$

$$I = 3.000 + 900 + \frac{2}{3} R - R = 3.900 - \frac{R}{3}$$

$$S \leqq \frac{I}{2} \text{ ou } S \leqq 1.950 - \frac{R}{6} ;$$

c'est la ligne AB.

2° Admettons que le département rembourse au rétrocessionnaire le quart du capital au taux de 4 0/0 d'intérêt simple soit 4,4 0/0 avec amortissement en 50 ans. Tant que R sera inférieur à 2.700 fr., il n'y aura pas d'excédent, puisque les recettes seront toujours inférieures au résultat de la formule et par suite aux frais réels $F_r$, égaux à ce résultat. On aura donc :

$$T = 0{,}04 \times \frac{3}{4} A + 0{,}044 \times \frac{A}{4}$$

ou $T = 0{,}04 \times 45.000$ fr. $+ 0{,}044 \times 15.000$ fr.

ou $T = 1.800$ fr. $+ 660$ fr. $= 2460$ fr.

Quand R dépassera 2.700 fr., il y aura un excédent :

$$E = R - F = R - 900 - 2\frac{R}{3} = \frac{R}{3} - 900.$$

Le département en prendra les 2/3 :

$$\frac{2E}{3} = \frac{2R}{9} - 600.$$

Par suite, sa charge T' sera :

$$T' = 2.460 - \frac{2R}{9} + 600 = 3.060 - \frac{2R}{9}, \text{à partir de } R > 2.700.$$

La subvention de l'État sera donc limitée de la manière suivante :

$S \leqq \frac{T}{2}$ ou $S \leqq 1.230$ fr., pour R compris entre 0 et 2.700 fr.

$S \leqq \frac{T'}{2}$ ou $S \leqq 1.530$ fr. $- \frac{R}{9}$, pour R supérieur à 2.700 fr.

C'est, sur le graphique, la ligne CDE.

3° Puisque $m = 6.000$ fr., nous avons :

$$S \leqq 2.000 - \frac{R}{4}.$$

C'est la ligne FG.

4° De même, nous avons :

$S \leqq 6.500 - R.$

C'est la ligne HL.

En prenant les points d'intersection, on voit ce qui suit :

Pour R compris entre 0 et 3.384 fr., c'est le deuxième maximum qui est applicable, $\frac{T}{2}$ et $\frac{T'}{2}$.

Pour R compris entre 3.384 fr. et 6.000 fr., c'est le 3° :

$$S = 2.000 - \frac{R}{4}.$$

Pour R compris entre 6.000 et 6.500 fr, c'est le quatrième :

$$S = 6.500 - R.$$

Jusqu'à 3.384 fr., l'État et le département paient la même somme $\frac{T}{2}$ et $\frac{T'}{2}$. A partir de 3.384, le département paie plus que l'État, car il a toujours à sa charge le double des ordonnées de la ligne ME, et il ne reçoit de l'État que ce qui correspond aux ordonnées de la ligne MNL, qui est au-dessous de ME.

En général, le premier maximum 1/2 I n'est jamais applicable. En effet, pour des recettes faibles et moyennes, on a toujours I > T'.

Ce n'est que pour les grosses recettes que T' peut devenir > I, et alors ce sont les 3e et 4e maximum qui sont applicables.

Ainsi, dans l'exemple précédent, I est plus grand que T' tant que R est inférieur à 7.560 fr.

Or, d'après le maximum $m$ + 500 — R, la subvention de l'État cesse pour R = 6.500 fr.

Je ne puis entrer dans plus de détails ; il suffisait de vous montrer les complications de la loi de 1880 et les points sur lesquels il y a encore discussion.

## § 2.

## DÉCRET DU 18 MAI 1881

Ce décret fixe la forme des enquêtes, et l'on pourrait s'étonner de voir que l'article 2 prescrit la mise à l'enquête d'un projet presque définitif pour arriver à la déclaration d'utilité publique, alors que, pour un chemin de fer d'intérêt local, il suffit d'un avant-projet très sommaire.

En voici la raison :

Quand un tramway est construit sur rue ou sur route, le domaine public spécialement affecté à la circulation des voitures et des piétons se trouve affecté, en partie, à la circulation dudit tramway. Les voitures et les piétons sont obligés, sous peine de contravention, de se déranger pour laisser passer les automotrices ou les trains : c'est donc une modification à l'affectation ancienne du domaine public. De plus, comme le domaine public n'est pas expropriable, que la loi de 1841 ne lui est pas applicable, on ne fera pas l'enquête du Titre II de la loi (enquête parcellaire). Dès lors le décret déclaratif d'utilité publique doit fixer la place du tramway, et le plan soumis à l'enquête doit indiquer explicitement l'emplacement des voies, afin de permettre aux riverains de présenter leurs observations avant la déclaration d'utilité publique.

Après la dite déclaration, il est interdit de modifier le tracé, surtout si la modification doit entraver le stationnement des voitures ordinaires devant des propriétés non astreintes à cette sujétion d'après le plan annexé au décret.

Voici un cas qui s'est présenté sur une avenue où un tramway avait été prévu sur l'accotement gauche ; de bonnes raisons imprévues ont amené le concessionnaire à l'établir sur le côté droit. Il a été jugé que cela était illégal et que, pour faire cette simple modification, il fallait une nouvelle enquête et un nouveau décret.

C'est là un point important auquel il faut penser, quand on fait ou que l'on vérifie un projet de tramway à mettre à l'enquête.

En droit strict, dans une traverse, l'on ne pourrait modifier d'un centimètre la position d'une voie de tramways, et l'on devrait lui conserver exactement, en exécution, la position prévue à l'enquête. Ce serait un peu trop absolu.

Lorsque la modification est très peu importante, lorsque les conditions de stationnement des voitures devant les propriétés riveraines ne sont pas modifiées (car il n'y a guère que cela qui intéresse les propriétaires), on peut ne pas recommencer l'enquête. C'est une question de mesure.

## CHAPITRE II

# EMPLACEMENT A FIXER POUR LES TRAMWAYS

L'article 5 du décret du 16 juillet 1907, reproduisant et complétant l'article de même numéro du décret du 6 août 1881, est ainsi conçu :

« L'autorité qui a fait la concession détermine les sections de la ligne où la voie sera établie au niveau de la chaussée, avec rails noyés, en restant accessible et praticable pour les voitures ordinaires, et celles où elle sera placée sur un accotement praticable pour les piétons, mais interdit aux voitures ordinaires.

« Le cahier des charges de chaque concession détermine les largeurs qui doivent être réservées pour la libre circulation sur la voie publique, de telle façon que le croisement de deux voitures soit toujours assuré, l'une de ces deux voitures pouvant être le véhicule du tramway dans le premier des deux cas considérés ci-dessus.

« Les dispositions prescrites doivent d'ailleurs assurer dans tous les cas la sécurité du piéton qui circule sur la voie publique et celle du riverain dont les bâtiments sont en façade sur cette voie.

« Si l'emplacement occupé par la voie ferrée reste accessible et praticable pour les voitures ordinaires, les rails sont à gorge ou accompagnés de contre-rails ; la largeur des vides ou ornières ne peut excéder 29 millimètres dans les parties droites et 35 millimètres dans les parties courbes (1). Les voies ferrées sont posées au niveau de la chaussée, sans saillie ni dépression sur le profil normal de celle-ci.

(1) Le décret du 7 juillet 1910, on le verra, a modifié ces largeurs.

« Toutefois l'administration peut, à titre révocable, dispenser le concessionnaire de poser des rails à gorge ou des contre-rails sur tout ou partie des voies publiques dont le sol est emprunté par la voie ferrée ».

En vertu de cet article, le cahier des charges, article 4, détermine d'abord la largeur des caisses des véhicules, ainsi que de leur chargement, et celle du matériel roulant y compris toutes saillies, notamment celle des marchepieds latéraux ; ce sont des maxima qui sont fixés par le cahier des charges. Le type porte que ces maxima sont de 2 m. 50 et de 2 m. 80 pour la voie de 1 mètre ; mais, en général, ce sont les largeurs de 2 m. 20 et de 2 m. 30 qui ont été adoptées, toutes saillies comprises. C'est sur la largeur de 2 m. 30 que je vais raisonner. Elle est quelquefois réduite à 2 mètres seulement, pour des tramways urbains, et portée exceptionnellement à 2 m. 80, pour certains chemins de fer d'intérêt local empruntant les voies publiques.

Dans ces cas qui sont rares, les dimensions que je vais indiquer devraient être modifiées en conséquence.

L'article 6 du cahier des charges a trait aux portions de voies accessibles aux voitures ordinaires ; l'article 7 aux portions non accessibles, et l'article 8 aux traverses des villes et villages.

Pour la clarté, je commencerai par l'article 7, portions non accessibles aux voitures, parce qu'il faut combiner les articles 6 et 8 pour avoir le profil dans les traverses.

*Parties non accessibles aux voitures ordinaires.* — L'article 7 du cahier des charges — parties non accessibles — est ainsi conçu :

« Si la voie ferrée est établie sur un accotement interdit aux voitures ordinaires, elle reposera sur une couche de ballast de..... de largeur (largeur de la voie augmentée d'au moins 80 centimètres) et d'au moins 0 m. 35 d'épaisseur totale, qui sera arasée de niveau avec la surface de l'accotement relevé en forme de trottoir.

« La partie de la voie publique qui sera réservée à la circulation des voitures ordinaires et des piétons présentera une largeur minimum de..... (largeur à déterminer d'après les circonstances locales), cette largeur minimum étant mesurée en dehors de l'accotement occupé par la voie ferrée et en dehors des emplacements qui seront affectés au dépôt des matériaux d'entretien de la route.

« L'autorité compétente pour statuer sur les projets d'exécution pourra exiger que l'emplacement occupé par la voie ferrée soit limité du côté de la chaussée de la voie publique au moyen d'une bordure d'au moins..... (en général 12 centimètres) de saillie en..... (pierre ou terre gazonnée) d'une solidité suffisante. Elle pourra également prescrire, dans les parties de routes ou chemins dont la déclivité dépassera 3 centimètres par mètre, l'établissement d'un demi-caniveau pavé le long des bordures en pierre. Un intervalle libre de 30 centimètres au moins sera réservé entre la verticale de l'arête de cette bordure et la partie la plus saillante du matériel de la voie ferrée ; un autre intervalle libre de 1 m. 40 subsistera entre le matériel roulant (toutes saillies comprises) et les limites des propriétés riveraines ou des alignements approuvés, s'ils passent en avant de ces propriétés.

« La voie ferrée sera établie de telle sorte que la verticale des parties les plus saillantes du matériel roulant ne dépasse pas l'arête extérieure de l'accotement. Dans les parties où la voie sera établie soit sur le bord d'un remblai de plus de 50 centimètres de hauteur, soit le long d'un talus de déblai ou d'un obstacle continu dépassant le niveau des marchepieds, il sera ménagé un espace libre d'au moins 75 centimètres de largeur entre la partie la plus saillante du matériel roulant et la limite extérieure du remblai, du déblai ou de l'obstacle continu. Pour les obstacles isolés, cet intervalle sera réduit à 60 centimètres.

« Les rails qui, à l'extérieur, seront au niveau de l'accotement régularisé, ne formeront sur l'entre-rails que la saillie nécessaire pour le passage des boudins des roues du matériel de la voie ferrée. »

Il en résulte le profil suivant :

30 cm. entre la bordure et le gabarit ;
2.30 « pour le gabarit :
1.40 « de revanche.
4,00 au total.

Il est donc nécessaire d'affecter 4 mètres à la piste spéciale du tramway. Si l'on veut une chaussée de 5 mètres et un accotement de 2 mètres avec un autre fossé de 1 mètre, il faut une largeur totale de 12 mètres.

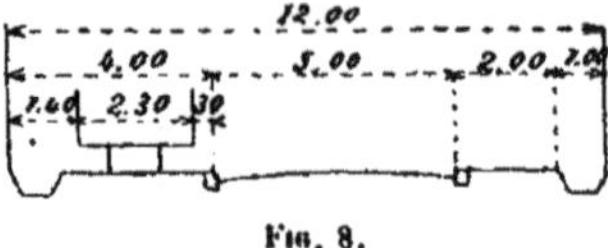


Fig. 8.

On peut, et cela est très bon, mettre 2 trottoirs à gauche : un pour les piétons, de 1 m. 10, et un pour le tramway, de 2 m. 90 (fig. 9).

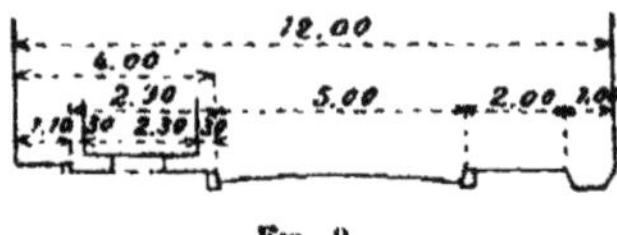


Fig. 9.

Avec un remblai de plus de 0 m. 50 de hauteur, il faut ménager, pour les piétons, un refuge d'au moins 0 m. 75 ; c'est la figure 9 *bis*.

Ce serait la même chose s'il y avait un déblai. Ce serait la même chose, également, s'il y avait un obstacle continu, et

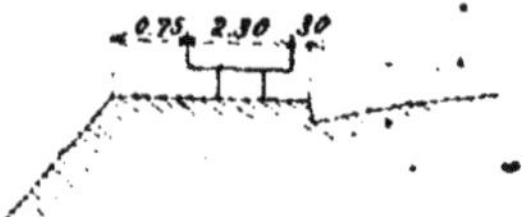


Fig. 9 *bis*.

on assimile à un obstacle continu le parapet d'un pont, par

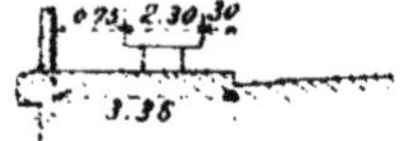


Fig. 10.

exemple ; il en résulte que, sur un pont (fig. 10), il suffit d'un trottoir de :

$$0,30 + 2,30 + 0,75 = 3 \text{ m. } 35.$$

pour qu'un tramway puisse y passer, sans qu'il soit besoin de ramener la voie sur la chaussée.

C'est un point important.

Pour un obstacle isolé, comme un poteau télégraphique, la distance de 0 m. 75 est réduite à 0 m. 60.

*Parties accessibles aux voitures ordinaires.*— L'article 6 est ainsi conçu :

« Dans les sections où le tramway sera établi sur une partie de la voie publique accessible à la circulation ordinaire, les voies de fer seront posées au niveau du sol, sans saillie ni dépression, suivant le profil normal de la voie publique et sans altération de ce profil, soit dans le sens transversal, soit dans le sens longitudinal, à moins d'une autorisation spéciale du préfet. Les rails seront compris dans un... (pavage ou empierrement), de... (épaisseur à déterminer dans chaque cas particulier), qui régnera dans l'entre-rails et à...(largeur à déterminer dans chaque cas particulier) au moins de chaque côté, conformément aux dispositions prescrites par le préfet, sur la proposition du concessionnaire, qui restera chargé d'établir à ses frais ce.... (pavage ou empierrement).

« La chaussée... (pavée ou empierrée) de la voie publique sera conservée ou établie avec des dimensions telles, qu'en dehors de l'espace occupé par le matériel de tramway (toutes saillies comprises), il reste une largeur libre de chaussée d'au moins 2 m.60, permettant à une voiture ordinaire de se ranger pour laisser passer le matériel du tramway avec le jeu nécessaire.

« Cette chaussée sera accompagnée d'un accotement ou trottoir de... (minimum à fixer, au besoin, pour chacune des voies publiques suivies par le tramway en vue d'assurer la sécurité de la circulation des piétons), au moins. Le concessionnaire construira en outre, suivant les dispositions qui lui seront indiquées avant la réception générale de la voie ferrée, des gares pour les dépôts de matériaux d'entretien de la voie publique : la profondeur de ces gares, mesurée à partir de l'arête extérieure de l'accotement, sera de..... (dimensions à fixer d'après les circonstances locales.....), au minimum.

« Un intervalle libre d'au moins 1 m. 40 de largeur sera

réservé, d'autre part, entre le matériel de la voie ferrée (toutes saillies comprises) et les limites des propriétés riveraines ou des alignements approuvés, s'il passent en avant de ces propriétés ».

L'article 8 « traverses des villes et villages » est ainsi conçu :

« Dans les traverses des villes et des villages, les voies ferrées devront, à moins d'une autorisation spéciale du préfet, être établies avec rails noyés dans la chaussée entre les deux trottoirs, ou du moins entre les deux zones à réserver pour l'établissement de trottoirs et suivant le type décrit à l'article 6.

« Le minimum des largeurs à réserver est fixé d'après les cotes suivantes :

A, pour un trottoir, ou pour l'emplacement à ménager en vue de l'établissement d'un trottoir, 1 m.10 ;

B, entre le matériel de la voie ferrée (partie la plus saillante) et le bord d'un trottoir :

1° Quand on réserve le stationnement des voitures ordinaires, 2 m.60 ;

2° Quand on supprime ce stationnement, 0 m. 30... ».

Il résulte de ce qui précède les largeurs du croquis ci-après (Fig. 11) :

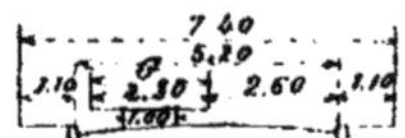


FIG. 11.

Une seule voie sur le côté, 2 trottoirs de 1 m.10, 0 m. 30 de revanche, 2 m. 60 pour les voitures ordinaires, total : 5 m. 20 entre bordures et 7 m. 40 en totalité.

La cote, 2 m.60, a été choisie parce que, d'après la police du roulage, la largeur d'un chargement est limitée à 2 m. 50.

Quelquefois on a triché sur la largeur de 1 m. 10 du trottoir opposé : on l'a réduite à 0 m.75.

Si l'on met la voie au milieu, il faut 2 m. 60 de chaque côté du tramway ; la cote de gauche, 0 m. 30, est remplacée par 2 m. 60, soit 2 m. 30 d'augmentation ; il faut donc une chaussée de 7 m. 50 entre bordures et une largeur totale de 9 m. 70.

Pour deux voies sur le côté (fig. 12), avec la largeur de

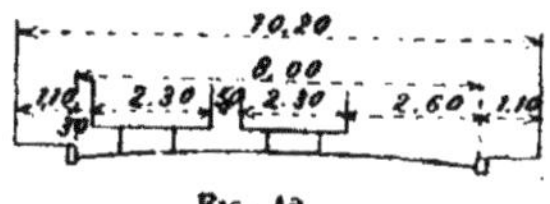


Fig. 12.

0 m. 50 entre les 2 gabarits, il faut une chaussée de 8 m. 00 entre bordures et une largeur totale de 10 m. 20.

Pour deux voies sur le milieu (fig. 13), il faut une chaus-

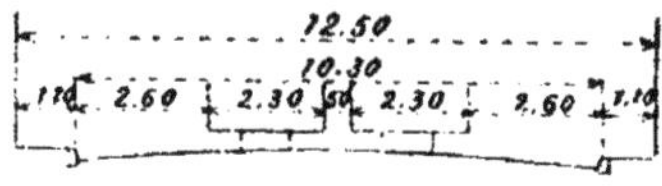


Fig. 13.

sée de 10 m.30 entre bordures et une largeur totale de 12 m.50. Cela ne peut être réalisé que sur les grandes voies.

En rase campagne, il est permis de supposer que toute la plateforme est accessible aux voitures ordinaires, sans trottoirs : et, pourvu qu'il y ait 1 m. 40 entre les parties les plus saillantes et les propriétés riveraines, on peut poser le tramway sur l'un des côtés, pourvu encore que la verticale des parties les plus saillantes du matériel roulant ne dépasse pas l'arête extérieure de l'accotement.

S'il y a un remblai de plus de 0.m 50, ou un déblai, ou un obstacle continu, il faut réserver la même revanche de 0 m.75 indiquée plus haut.

Pour un pont, le parapet est un obstacle continu ; il en résulte qu'à la rigueur on pourrait n'avoir sur le dit pont que les largeurs suivantes :

0 m. 75 d'un côté ;
2 m. 30 pour le gabarit :
2 m. 60 pour les voitures ordinaires.

Soit 5 m. 65 en totalité.

Alors il n'y a pas de trottoirs sur le pont. Ce serait une très mauvaise solution et je ne vous conseille pas de l'adopter jamais.

Quelquefois on est obligé de construire des déviations,

c'est-à-dire des portions de lignes spéciales pour le tramway, afin d'éviter, soit une traverse trop étroite, soit une rampe trop forte. Alors il faut appliquer les dispositions prescrites par l'article 7 du cahier des charges type, relatif aux chemins de fer d'intérêt local.

Avec la voie de 1 mètre et le gabarit de 2 m. 30, on emploie le profil en travers indiqué sur la figure 13 *bis*.

En général, l'épaisseur du ballast est de 0 m. 35.

Il faut ménager un accotement d'une largeur de 0 m. 60 entre le bord extérieur du rail et l'arête supérieure du ballast. Par suite, comme les rails ont une largeur d'environ cinq centimètres, la largeur de la partie supérieure du ballast est de :

$$1 \text{ m. } 00 + 2 \times 0 \text{ m. } 05 + 2 \times 0 \text{ m. } 60 = 2 \text{ m. } 30.$$

Le talus de ballast est variable suivant la nature dudit ballast.

Enfin il faut ménager, au pied du talus de ballast une banquette de largeur telle que l'arête de cette banquette se

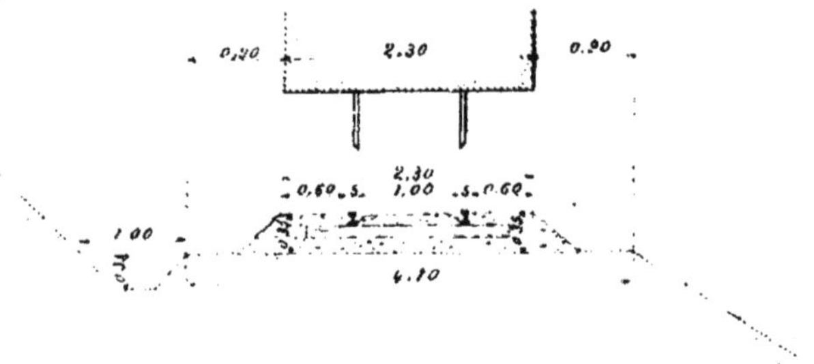


FIG. 13 *bis*.

trouve à 90 centimètres au moins de la verticale de la partie la plus saillante du matériel roulant.

La largeur de la plateforme des terrassements est donc égale à :

$$2 \text{ m. } 30 + 2 \times 0 \text{ m. } 90 = 4 \text{ m. } 10.$$

*Quelles sont les meilleures solutions à adopter ?*

En rase campagne, il faut essayer par tous les moyens possibles de faire une piste spéciale au tramway : c'est donc le profil 8 qu'il faut chercher à réaliser.

Les contre-rails coûtent très cher et il ne faut pas songer à les établir sur tout le parcours d'une ligne ; certes on peut profiter du décret de 1894, qui permet, à titre révocable, la suppression du contre-rail, mais la chaussée devient alors inentretenable. Les constructeurs et les concessionnaires réclament souvent cette solution, mais ils ne s'occupent pas assez de l'intérêt de la circulation des voitures ordinaires, que nous devons protéger autant que le tramway.

Quand la plateforme de la route ou du chemin emprunté n'est pas suffisamment large, n'hésitez pas à demander son élargissement. En rase campagne, les acquisitions de terrains en bordure ne reviennent pas très cher ; les indemnités sont fixées par le petit jury, comme en matière de chemins vicinaux (art. 31 de la loi de 1880). En général, la dépense n'est pas considérable.

Dans bien des départements, la largeur des routes départementales et des chemins de grande communication est la suivante :

8 mètres de plateforme entre fossés de 1 m. 50.

Soit 11 mètres en tout.

Peut-on y mettre un tramway avec piste spéciale ? Ce serait impossible sans élargissement. Il faudrait se résigner à laisser la voie accessible aux voitures ordinaires, ce qui est très mauvais.

Nous l'avons vu, pour établir une piste spéciale il faut une largeur totale de 12 mètres, car sans cela la circulation ordinaire des voitures et des piétons pourrait être gênée.

On peut alors. l'on doit même acheter en élargissement un mètre de terrain au moins.

Le profil 1 (fig. 11) représente la plateforme ancienne de la route ou du chemin.

Le profil 2 représente la transformation, quand l'élargissement est pris du côté du tramway.

La chaussée n'est pas changée de place, et, si l'on trouve que la largeur de l'accotement opposé n'est pas suffisante, on peut la porter à 2 mètres, en réduisant la largeur du fossé de 1 m. 50 à 1 mètre.

Le profil 3 représente la transformation quand l'élargissement est pris du côté opposé au tramway. Cette solution a l'inconvénient de déplacer l'axe de la chaussée, qui doit être reporté de un mètre vers la droite. C'est une dépense assez

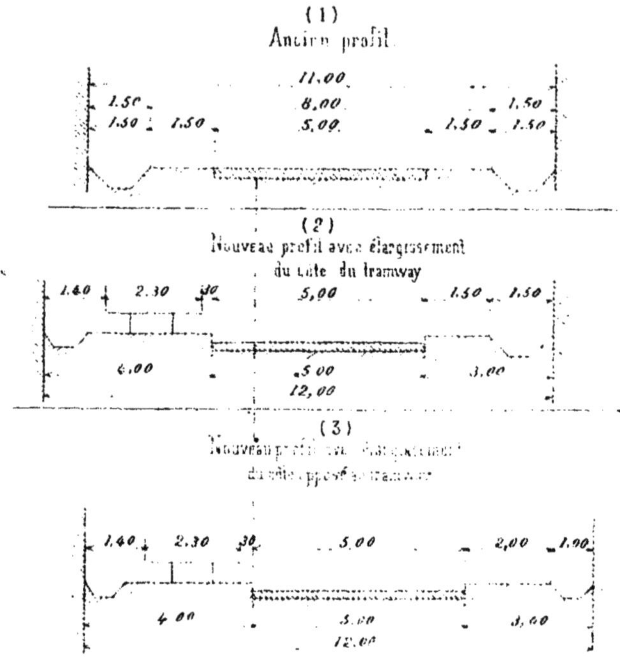


FIG. 14

importante, mais par contre on fait une économie sur les acquisitions de terrain. En effet, si l'élargissement a lieu du côté où sera établi le tramway, les riverains expropriés peuvent faire valoir que leurs propriétés éprouveront un dommage général par suite de l'interposition, entre elles et la route, d'une voie ferrée difficile à traverser ; le jury peut être influencé par cette considération et fixer des indemnités élevées.

Au contraire, si l'élargissement a lieu du côté opposé au tramway, la situation des propriétés riveraines n'est pas modifiée, elles n'éprouveront aucun dommage, et l'on ne doit aux propriétaires que la valeur de la surface de terrain dont ils seront privés.

On peut, suivant les cas, choisir l'une ou l'autre solution, et, ce qui est certain, c'est que la dépense supplémentaire est très peu importante.

Une difficulté assez sérieuse se présente pour l'écoulement des eaux, mais on la résout en établissant, tous les 10 ou 15 mètres, entre les traverses, une saignée dont on gazonne les bords ; les eaux de la chaussée sont alors facilement amenées dans le fossé.

Dans la traversée des villes et des villages, il faut souvent se résigner à établir des voies sur chaussées accessibles aux voitures ordinaires, mais, là encore, il ne faut le faire que lorsqu'on ne peut l'éviter.

Dans bien des cas, on peut faire encore une piste spéciale, en établissant la voie sur un trottoir. La meilleure solution consiste à faire 2 trottoirs (V. fig. 9). De cette manière, l'écoulement des eaux est facilement assuré ; il suffit de faire aux points bas 2 bouches d'égout au lieu d'une : la première sous la bordure du trottoir réservé aux piétons, la seconde sous la bordure qui sépare la chaussée de la piste du tramway.

On rencontre souvent beaucoup d'opposition pour ce système, parce qu'il est bien évident que les riverains du côté où est établie la voie sont assez gênés et qu'ils demandent tous qu'elle soit établie du côté opposé au leur.

Il faut donc choisir son côté et c'est souvent difficile, car les municipalités ne veulent pas prendre parti et demandent toujours que la voie soit établie au milieu, pour ne pas faire de jaloux. Les concessionnaires y consentent souvent, mais [illegible] pas mettre de contre-rails (décret de 189[illegible] ;

alors on n'obtient jamais que de mauvaises chaussées pour les voitures ordinaires.

La question est donc épineuse, et elle se pose lors de la construction de tous les tramways. Essayez toujours de la résoudre en proposant la piste spéciale avec deux trottoirs.

Quand on doit se résigner à mettre la voie sur chaussée dans les agglomérations, les dimensions réglementaires sont indiquées par les profils dont nous avons déjà parlé.

Là encore, avec une seule voie, la question du côté où celle-ci doit être établie est toujours discutée. Les riverains devant lesquels le stationnement est interdit se plaignent et veulent la faire placer de l'autre côté et réciproquement. Il faudrait pouvoir mettre la voie sur le milieu ; mais vous le voyez sur le profil (fig. 11), avec une voie sur le côté, la largeur entre bordures doit être de 5 m. 20, et avec la voie au milieu, il faut une largeur de 7 m. 50. Or l'on n'a pas toujours la possibilité d'élargir une chaussée à 7 m. 50 dans les traverses.

On a été jusqu'à dire qu'il ne faut pas établir de tramways dans les traverses où cette dernière solution est impossible. Je ne le pense pas. La suppression du stationnement est une gêne, c'est exact, pour les riverains, mais elle n'est pas considérable, et les commerçants sont suffisamment récompensés par les avantages indirects qu'ils retirent du tramway.

Dans certaines villes comme Lille, Orléans, etc., on est allé très loin en sens contraire. On s'est basé sur le dernier paragraphe de l'article 5 du cahier des charges type, qui est ainsi conçu :

« Le concessionnaire aura la faculté dans des cas exceptionnels de proposer aux dispositions du présent article les modifications qui lui paraîtraient utiles ; mais ces modifications ne pourront être exécutées que moyennant l'approbation préalable de l'autorité compétente pour approuver les projets d'exécution. »

Ce paragraphe ne paraît s'appliquer qu'audit article 5, c'est-à-dire aux déclivités et alignements. Mais on l'a souvent appliqué aux articles suivants et on a fait passer des tramways dans des rues étroites où les largeurs prescrites ne sont pas respectées, à titre exceptionnel. Il convient de ne le faire qu'après l'avoir fait ressortir à l'enquête et avoir énuméré, au cahier des charges, toutes les dérogations spécialement autorisées. Encore est-il désirable qu'il ne s'agisse que d'une dispense temporaire et révocable, en attendant une mise à l'alignement qui assurera les largeurs libres normales.

Il y a eu quelquefois exagération dans ce sens, mais à l'étranger, à Rome, à Milan, à Naples, c'est encore bien plus fort. Cependant, il n'arrive pas plus d'accidents ; quand un passage est dangereux, tout le monde prend ses précautions, les tramways comme les piétons et les voitures ordinaires. C'est aux endroits les plus dangereux qu'il arrive le moins d'accidents. Cela paraît être un paradoxe, mais c'est généralement exact.

Il résulte de ce qui précède que la détermination des emplacements à occuper par un tramway sur les voies publiques est très délicate. Elle donne toujours lieu à des discussions nombreuses et quelquefois fort vives. Notre rôle est souvent difficile à remplir, parce que nous touchons à des intérêts particuliers qui sont souvent en antagonisme avec l'intérêt général.

De plus, lorsque la dépense est faite par un concessionnaire, il ne s'occupe pas assez de l'intérêt de la circulation ordinaire, il ne cherche qu'à construire le tramway le plus économiquement possible.

Or, nous l'avons vu, il est souvent avantageux, économique, de faire une dépense supplémentaire (élargissement de la route, etc.) afin de faire des économies ultérieures sur l'entretien de la chaussée, de faciliter la circulation des voitures ordinaires ou du moins ne pas trop la gêner.

Il est donc mauvais que ce ne soit pas la même bourse qui paie la construction du tramway et l'entretien de la route suivie par lui.

C'est un gros argument en faveur de la construction par le département ou par adjudication sur série de prix ; c'est ce qui se fait aujourd'hui le plus souvent, mais il ne faut pas se le dissimuler, c'est une très lourde charge pour les ingénieurs et même une cause de beaucoup d'ennuis.

L'on rencontre de petites difficultés à chaque pas, on travaille devant le public qui vous inspecte et vous critique, etc.

Bref, moi qui ai fait les deux, je n'hésite pas à déclarer que la construction d'un tramway est bien plus minutieuse et bien plus difficultueuse que celle d'une grande ligne de chemin de fer.

Ne vous en plaignez pas, ce sera sans doute pour la plupart d'entre vous le moyen de dépenser votre activité et de montrer votre zèle et votre dévouement aux intérêts qui vous seront confiés.

## CHAPITRE III

# DIFFÉRENTES VOIES A EMPLOYER SUR CHAUSSÉES

Quand une voie de tramway est établie, soit en déviation, soit sur une piste spéciale inaccessible aux voitures ordinaires, ce n'est plus qu'une voie de chemin de fer ordinaire, dont je n'ai, pour ainsi dire, pas à m'occuper. Cela regarde mon collègue du Cours de chemins de fer. On emploie généralement des rails Vignole de 15 ou de 20 kgs. C'est même ce dernier poids qui est le plus généralement adopté.

En déviation, la plateforme d'un tramway doit avoir, avec le gabarit de 2 m. 30, une largeur de 4 m. 10, ainsi que nous l'avons vu plus haut, comme si c'était un chemin de fer d'intérêt local.

Aucune difficulté n'est à signaler.

Au contraire, sur les parties accessibles aux voitures ordinaires, la question est beaucoup plus délicate, et il y a lieu d'étudier le système de voie et le système de revêtement, qui se lient étroitement entre eux.

*Rail unique sur chaussée.*

Un décret du 30 janvier 1894 avait ajouté à l'article 5 de celui du 6 août 1881 une disposition permettant à l'Administration d'accorder, à titre révocable, dispense de poser des contre-rails ou des rails à gorge, et cette disposition a été maintenue dans l'article 5 du décret du 16 juillet 1907.

Quand on profite de cette faculté, le pavage de l'entrevoie est, pour ainsi dire, impossible : on ne peut admettre, en effet, une ornière, pour laisser passer les boudins, constituée d'un côté par un rail et de l'autre par une rangée de pavés. Le circulation ordinaire épaufre immédiatement les pavés, ou bien ces derniers se déversent sous une lourde charge et bouchent l'ornière, ce qui peut causer un déraillement. A Anvers, sur les quais du port, on a employé ce système : il suffit d'aller le voir pour en constater les inconvénients. On ne peut alors admettre que l'empierrement, en ne faisant à l'intérieur de la voie qu'une dépression juste nécessaire pour laisser passer les boudins.

Avec beaucoup de soin, on pourrait obtenir des résultats passables, mais c'est bien rare. Ce qui arrive souvent, c'est que les voitures ordinaires suivent, en fringalant, le rail en saillie, en augmentant rapidement l'ornière qui prend bien vite des dimensions dangereuses, au grand détriment de la circulation ordinaire.

Il est, pour ainsi dire, impossible d'entretenir convenablement une chaussée dans ces conditions.

### *Rail à gorge. — Voie Loubat.*

On l'appelle ainsi, parce qu'elle a été dès l'origine employée sur ce qu'on appelait la concession Loubat, entre la place de la Concorde, Versailles et St-Cloud ; on l'appelait aussi « voie américaine ».

Fig. 15.

Ce rail (fig. 15) est monté sur longrine en chêne de 2 mètres ; sa longueur est, en général, de 6 mètres et son poids de 24 kil. par mètre courant. L'assemblage du rail sur la longrine se fait à l'aide d'un boulon vertical au droit de l'ornière. Les rails sont réunis entre eux au moyen d'éclisses formées par des ferrures spéciales placées entre le rail et la longrine. De petites éclisses en fer plat servent à assembler les longrines entre elles. Pour maintenir l'écartement des longrines, il faut les entretoiser, soit en les plaçant sur des traverses, soit au moyen d'entretoises en fer rond ou plat.

La pose de cette voie est simple, mais elle n'a pas donné de bons résultats avec la traction mécanique. Le boulon d'assemblage ne tient pas, tout se disloque avec la pourriture du bois ; la longrine n'a pas assez d'assiette sur le sol de fondation. Il est difficile de faire le pavage entre les entretoises en fer.

Bref, cette voie a été complètement abandonnée.

*Rail Broca.* — C'est le plus employé.

La voie est constituée par un rail avec large patin en acier, tenant lieu de longrine. Le champignon présente une gorge creusée au laminage (fig. 16) et destinée au passage du boudin des roues.

FIG. 16.

Cette gorge, qui mesure 29 millimètres en alignement droit, est portée à 35 millimètres en courbe (art. 5 des décrets des 6 août 1881 et 16 juillet 1907) ; mais nous verrons qu'un décret du 7 juillet 1910 permet de porter respectivement ces largeurs à 35 et 41 millimètres. Ce rail pèse 44 et même 50 kil. au mètre courant. Des éclisses dissymétriques relient les rails. Pour entretoiser la voie, on emploie des fers plats logés entre les pavés et espacés de 3 en 3 mètres. Ces entretoises peuvent être terminées aux bouts par une partie filetée et munie d'écrous, qui se serrent contre les éclisses d'un joint de rail ou contre une cale.

La pose de cette voie est extrêmement simple : le patin est directement placé sur la fondation qui est généralement en sable et quelquefois en béton. De plus, quand il s'agit de tramways *électriques*, les connexions en fil de cuivre allant d'un rail à l'autre sont faciles à poser.

Les inconvénients de ce rail sont les suivants :

Il est lourd et par suite assez cher.

Le patin est plus large que la partie supérieure, et alors les pavés latéraux doivent être démaigris à la partie inférieure. Dans l'entrevoie, le pavage est difficile à faire en raison des entretoises.

Quoi qu'il en soit, ce rail est extrêmement employé, surtout pour les tramways urbains.

Pour les tramways établis dans la campagne, et où la voie passe souvent d'un accotement à une partie accessible aux voitures ordinaires, le rail Broca est difficile à assembler avec une le rail Vignole ordinaire.

### *Voie Marsillon.*

Dans les chaussées pavées, il faut surélever le rail et le contre-rail au-dessus des traverses de manière à pouvoir loger les pavés au-dessus des traverses et les en séparer par une couche de sable.

M. Marsillon, ancien ingénieur de la Compagnie générale des omnibus, à Paris, a imaginé et appliqué un système de voie avec contre-rails qui a été employé à Paris, à Lyon, à Lille, etc...

Fig. 17.

La figure 17 donne une section de cette voie assemblée par le coussinet et dont la hauteur varie de 100 à 175 millimètres, suivant la hauteur des pavés ; le rail et le contre-rail sont identiques, la hauteur est de 110 millimètres, la largeur du champignon de 46 millimètres, l'épaisseur de l'âme de 10 millimètres et la largeur du patin de 35 millimètres.

Le poids est de 17 kil. 4 le mètre courant. L'écartement du rail et du contre-rail est maintenu par des coussinets et fourrures dans lesquels passe un boulon les reliant.

Cette voie est composée de rails de 8 mètres, chaque longueur étant posée sur 9 traverses espacées normalement de 1 mètre et de 0 m. 50 aux joints. Les joints d'un rail d'une file sont concordants avec ceux du contre-rail de l'autre file, de sorte que les joints des rails sont chevauchés d'un mètre. Entre les traverses et au milieu des intervalles, sont placées, entre le rail et le contre-rail, des fourrures ou cales pour maintenir l'écartement de l'ornière ; ces fourrures peuvent d'ailleurs être remplacées par des coussinets placés sur traverses, sur les points où la voie est très fatiguée, dans les courbes raides, entre autres.

Dans le cas où la chaussée est posée sur béton, on remplace simplement les coussinets par leur partie supérieure, à laquelle on donne toutefois une plus large base d'appui et que l'on pose simplement sur le béton ou que l'on encastre dedans ; leur hauteur en contre-bas du rail est alors de 0 m. 03 ; l'écartement de la voie est maintenu par des entretoises en fer plat, passant entre les pavés.

Dans certains cas, on incline le rail au 1/20, de manière à lui faire présenter, comme dans les chemins de fer, une surface tangente à la surface de roulement des roues, qui ont une conicité de même valeur.

L'éclissage ordinaire a paru insuffisant dans certains cas et on lui a substitué des éclisses-cornières.

On a beaucoup employé cette voie pour les tramways urbains, mais presque jamais sur les tramways de rase campagne.

*Voie Vignole double* (fig. 18).

On se contente d'accoler au rail Vignole un second rail

identique, relié au rail proprement dit par un boulon traversant une cale ou fourrure.

En premier lieu, avec ce système on ne pouvait réaliser une ornière de 29 millimètres comme l'exigeait le décret de 1881 : les patins des rails sont généralement trop larges, et,

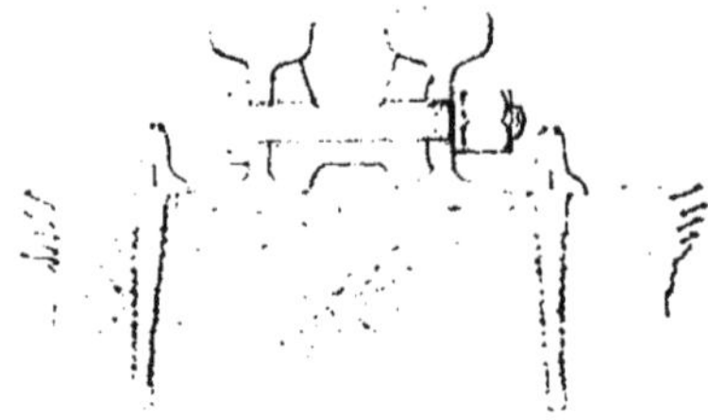

Fig. 18.

si on les fait se toucher, l'ornière entre les boudins est d'environ 45 millimètres ; on ne peut donc employer ce système sur chaussée, sans rogner les patins.

Pour les passages à niveau, portes charretières, etc... l'ornière de 45 millimètres est admise, parce que les voitures ne font jamais que traverser la voie presque perpendiculairement, mais, avec la voie Vignole double, le pavage est impossible, parce que le rail n'a que 10 centimètres de hauteur, et que l'on ne peut mettre qu'un pavé de 10 centimètres de queue reposant directement sur la traverse.

Dès lors, quand le pavage est obligatoire, la voie Vignole double est impossible : elle ne peut être employée que dans un empierrement et dans les passages à niveau.

*Voie des tramways Nogentais ou voie Heude* (fig. 19).

Ayant été chargé de diriger la construction des tramways Nogentais, j'ai été obligé de chercher une solution, pour résoudre les difficultés suivantes.

J'ai fait mettre la voie sur piste inaccessible aux voitures ordinaires partout où cela n'était pas absolument impossible avec une voie Vignole ordinaire, mais, alors, le tracé passait très souvent de l'accotement sur la chaussée et réciproquement; par suite, la voie Vignole devait être remplacée souvent par la voie à rails jumelés. De plus, j'étais dans la banlieue de Paris, et la voie traversait à chaque instant des entrées charretières, où le pavage était nécessaire ainsi que le rail jumelé.

Les changements de voies étaient donc très fréquents; je me suis par suite posé cette première condition :

1re *Condition*. — Le rail jumelé à employer sur chaussée doit s'éclisser facilement avec le rail Vignole.

Deux autres conditions étaient également désirables.

2e *Condition*. — Avec le rail jumelé sur une chaussée pavée, les boulons des coussinets ne doivent pas dépasser la verticale du boudin supérieur.

Avec les voies généralement employées jusqu'alors sur chaussées, les extrémités des boulons qui serrent les rails contre les coussinets dépassent la verticale de la joue extérieure du champignon du rail. Il en résulte que le pavé ne peut toucher le rail vis-à vis de ces boulons. Il faut, ou faire en sorte que ces boulons se trouvent entre deux rangées de pavés, ou tailler le pavé en creux pour faire la place des têtes des boulons : c'est un inconvénient et une grande sujétion. Par suite, il faut que les extrémités des boulons ne dépassent pas la verticale de la joue du champignon.

3e *Condition*. — La joue du boudin et l'extrémité inférieure du patin doivent être sur une même verticale.

Ordinairement cette condition n'est pas remplie : dans ce cas, le pavé peut toucher la partie inférieure du rail, mais il ne touche pas la partie supérieure : il n'a pas d'assiette, il se déverse facilement : une fois déversé, il est épaufré par les voitures ordinaires et complètement perdu. Il y a donc grand intérêt à ce que la joue du boudin et l'extrémité inférieure du patin soient sur une même verticale, afin que le pavé puisse s'appuyer en haut et en bas contre le rail. Il est alors parfaitement soutenu et ne se déverse pas.

Le problème consistait à trouver un rail répondant à ces trois conditions.

Pour le résoudre, j'ai pris un rail Vignole qui pèse 20 kilos le mètre courant, dont le profil n'offre rien de particulier ; puis, pour avoir le profil du rail-jumelé, il m'a suffi d'engraisser de la partie M la joue extérieure du boudin supérieur, puis de réduire le patin inférieur de manière que son extrémité gauche soit à l'aplomb de la joue du boudin gauche et de manière que son extrémité droite laisse au collet du coussinet une largeur d'au moins 40 millimètres. Si, en effet, ce collet était plus étroit, il pourrait se casser facilement.

De cette manière, les deux rails ayant exactement le même profil aux endroits où portent les éclisses, on peut éclisser

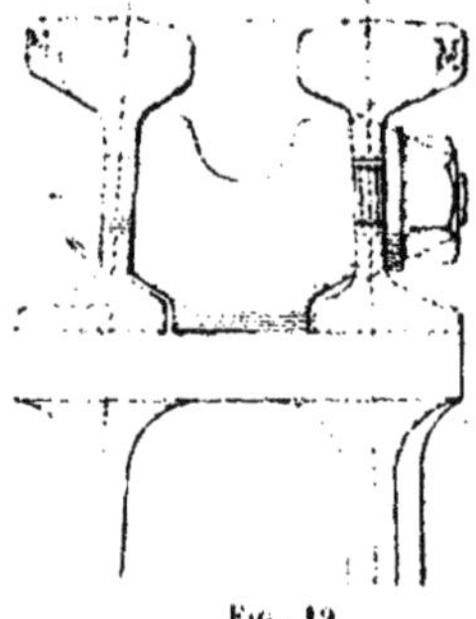


FIG. 19.

un rail-jumelé avec un rail Vignole sans aucune difficulté ; on peut donc passer très facilement de la voie sur chaussées à la voie sur accotements. De plus, la partie gauche de la joue supérieure du champignon et l'extrémité du patin sont sur la même verticale, et l'extrémité du boulon du coussinet ne dépasse pas cette verticale.

Les trois conditions sont donc remplies.

Un pareil rail n'est pas symétrique par rapport à un axe vertical, et c'est une objection qui m'a été faite. Le laminage est plus difficile ; il doit toujours être fait dans le même sens, au lieu d'être fait tantôt dans un sens, tantôt dans l'autre. Par suite, le rail sort courbé du laminoir, il faut le redresser ensuite. C'est évidemment un inconvénient, mais la Compagnie des Forges d'Anzin, à laquelle j'avais demandé des renseignements, m'a répondu que cet inconvénient n'était pas grave et que l'augmentation de dépense en résultant ne dépasserait pas 4 à 5 francs par tonne.

C'est cette Compagnie qui a laminé les rails des tramways Nogentais, et ils ne laissent rien à désirer. Leur poids est de 17 kil. 925 par mètre courant.

J'ai employé ce rail jumelé de deux manières, sur traverses sans béton et sur plateforme de béton.

Avec la voie sur traverses, j'ai employé les coussinets élevés qui n'ont rien de particulier et permettent simplement la pose des pavés ordinaires au-dessus des traverses.

Quant à la voie sur béton, voir les *Annales des Ponts et Chaussées*, Mai 1890, pour les dispositions adoptées.

Le béton est composé de un mètre cube de sable tout venant pour 125 kilogrammes de ciment de Portland, ou, ce qui revient au même, de 0 m. 88 de caillou et de 0 m. 44 de sable pour 125 kgr. de ciment. Ce béton est très maigre, mais, comme en somme il ne sert qu'à former une couche résistante et indéformable, il est suffisant.

Les coussinets sont très bas et réduits à la partie supérieure de la forme indiquée par la fig. 19 (Voir *Annales*) ; l'écartement des rails est maintenu par de simples lames de tôle. Enfin, il n'y a qu'une distance de 0 m. 138 entre le dessus de la surface du béton et le niveau supérieur des rails. C'est un inconvénient pour le pavage, car les queues des pavés ne peuvent avoir que 11 à 12 centimètres.

L'ensemble des deux rails ne pèse que 36 kgr. environ, ce qui n'est pas exagéré.

Dans les courbes, la largeur de l'ornière doit être portée de 29 à 35 mm. : il faut donc faire 2 modèles de coussinets, l'un pour les alignements, l'autre pour les courbes.

Aujourd'hui, les ornières peuvent avoir 35 et 44 mm. de largeur.

Les résultats obtenus ont été satisfaisants ; aussi ce système a-t-il été très employé, surtout quand un tramway établi en rase campagne pour la plus grande partie de son parcours, avec rail Vignole, n'emprunte des voies urbaines que sur une faible longueur pour pénétrer dans les villes.

Il existe beaucoup d'autres systèmes de voies de tramways, mais je n'ai cru devoir vous parler que des principaux ; vous trouverez la description de tous les autres dans le volume : *Tramways et automobiles*, par Aucounus et Galine, et dans une brochure intitulée : « *Les Tramways* » par Seguela.

## CHAPITRE IV

# REVÊTEMENTS A EMPLOYER AUTOUR DES VOIES DE TRAMWAYS

---

Quand la piste est inaccessible aux voitures ordinaires, et que l'on est en rase campagne, on laisse généralement le ballast à découvert : c'est bien plus commode pour l'entretien de la voie, et cela n'a pas d'inconvénient.

Quand on est dans une ville et que l'on réalise la fig. 9 avec trottoir double, les populations réclament un revêtement. Comme les voitures ne circulent pas dessus, on peut traiter cette surface comme un trottoir ordinaire et y mettre du bitume ; mais les travaux d'entretien de la voie démolissent ce bitume, et je vous conseille plutôt le petit pavé. On a toujours, dans un service, des vieux pavés de rebut ; il ne revient pas très cher de les faire recouper en pavés de 8, 9 ou 10 centimètres ; pourvu que la surface de tête soit régulière, on peut réaliser un pavage agréable et qui tient, parce qu'il n'a à supporter que des piétons. J'ai déjà agi plusieurs fois ainsi, et je m'en suis très bien trouvé.

C'est sur chaussée que la question est très difficile.

Avec l'empierrement, il est assez difficile de conserver une bonne chaussée ; cependant, avec le rail jumelé on y arrive encore, à la condition de veiller à ce que des réparations soient faites dès que le rail est en saillie, car, dès qu'une petite saillie se produit, c'est une raison pour qu'elle augmente rapidement parce que les roues des voitures la suivent et forment une ornière par leur frottement latéral.

Quand la voie est près d'une bordure de trottoir, il faut nécessairement paver toute la partie comprise entre la bordure et le premier rail voisin. Le croquis ci-dessous montre que le caniveau a alors 89 centimètres de largeur : il est un peu grand, mais on ne peut faire autrement.

Quand on arrive au pavage, il est clair que, logiquement, il faut rechercher les pavés les plus durs possible, toujours pour éviter la formation de l'ornière le long du rail, mais cependant vous constaterez facilement que les pavés, près du rail, s'épaufrent bien vite, et qu'il faut les remplacer souvent.

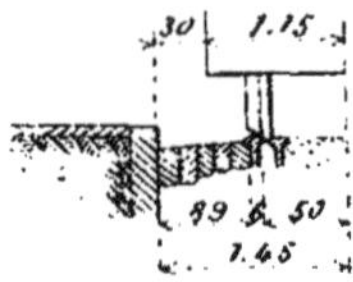


Fig. 19 *bis*.

A ce propos et entre parenthèses, il faut réagir contre une habitude mauvaise qu'ont souvent les paveurs : près des rails de tramways, ils commencent par poser les pavés à 2 ou 3 centimètres au-dessus du rail, en supposant qu'avec la hie le pavé reprendra le niveau du rail. Ils oublient que le sol est plus résistant près du rail, en raison de la traverse, etc... et que sous la hie le rail tasse également un peu. Ils laissent donc le pavé en saillie sur le rail, et ce pauvre pavé est épaufré et perdu, dès qu'une voiture chargée vient à passer. Il est moins mauvais que le rail reste en faible saillie sur le pavé, car alors le pavé ne s'épaufre pas. Ce qu'il faut chercher, bien entendu, c'est que les deux soient au même niveau, après battage à la hie.

De plus, il faut que le pavé et le rail restent longtemps tous deux au même niveau. Par suite, lorsque la circulation est active et lourde, la fondation en béton s'impose et, comme je vous l'ai dit à propos des pavages ordinaires, on peut diminuer la dépense en employant du béton très maigre, 125 kilos de ciment pour 1 mètre cube de sable tout venant, comme je l'ai fait à Nogent.

Le pavé de bois peut-il donner de bons résultats ? Vous en voyez bien des exemples à Paris. Il y a quelques années, l'on taillait le pavé en biseau près du rail, et la différence de niveau entre le dessus du rail et le dessus normal de la chaussée était d'environ 2 à 3 centimètres. On admettait que les pavés s'useraient progressivement à partir de B et de A et que, quelque temps après la construction, le rail serait au niveau du dessus de la chaussée. Malheureusement, les points C et D s'usaient aussi, et s'abaissaient au-dessous du rail. On paraît avoir renoncé à ce système, et on ne fait plus de pavés en biseau. On pose les pavés au niveau des rails. Naturelle-

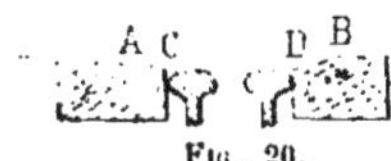


FIG. 20.

ment, il faut que le tout repose sur une fondation en béton. C'est indispensable et, avec le système Broca, le pavage et les rails reposent sur la même fondation. C'est une des causes du succès de ce rail.

Quant à l'asphalte, il ne faut pas l'employer autour des rails de tramways. Cela n'a jamais réussi.

Le service des Alpes-Maritimes a essayé, avenue du Chemin de fer, la grande artère de Nice, le système de l'asphalte armé. Il est excellent, mais très cher ; on ne l'emploie que pour les chaussées de luxe. Or, le long des tramways de Nice, après quelques mois de pose, il était déjà disloqué. C'est un essai malheureux.

A Munich, où toutes les chaussées (ou presque toutes) sont en asphalte, je l'ai constaté par moi-même, les bandes contiguës aux rails de tramways sont constamment en réparation. Il en est de même à Bruxelles.

L'asphalte n'est pas résistant par lui-même et, de plus, il se casse ou plutôt s'effrite facilement. Or un tramway produit toujours des trépidations plus ou moins accentuées et l'asphalte, qui n'est pas du tout élastique, ne peut leur résister et se réduit en poussière ; c'est pour la même raison que l'asphalte n'a jamais réussi sur des ponts métalliques.

En résumé, le long des voies de tramways, il faut repousser l'asphalte et n'employer que du grès dur ou le pavage en bois. Quand la circulation est active et lourde, le pavage en grès lui-même doit être sur fondation en béton.

## CHAPITRE V

### OBLIGATIONS DES CONCESSIONNAIRES POUR L'ENTRETIEN DES VOIES

Les charges d'entretien des concessionnaires sont indiquées, dans le Titre II, par l'article 20 du décret du 16 juillet 1907, reproduisant à peu près l'article 19 de celui du 6 août 1881 :

« La voie ferrée et tout le matériel qui en dépend doivent être constamment entretenus en bon état, de manière que la circulation y soit toujours facile et sûre.

« Les frais d'entretien et ceux auxquels donnent lieu les réparations ordinaires et extraordinaires de la voie ferrée sont à la charge du concessionnaire.

« Sur les sections à rails noyés, où la voie ferrée est accessible aux voitures ordinaires, l'entretien du pavage ou de l'empierrement de la surface affectée à la circulation du tramway est réglée, pour chaque concession, par le cahier des charges, qui indique le service chargé d'exécuter cet entretien, ainsi que la répartition des dépenses.

« Sur les sections où la voie ferrée n'est pas accessible aux voitures ordinaires, l'entretien qui est à la charge du concessionnaire comprend la surface entière des voies, augmentée, s'il y a lieu, d'une zone déterminée par le cahier des charges.

« Si la voie ferrée et les parties de la voie publique dont l'entretien est confié au concessionnaire ne sont pas constamment entretenues en bon état, il y est pourvu d'office à la diligence du préfet et aux frais du concessionnaire, sans préjudice, s'il y a lieu, de l'application des dispositions indiquées ci-apres dans l'article 63.

« Le montant des avances faites est recouvré au moyen d'états que le préfet rend exécutoires. »

On peut également appliquer les dispositions de l'article 21 du cahier des charges, qui permet la confiscation partielle ou totale du cautionnement.

De plus, et c'est le cas général, l'article 12 du cahier des charges type, interprétant le paragraphe 3 de l'article 20 du décret, laisse à la charge du concessionnaire, quand la voie est accessible aux voitures, l'entretien du revêtement, quel qu'il soit, des entre-rails et de l'entre-voie, ainsi que des zones de cinquante centimètres qui servent d'accotements aux rails.

Quand la voie est sur piste spéciale inaccessible aux voitures ordinaires, le paragraphe 4 de l'article 19 de l'ancien décret laissait à la charge de l'exploitant l'entretien de la surface entière des voies, augmentée d'une zone de un mètre, mesurée à partir de chaque rail extérieur.

Cette disposition était difficile à appliquer.

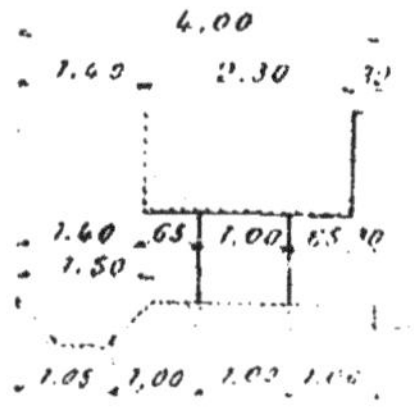


Fig. 21.

En effet, prenons le profil de la figure 8, le plus généralement employé ; du côté de la route, la distance de 1 mètre empiéterait de 5 centimètres sur la chaussée : on ne peut laisser à un concessionnaire l'entretien d'une bande de 5 centimètres. Aussi l'on n'en a jamais parlé : le service entretient toute la chaussée, et le concessionnaire toute la plateforme. Du côté du fossé, c'est plus grave : l'extrémité de la zone de 1 mètre tombe au pied du talus du fossé ; dès lors, qui doit entretenir et curer le fossé ? Cela a donné lieu à bien des difficultés ; mais, en somme, il ne faut pas chercher la petite bête avec les exploitants, nous avons assez à faire pour discuter avec eux lorsqu'il s'agit de questions sérieuses, et cela ne vous manquera pas. Entretenez donc le fossé, d'autant plus qu'il suffit de supposer qu'il n'a qu'un mètre de largeur et alors c'est très simple ; la plateforme du tramway a 3 mètres : tout son entretien est à la charge de l'exploitant, et le fossé reste à la charge de la route ou du chemin. C'est équitable, puisque le fossé est destiné à assainir la chaussée.

Ce que je viens de vous dire ne s'applique qu'aux exploitations anciennes ; en effet, le décret de 1907 a modifié celui de 1881, et au lieu de fixer à 1 mètre à partir du rail la partie à entretenir par le concessionnaire, il dit simplement que cette zone sera fixée par le cahier des charges.

Lorsque vous aurez de nouvelles concessions à préparer, n'oubliez pas ce détail et, à l'article 12, fixez bien nettement les parties à entretenir par l'exploitant, en vous inspirant de ce que je viens de vous dire.

Quand la voie est accessible aux voitures ordinaires, l'exploitant a à sa charge (Art. 12) l'entretien des entre-voies, des entre-rails et de 2 zones de 50 centimètres de chaque côté des rails extérieurs.

Cela donne lieu à bien des discussions.

Quand nous faisons un relevé à bout d'une chaussée, nous devrions nous arrêter à 50 centimètres du rail, et, si l'exploitant n'a pas traité à l'amiable avec nous, il faudrait logiquement séparer la chaussée en deux parties, celle entretenue par le service et celle entretenue par le dit exploitant. Il y aurait alors une ligne de démarcation à 50 centimètres du rail, séparant souvent une bonne chaussée d'une chaussée mauvaise : ce serait absurde.

Pour éviter ces inconvénients, on a fait souvent des traités avec les exploitants. A Paris, dans le département de la Seine et ailleurs, c'est le service qui entretient la chaussée, moyennant une somme à forfait de tant par mètre courant de voie. Cela paraît simple, mais cela présente un certain inconvénient, au point de vue de la responsabilité. En effet, si l'exploitant n'entretient pas bien sa voie et si les rails tassent, le service ne peut entretenir le pavage d'une manière satisfaisante ; s'il arrive un accident (dommages ou blessures), qui est responsable ? celui qui a mal entretenu la voie ou celui qui a mal entretenu le pavage ? C'est là un nid à discussions et d'assez grosses difficultés se présentent souvent à ce sujet. En cas de mort d'homme, le conducteur ou l'ingénieur pourrait être poursuivi pour homicide par imprudence.

Malgré cet inconvénient, c'est encore un assez bon système, mais, quand on l'a, il faut d'autant plus surveiller l'état de la voie et, quand elle laisse à désirer, ne pas manquer de faire inviter l'exploitant à la réparer, en spécifiant bien les points *précis* où elle est mauvaise. De cette manière, notre responsabilité peut être mise à couvert.

Un autre système est à recommander, quand une voie unique est établie presque partout le long du trottoir. Dans ce cas, nous l'avons vu, le rail du côté de la bordure est à 89 centimètres de la dite bordure. Il en résulte que, d'après le cahier des charges, l'exploitant devrait entretenir 50 centimètres de cette zone et que le service devrait en entretenir 39 centimètres. Ce n'est pas possible. Alors on fait approuver souvent le système suivant : le service entretient toute la partie de la chaussée jusqu'au rail extérieur en déchargeant ainsi l'exploitant d'une zone de 50 centimètres, mais, par contre l'exploitant entretient tout le caniveau compris entre la bordure et le rail voisin, soit 89 centimètres. On lui fait cadeau ainsi de 11 centimètres de largeur, mais malgré cela le service a intérêt, pour arriver à de bons résultats, à accepter cette solution.

Certes, cela ne résout pas complètement la question de la responsabilité divisée, qui reste entière pour le rail extérieur. Cependant c'est une très grosse amélioration.

Comme vous le voyez, l'entretien des voies de tramways et des chaussées qui les encadrent a une très grosse importance et vous aurez souvent à la traiter.

Tout milite en faveur des pistes spéciales, car en somme, quoi qu'on fasse, la présence des voies de tramways dans une chaussée est toujours une cause de gêne pour les voitures ordinaires et de ruine pour les revêtements des chaussées.

## CHAPITRE VI

# DIFFICULTÉS

### RÉSULTANT DE L'APPLICATION DE L'ARTICLE 5 DU DÉCRET PRESCRIVANT DES ORNIÈRES DE 29 ET 35 MILLIMÈTRES

**Décret du 7 juillet 1910 modifiant la largeur des dites ornières**

---

Vous entendrez souvent parler du transbordement des marchandises entre deux lignes qui se soudent dans une gare commune. On y attache une très grosse importance, trop grosse, suivant moi, mais c'est à l'ordre du jour.

Dans l'article 31 du cahier des charges, les frais de transbordement ne sont dus dans une gare commune que lorsque les deux lignes en contact ont des largeurs de voies différentes. Les auteurs de ce cahier des charges supposaient sans doute que, lorsque l'écartement des rails est le même, les wagons d'une ligne peuvent circuler sur l'autre et réciproquement. C'est ce que les populations désirent, mais ce que ne désirent pas les exploitants, parce que, avec un matériel réduit, ce n'est qu'avec regret qu'ils voient des wagons leur appartenant leur échapper pour circuler sur un réseau voisin. Aussi les Compagnies font-elles exprès, quelquefois, de prendre des mesures pour que leur matériel ne puisse pas circuler sur les lignes voisines, et, une fois le fait établi, elles soutiennent, avec une apparence de raison, que l'article 31 précité veut dire, dans son esprit, que le transbordement n'est pas dû lorsque les wagons peuvent changer de réseau, mais qu'il est dû quand le matériel n'est pas interchangeable pour une raison ou pour une autre.

J'ai traité cette question dans un article qui a paru dans la « Revue générale des chemins de fer », janvier 1904. Je ne vous parlerai pas des attelages, puisque c'est une question de matériel roulant, mais, comme dans plusieurs espèces que je connais les Compagnies ont employé des attelages différents, avec l'intention évidente d'empêcher les wagons de s'interchanger, j'appelle cependant votre attention sur ce point.

En effet, bien qu'aujourd'hui la circulaire sur l'unité technique (8 juillet 1908) ait fixé les principales dispositions des attelages, il peut être nécessaire de vérifier si les véhicules d'un nouveau réseau pourront s'atteler à ceux d'un ancien réseau.

Je vous parlerai surtout de la voie; voici ce que je disais :

« Il existe, en France, un très grand nombre de chemins de fer d'intérêt local et de tramways à voie de 1 mètre ; mais, si l'on en déduisait que tous les véhicules peuvent indifféremment circuler sur toutes ces lignes, parce que la largeur entre les bords intérieurs des rails est la même, l'on se tromperait beaucoup.

« Il n'y a peut-être pas deux compagnies d'intérêt local dont les wagons puissent s'atteler les uns aux autres et circuler réciproquement sur les deux réseaux.

« Pour qu'un véhicule d'une ligne puisse circuler sur une autre, pour qu'à une gare de jonction l'échange du matériel soit possible, il ne suffit pas que la largeur entre les bords des rails soit la même, il faut d'autres conditions concernant le calage des roues des véhicules et les attelages.

« Nous allons examiner ces deux points :

« 1° *Calage des roues.*—Le calage des roues est la distance horizontale entre les deux plans verticaux qui sont constitués par les surfaces intérieures des roues d'un même essieu.

« Cette distance, sur les différentes lignes que nous connaissons, est tantôt 950 millimètres, tantôt 940 et tantôt 930 millimètres.

« Elle n'est quelquefois, mais rarement, que de 920 millimètres pour les locomotives.

« Il en résulte que, lorsque des véhicules doivent circuler

dans des voies jumelées présentant une ornière de 29 millimètres en alignement droit et de 35 millimètres en courbe, conformément aux prescriptions de l'article 5 du décret du 6 août 1881, les dites voies doivent être posées avec des largeurs différentes, qui ne sont pas toujours égales à 1 mètre.

« Prenons le calage de 930 millimètres et admettons que le boudin de la roue a 25 millimètres. Supposons que ce boudin est rectangulaire, bien qu'il ait toujours un profil effilé, afin d'avoir plus de sécurité et tenir compte des erreurs de pose.

« Quand le véhicule passe dans une voie avec une ornière de 29 millimètres, son boudin de 25 millimètres doit être au milieu de l'ornière, de manière qu'il y ait un jeu de 2 millimètres de chaque côté ; c'est la disposition représentée par la figure 22.

« Par suite, la largeur entre les bords intérieurs des rails doit être, non pas de 1 mètre, mais seulement de 984 millimètres.

« Si cette largeur était de 1 mètre, la largeur entre les bords extérieurs des contre-rails serait de $(1000 - 2 \times 29) = 942$ millimètres, et les boudins des roues calées à 930 millimètres monteraient sur les contre-rails.

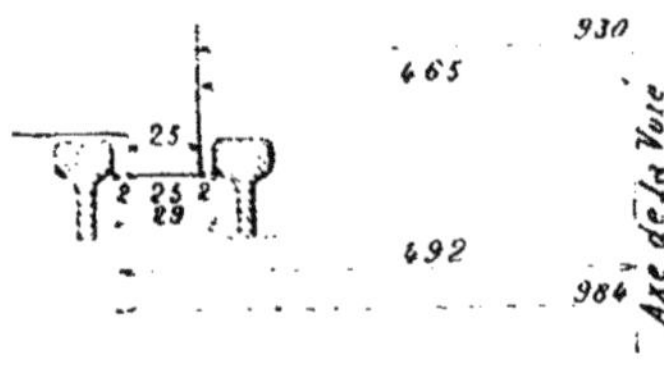


FIG. 22.

« En courbe avec ornière de 35 et pour que le boudin soit au milieu avec jeu de 5 millimètres de chaque côté, nous avons la disposition indiquée figure 23.

« Là encore, ce n'est plus la voie de 1 mètre, c'est la voie de 990 millimètres.

« Avec la voie courante ordinaire sans contre-rails, on revient seulement à la voie de 1 mètre.

« Le calage et les 2 boudins forment une largeur de 980 millimètres (930 + 2 × 25), et le jeu de chaque côté est de 10 millimètres, ce qui est un peu fort. Mais il est inutile alors de prévoir un surécartement dans les courbes, quand les rayons ne sont pas très petits.

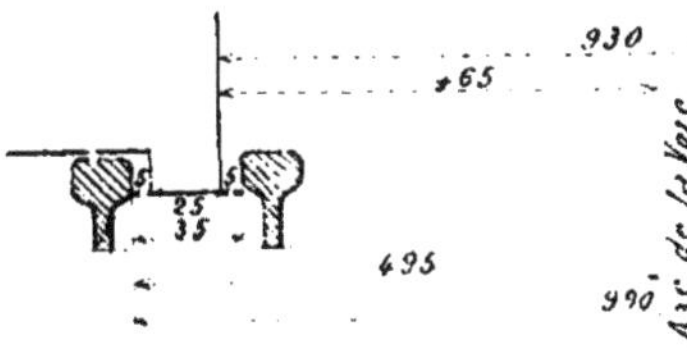


Fig. 23.

« En résumé, avec le calage de 930 millimètres, il faut donner à la voie entre les bords intérieurs des rails :

984 millimètres en voie jumelée et alignement droit :

990 millimètres en voie jumelée et courbes ;

1000 millimètres en voie courante sans contre-rails.

« Avec le calage de 940 millimètres, les largeurs doivent être différentes ; la disposition de la figure 24 ci-après doit être adoptée avec l'ornière de 29 millimètres.

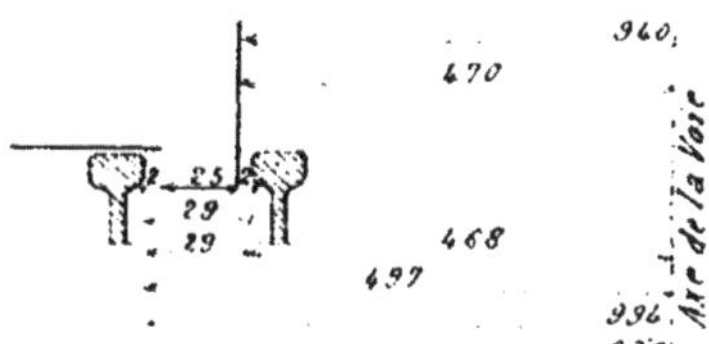


Fig. 24.

« Là encore, il faut resserrer la voie de 6 millimètres car, si on ne le faisait pas, la largeur entre les bords extérieurs des contre-rails serait de 1000 — 2 × 29 = 942 millimètres, et les roues calées à 940 ne passeraient pas.

« En courbe, avec l'ornière de 35 millimètres, la voie de

1 mètre est satisfaisante et le boudin se trouve juste au milieu de l'ornière, car $940 + 2 \times 25 + 2 \times 5 = 1000$ millimètres.

« En alignement droit sans contre-rails, le jeu est de 5 millimètres de chaque côté, et il est suffisant, mais, en courbe, il est un peu faible ; il faut admettre un surécartement de 6 millimètres environ.

« Par suite, avec le calage à 940 millimètres, il faut donner entre les bords intérieurs des rails les distances ci-après :

994 millimètres en voie jumelée et alignement droit ;
1000 — en voie jumelée et en courbe ;
1000 — en alignement droit sans contre-rails ;
1006 — en courbe sans contre-rails.

« Une autre précaution doit être prise avec le calage de 940 millimètres dans les croisements au droit de la pointe de cœur (fig. 25).

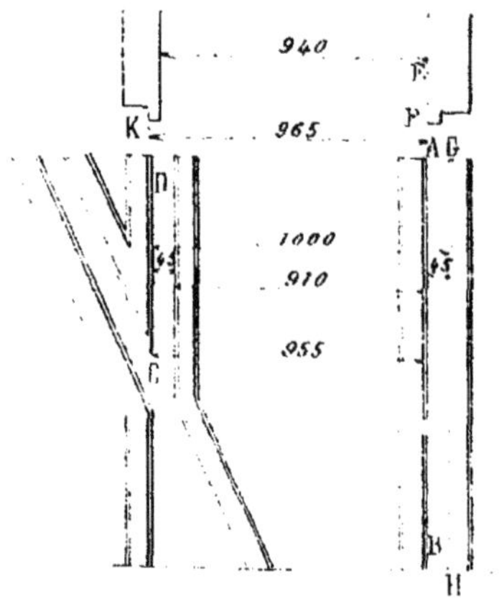


Fig. 25.

« Ordinairement l'ornière comprise entre les bords G H et A B du rail et du contre-rail est de 45 millimètres.

« La distance normale entre la pointe de cœur C et la ligne A B n'est donc que de 955 millimètres ; or la distance entre la joue gauche E F de la roue de droite et l'extrémité K du boudin de gauche est de (940 + 25) = 965 ; par suite, si la joue E F est en contact avec A B, l'extrémité K du boudin (s'il est carré) butera de 10 millimètres sur la pointe de cœur. Pour éviter cet inconvénient, et c'est ce que nous avons fait sur les tramways de Seine-et-Marne, il suffit de réduire l'ornière A B, G H de 45 à 35 millimètres.

« Quel est le meilleur des deux calages de 930 et de 940 millimètres ? Au point de vue technique, ils se valent peut-être; cependant, suivant moi, c'est le calage de 940 qui devrait être adopté partout, car c'est celui qui nécessite le moins de modifications à la cote normale de 1 mètre.

« Examinons maintenant ce qui arrive quand deux lignes se soudent, l'une avec des véhicules calés à 930 millimètres et l'autre avec des véhicules calés à 940 millimètres.

« Quand il existe des voies de tramways, c'est-à-dire des ornières de 29 millimètres, l'échange du matériel est presque impossible.

« Prenons, en effet, la figure 22, qui suppose le calage de 930 millimètres ; la distance entre les bords intérieurs des 2 rails est de 984 millimètres.

« Si nous y amenons un véhicule avec calage de 940 millimètres, la distance entre les bords extérieurs des deux boudins, supposés carrés et d'une largeur de 25 millimètres est de :

$$940 \text{ mm.} + 2 \times 25 \text{ mm.} = 990.$$

« Il manque 6 millimètres ; par suite, théoriquement, le véhicule ne peut passer.

« Dans la voie en courbe avec ornière de 35, la largeur entre les bords intérieurs des rails est de 990 millimètres : l'essieu du véhicule passerait donc juste, sans aucun jeu.

« Il est vrai que le boudin n'est pas carré, mais effilé ; il entrerait donc, mais pourrait se coincer surtout dans les courbes.

« Prenons l'inverse (fig. 24) : la voie est faite avec ornière de 29 ; pour le calage de 940 millimètres, la distance entre les bords intérieurs des contre-rails est de :

$$994 - 2 \times 29 = 936 \text{ mm.}$$

« Si nous amenons un véhicule calé à 930, il ne peut pas passer. L'un des deux boudins serait obligé de monter sur un contre-rail.

« Par suite, on peut dire que, lorsqu'une section de ligne comporte des voies de tramway, la cote de calage imposant des conditions spéciales pour la largeur entre les bords intérieurs des rails, tout véhicule n'ayant pas la même cote de calage ne peut y circuler. »

Ce que j'ai écrit en 1904, et que je viens de vous rappeler, pourrait être considéré comme de l'histoire ancienne, car la question du transbordement est devenue tellement aiguë que de nouvelles dispositions (circulaire du 8 juillet 1908 et décret du 7 juillet 1910) ont été prises pour éviter dans l'avenir les inconvénients signalés et atténuer ceux qui existent. Cependant, comme ces nouvelles dispositions ne s'appliquent pas aux nombreuses voies existantes, il était nécessaire de vous signaler les difficultés et même les impossibilités qui se présentent pour faire circuler le matériel d'un réseau sur le voisin.

La circulaire du 8 juillet 1908 a établi l'unité technique. c'est-à-dire qu'elle a prescrit, pour toutes les nouvelles concessions, des dimensions uniformes pour le matériel roulant et pour la voie. Il est regrettable qu'elle n'ait pas été faite plus tôt.

La cote de calage des véhicules a été fixée à 930 millimètres, parce que cela était la cote la plus généralement adoptée.

Elle a fixé les dimensions des appareils d'attelage, etc., mais je n'ai à m'occuper que de la cote de calage, puisque c'est elle qui détermine les dispositions des voies à adopter.

Ce sont donc les profils (22) et (23) qu'il y aurait lieu d'adopter si les largeurs d'ornières étaient maintenues à 29 millimètres en alignement droit et 35 millimètres en courbes. Or un décret du 7 juillet 1910 a modifié le 4e paragraphe de l'article 5 du décret du 6 août 1881 (16 juillet 1907). Il a autorisé les ornières de 35 et 41 millimètres au lieu de 29 et 35 millimètres.

Cette modification facilitera beaucoup l'interchangeabilité des anciens matériels avec les nouveaux. Mais, pour une voie nouvelle, il reste à déterminer de quel côté l'on prendra l'élargissement.

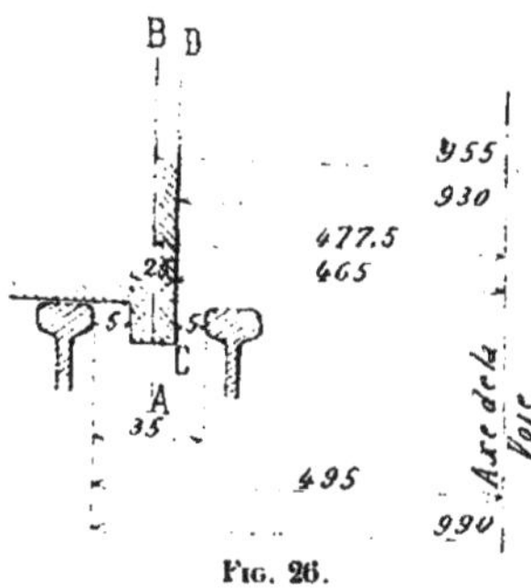


Fig. 26.

Comme il a été signalé que, dans plusieurs exploitations, les boudins des roues avaient 30 millimètres au lieu de 25, il résulte des rapports qui ont été faits au moment de la préparation de la circulaire sur l'unité technique, que l'on ne fixera plus la cote de calage (930 mm.), mais la distance horizontale des plans axiaux des boudins, et que cette distance sera fixée à 955 millimètres ( = 930 + 25). Par suite, on aura le profil ci-dessus en alignement droit quand le boudin aura 25 millimètres. Le jeu entre le boudin et le rail ou le contre-rail sera alors de 5 millimètres, et la distance entre les bords intérieurs des rails devra être de 990 millimètres.

Si le boudin a 30 millimètres d'épaisseur, la distance entre les plans des axes des boudins restera la même, 955 millimètres, le jeu ne sera plus de chaque côté que de 2 mm. 5, mais la distance entre les bords intérieurs des rails restera la même, 990 millimètres.

En courbe avec ornière de 41 millimètres, la distance entre les bords intérieurs des rails sera de 996 millimètres, se rapprochant ainsi de la largeur normale de 1 mètre.

Dans l'avenir et pour toutes les nouvelles lignes, il n'y aura donc plus de difficultés, mais il existe et il existera encore longtemps d'anciens réseaux où la voie et le matériel ne satisfont pas à l'unité technique. L'interchangeabilité de leur matériel et de celui des nouveaux réseaux venant les joindre sera donc difficile et quelquefois impossible à réaliser.

Dans ce cas, il sera utile de mettre explicitement au cahier des charges nouveau que, dans les gares de jonction, les frais de transbordement ne seront pas perçus. Ces frais pourront rester à la charge du nouvel exploitant, car l'ancien pourra se refuser à y contribuer, mais ce sera peu de chose en général, et on évitera ainsi toute difficulté.

Les exploitants transborderont ou ne transborderont pas : ce sera leur affaire.

Le public et le contrôle n'auront pas à s'en occuper.

**Observation générale.** — Si je me suis un peu étendu sur cette question, c'est qu'elle est à l'ordre du jour et qu'elle donne lieu à beaucoup de discussions et même de récriminations. Cependant, suivant moi, on lui donne une bien trop grande importance ; le public et les Conseils généraux s'exagèrent les inconvénients du transbordement.

En effet, le transbordement, en vertu d'un arrêté ministériel général, est taxé à 30 centimes par tonne ; il équivaut seulement à une augmentation de parcours de 3 ou 4 kilom. pour les marchandises de 3e et de 4e classe. Ce n'est pas négligeable, mais ce n'est pas énorme. Certes, certaines marchandises sont un peu détériorées par le transbordement, mais c'est l'affaire des exploitants de prendre toutes les précautions nécessaires.

Sur les grands réseaux, le transbordement d'une Compagnie à une autre, dans une gare de jonction, n'est jamais payé ; on suppose que toutes les marchandises petite vitesse passent d'un réseau à l'autre sans transborder. Or, on transborde, malgré cela, plus de 80 0/0 des marchandises, parce que les Compagnies n'aiment pas envoyer leur matériel sur un réseau voisin. C'est souvent une grande gêne pour elles, malgré le grand nombre de leurs véhicules.

Sur les petites lignes, l'inconvénient est bien plus accentué, et je puis vous citer un exemple : Deux Compagnies auxquelles on voulait imposer le non-transbordement de l'une sur l'autre ont préféré renoncer à percevoir les 30 centimes dus pour le transbordement. « Nous transborderons, ont-elles dit, mais vous, public, vous ne payerez rien, et par suite cela ne vous regarde pas ; si la marchandise est avariée, nous sommes responsables. »

Il n'y avait plus rien à dire, et c'est là la vraie solution, ainsi que je l'ai dit plus haut.

Voici d'ailleurs mon opinion personnelle sur cette importante question.

Les chemins de fer d'intérêt local et tramways à voie étroite ne doivent être que les affluents des lignes d'intérêt général. S'il en devait être autrement pour certains d'entre eux, il faudrait les construire à voie normale et les incorporer au réseau d'intérêt général. C'est donc commettre une erreur que de vouloir intercaler entre les mailles du réseau d'intérêt général un nouveau réseau d'intérêt local permettant aux véhicules de ce dernier réseau d'effectuer de longs parcours. Les tarifs sont généralement plus élevés sur les petites lignes que sur les grandes. Les vitesses sont évidemment moindres ; par suite, au point de vue économique et général, il n'y a pas intérêt à faire faire de longs parcours aux voyageurs et aux marchandises sur les lignes secondaires.

Enfin, l'État, qui est toujours intéressé aux recettes des grands réseaux, ne doit pas subventionner de nouvelles lignes faisant concurrence aux anciennes.

Certes, certaines grandes Compagnies n'ont pas toujours compris l'intérêt qu'il y avait pour elles à protéger les lignes secondaires qui devaient leur servir d'affluents, ou bien elles n'ont pas suffisamment favorisé leur exploitation, en vertu du principe : « *de minimis non curat prætor* ». C'est ce que m'a répondu le Directeur de l'exploitation d'une grande Compagnie auquel je demandais quelque chose en faveur d'un petit réseau.

Bref, il y a eu souvent mauvaise volonté et lutte de part et d'autre. Or, dans ce cas, c'est toujours le public qui souffre, et c'est toujours l'État ou les départements qui paient.

Notre devoir est d'éviter ces luttes, et, heureusement, on peut constater qu'aujourd'hui les grandes Compagnies comprennent beaucoup mieux l'intérêt qu'elles ont à protéger les petites lignes affluentes.

Ce sont maintenant les petits réseaux qui désirent devenir grands et intercaler leurs lignes entre les mailles des anciennes. Je le répète, c'est une erreur économique.

Le Ministre des travaux publics s'est d'ailleurs préoccupé de la question, et la circulaire du 9 octobre 1899 porte ce qui suit :

« Mais on perd trop souvent de vue que la création de certains tramways ne présente pas uniquement des avantages. Il peut se faire que la ligne projetée fasse concurrence à une ligne existante, parfois même à une ligne subventionnée, d'intérêt général ou local, qu'elle se borne à déplacer le courant du trafic au lieu de créer un trafic nouveau et que ce déplacement, médiocrement utile en soi, se traduise par des diminutions de recettes sur les lignes existantes et par l'augmentation corrélative des subventions du Trésor, lorsque ces lignes sont subventionnées.

« Ce point doit être examiné avec soin par Messieurs les ingénieurs avant l'enquête ; au besoin, ils devront provoquer les observations des services intéressés. »

Une autre circulaire, du 5 décembre 1899, a prévu les formes de la conférence à ouvrir à ce sujet avec le contrôle des grandes compagnies.

Il m'a paru indispensable de vous mettre au courant de toutes les opinions qui sont actuellement en présence et de vous donner la mienne. Certes, il était regrettable que les véhicules de certains petits réseaux ne pussent circuler sur les voisins : pour certains cas particuliers, la circulaire sur l'unité techique rendra des services à ce sujet ; il est même regrettable, je l'ai déjà dit, qu'elle n'ait pas été faite plus tôt. Cependant tout est dans la mesure, comme en tout.

Les petites lignes rendent d'énormes services, mais elles ne peuvent avoir ni la capacité, ni la vitesse des grandes ; elles ne peuvent offrir au public le confortable qu'il trouve sur les grands réseaux. Elles doivent conserver leur caractère d'affluents, ne pas faire concurrence aux lignes d'intérêt général et, par suite, ne pas leur être parallèles à une faible distance.

Il y a cependant une exception pour les tramways de banlieue aux environs des grandes villes. Là, il serait presqu'impossible de créer un tramway de banlieue qui ne fût pas parallèle à une ou deux lignes d'intérêt général pénétrant dans la dite ville. Mais cela n'a aucun inconvénient, parce que les intérêts desservis sont tout à fait différents : cela se comprend de soi.

TROISIÈME PARTIE

# AUTOMOBILISME

*CHAPITRE PREMIER* : HISTORIQUE.
*CHAPITRE DEUXIÈME* : DÉGRADATION DES CHAUSSÉES PAR LES AUTOMOBILES.
*CHAPITRE TROISIÈME* : GOUDRONNAGE A CHAUD.
*CHAPITRE QUATRIÈME* : GOUDRONNAGE A FROID ET DIVERS.
*CHAPITRE CINQUIÈME* : CONSTRUCTION DE CHAUSSÉES DIVERSES.
*CHAPITRE SIXIÈME* : RÉSULTATS GÉNÉRAUX. PRIX DE REVIENT DES CHAUSSÉES ACTUELLEMENT EN USAGE ET DU GOUDRONNAGE.
*CHAPITRE SEPTIÈME* : QUELQUES CONSEILS AU SUJET DES MODIFICATIONS A FAIRE AUX ROUTES ET CHAUSSÉES DANS L'INTÉRÊT DE L'AUTOMOBILISME.

## CHAPITRE PREMIER

# HISTORIQUE

L'automobilisme est, dit-on, tout nouveau, et il n'est pas douteux qu'il y a seulement vingt ans l'on n'en parlait pas.

Ce qui est évidemment certain, c'est que son développement ne s'est produit que depuis quelques années seulement.

Néanmoins, quand on veut en faire l'historique, on constate, comme en tout, que les premiers inventeurs de la voiture sur route sont anciens, mais qu'ils n'ont pas eu de succès, et qu'il a fallu bien des années de recherches, d'expériences infructueuses, de déboires, de ruines, de faillites, etc. pour arriver aux merveilleux résultats que nous constatons aujourd'hui.

Cet historique a été fait par mon avant-prédécesseur, M. l'inspecteur général Forestier (Voir son livre publié en 1900) (1).

Je ne ferai que vous résumer cet historique.

Le premier qui ait construit un véhicule à traction mécanique est *Cugnot*, ingénieur militaire. Ses premiers essais datent de 1769, il y a plus de 140 ans.

Son chariot devait faire du 4 à l'heure ; mais, la première tentative n'ayant pas réussi, le ministre Choiseul donna l'ordre de construire un second fardier qui fut terminé en 1770 ; il coûta 22.000 francs et il se trouve, à Paris, dans les collections du conservatoire des Arts et Métiers. D'après la légende, la première fois que ce fardier sortit de l'atelier, il buta contre un pan de mur. Cet accident mit fin à l'unique essai qui en ait été fait.

(1) Forestier. — *Etude didactique d'une voiture à traction mécanique sur route.*

Après Cugnot, de nombreux inventeurs recherchèrent la voiture à traction mécanique. Nous trouvons, en 1828, un chariot à vapeur breveté par Onésiphore Pecqueur, chef des ateliers du Conservatoire des Arts et Métiers. Ce chariot, d'après M. Forestier, possédait, au moins en germe, tous les organes propres à en faire un véhicule automoteur parfait. Cependant, faute de connaître ce précédent, bien des inventeurs se consumèrent en vain dans des essais inutiles. En 1835, une voiture anglaise fut introduite en France par Asda, en passant par la Belgique.

Le 15 mars 1835, la voiture fit en 4 h. 29 le voyage de Paris à Saint Germain et retour, soit du 8 à l'heure, et le journal *Le Constitutionnel*, en rendant compte des essais, déclarait que « l'on a fait disparaître jusqu'à l'ombre d'un danger, pour les voyageurs, dans cette voiture anglaise, qui présente, dans la disposition ingénieuse de son mécanisme, tous les perfectionnements que douze années d'essais ont successivement indiqués aux ingénieurs anglais ».

« Pas le plus petit accident, dit le journal, n'a troublé le voyage ; ce qui est certain, c'est que, d'ici peu, un ou plusieurs services réguliers seront établis entre Paris et Saint-Germain. »

On reconnaît bien là l'emballement souvent injustifié des Français en faveur des inventions provenant d'étrangers. — Aucun service régulier ne fut établi.

En France, en 1835, Dietz prend un brevet pour une voiture dite « *remorqueur voyageant sur les routes ordinaires* ». C'est d'abord un tricycle, puis des voitures ayant jusqu'à 3 paires de roues porteuses. En passant, il faut remarquer que c'est Dietz qui, le premier, a pressenti l'utilité des bandages élastiques en interposant une couche de feutre goudronné, puis du liège, puis du caoutchouc, entre la jante et le bandage de roulement.

Des savants, tels que : Arago, Savary, Gambey et le baron Séguier, étaient enthousiasmés. — Un des véhicules de Dietz avait fait en 1 h. 30 le voyage aller et retour de Paris à Saint-Germain, en gravissant la côte du Pecq en 5 minutes. C'était déjà du 20 à l'heure.

Th. Olivier, Professeur à l'Ecole Centrale, en 1840, déclare qu'on doit considérer le problème de la locomotion sur route comme résolu au point de vue mécanique. Cette opinion était trop optimiste, ainsi que celle qui vantait les voitures Gurney, en Angleterre. Ces dernières auraient assuré des services réguliers de voyageurs que, seule, la *malignité* des Compagnies de chemins de fer aurait fait disparaître en 1836.

Vous trouverez tous les détails de ces dernières voitures et de celles de Hancock dans le livre de M. Forestier.

En 1856, la maison Lotz, de Nantes, s'est acquis une réputation méritée pour sa locomotive routière agricole, destinée au double rôle de machine locomobile pour batteuses, charrues à vapeur, etc... et de remorqueuse de ces engins de la ferme aux champs.

On peut citer d'autres essais : la locomotive routière Thomson (1869, Edimbourg), la locomotive routière Aveling et Porter, qui a figuré à l'Exposition universelle de 1867.

En 1870, pour rendre les roues motrices indépendantes, en les actionnant par des moteurs séparés, Michaux contruisit un tracteur où chaque roue motrice, folle sur sa fusée, était entraînée par une chaîne reliant la couronne dentée portée par le moyeu à un pignon monté sur l'arbre du moteur, distinct pour chaque roue ; c'était le premier différentiel.

Il en fut de même pour la première voiture automotrice construite en 1873 par A. Bollée, du Mans. Les deux voitures s'appelaient l'Obéissante et la Mancelle.

Nous citerons encore le brevet Jeantaud, en 1882 ; le tracteur à vapeur de Dion-Bouton, arrivé premier dans la course de 1894 entre Paris et Rouen ; etc.....

Nous sortirions du cadre de notre cours, si nous citions tous les perfectionnements apportés aux automobiles depuis 1894. Il y en aurait trop.

Ce qui précède n'était utile que pour montrer que, de 1769 à 1894, on n'avait fait, pour ainsi dire, que des essais infructueux, et que ce n'est que depuis quelques années seulement que l'automobilisme a fait des progrès tellement prodigieux que nous allons être obligés de modifier l'entretien et peut-être la constitution de nos routes.

A ce propos, je tiens à faire la remarque suivante :

L'industrie automobile est essentiellement française, et, on l'a répété bien souvent, parce que c'est la France qui a mené le mouvement, construit et exporté le plus grand nombre de machines.

Pourquoi ?

Est-ce que l'une des causes de ce résultat ne serait pas l'excellente viabilité de nos routes, en général ?... J'en suis convaincu !

Si l'on a construit et vendu beaucoup d'automobiles en France, dès leur apparition, c'est qu'il était facile et agréable de circuler sur nos belles routes, même lorsque les véhicules étaient imparfaits.

Le même phénomène ne s'est pas produit à l'étranger, parce que, sans contredit, les routes y sont beaucoup moins bonnes qu'en France.

Aujourd'hui le nouveau mode de locomotion détruit nos chaussées, et de plus les automobilistes deviennent de plus en plus difficiles. Il est bon de leur rappeler que c'est, en grande partie, grâce à nos bonnes routes que l'industrie automobile s'est développée en France ; mais il n'en est pas moins évident que nous devons marcher avec notre temps et rechercher tous les moyens d'adapter nos chaussées au nouveau mode de locomotion.

Nous allons donc étudier, d'abord, les causes de destruction des chaussées par les automobiles, puis je vous indiquerai les moyens que nous avons déjà expérimentés pour y remédier.

CHAPITRE II

# DÉGRADATION DES CHAUSSÉES PAR LES AUTOMOBILES

1° *Effets produits par la vitesse.* — En premier lieu, les roues des automobiles (2 sur 3 ou 4) sont motrices ; il en résulte que le sol des routes doit non seulement résister au frottement de roulement, seul à considérer pour les voitures ordinaires, mais à un autre effort. Comme sur les chemins de fer, la voiture ne tire sa force que de l'adhérence des roues au sol, ce qui forme une sorte d'engrenage à dents multiples. Si les deux surfaces en contact étaient absolument lisses, l'adhérence diminuerait et tendrait même vers zéro, avec des matières lubrifiantes. On le constate lorsqu'une automobile veut se mettre en route sur un terrain argileux et humide, un patinage complet se produit, les roues tournent sans avancer. On conçoit donc qu'en marche, et surtout au démarrage, il y ait, de ce chef, une cause d'usure et de dislocation de la chaussée plus considérable avec les automobiles qu'avec les voitures ordinaires.

On peut le constater facilement, en considérant la poussière soulevée. A poids égal et à vitesse égale, une automobile soulève beaucoup plus de poussière qu'une voiture ordinaire. Il est donc certain que l'engrenage à dents multiples, dont je parlais tout à l'heure, fonctionne et qu'alors les dents formées par les aspérités de la chaussée peuvent être arrachées, au grand détriment de la dite chaussée.

Lorsque les bandages sont métalliques, les chocs sont évidemment plus violents qu'avec les caoutchoucs ; de plus, certains industriels ont garni leurs roues de raies en saillie. Alors, l'effet produit est épouvantable, ce n'est plus qu'un engrenage à grosses dents ; les routes sont, pour ainsi dire, labourées, car une des parties de l'engrenage (la chaussée) est bien moins solide que l'autre (le bandage de la roue), la rainure s'enfonce dans le sol et l'effort tangentiel horizontal repousse les pierres en arrière et disloque tout. Nous en avons vu des exemples absolument probants.

Avec le caoutchouc et le pneu, l'effet produit est beaucoup moindre. L'engrenage a des dents beaucoup plus nombreuses, le contact se fait sur une surface beaucoup plus grande, car le pneu s'aplatit sur la route ; dès lors il y a beaucoup plus de dents en contact et l'effort exercé sur chacune d'elles est naturellement beaucoup moindre. De plus, la route est plus dure que le pneu, et c'est ce dernier qui s'use

Aussi l'on peut dire, avec certitude, que les véhicules de faible poids et de vitesse modérée, comme les bicyclettes, les voiturettes, etc..., ne causent, pour ainsi dire, aucun dommage aux routes, quand ils sont munis de pneus. Je vais même plus loin, j'affirme que les automobiles de poids moyen, quand leur vitesse ne dépasse pas 25 à 30 à l'heure, ne causent aux chaussées que des dommages insignifiants. Il n'y a aucun écrasement et les dents de l'engrenage sont suffisamment solides pour résister à l'effort tangentiel horizontal, sans se déplacer. Cette limite de vitesse doit évidemment varier suivant la résistance de la chaussée et le poids du véhicule. Le point-limite est difficile à déterminer.

Au contraire, lorsque la vitesse des automobiles atteint 60, 80 ou 100 à l'heure, aucune route ne peut plus résister.

M. le Ministre m'avait chargé, en 1907, avec quelques ingénieurs, de suivre les circuits automobiles, à Dieppe, à Lisieux et à Hombourg (Allemagne), et voici ce que nous avons dit sur ce point, à la suite de la coupe de l'Empereur :

« La partie goudronnée était restée intacte, sauf aux virages où des pierres roulantes très nombreuses se montrèrent, et l'on peut dire qu'en cette partie les dégâts étaient presque insignifiants (Je vous parlerai plus loin du goudronnage). Sur le reste, une poussière épaisse était soulevée au passage des voitures très rapides et, dans les lignes droites, les parties de la route où avaient passé les voitures apparaissaient à l'œil comme légèrement pelées, la mosaïque étant parfaitement à nu. Sur les accotements, les détritus agglomérés s'amassaient en couche fine et, sur la chaussée, on apercevait un certain nombre de petits éclats de pierres. Les virages étaient profondément labourés vers la corde, sous la roue extérieure de l'automobile. »

Il n'y avait eu que deux jours de courses, et encore il avait plu énormément la veille. On comprend donc, qu'avec des passages incessants et journaliers et une période sèche, une route non goudronnée ne puisse résister, quel que soit son bon entretien.

De quelle manière les dégradations se produisent-elles avec les pneus qui, naturellement, n'écrasent pas les cailloux ?

En premier lieu, les dents multiples de l'engrenage, sans lesquelles il ne pourrait y avoir d'adhérence permettant à la force de propulsion de s'exercer, ne sont pas régulières. Ce n'est qu'une succession de chocs entre le pneu et la chaussée. Or l'importance d'un choc est proportionnelle à $MV^2$ ; par suite, cette importance croît avec le poids et avec le carré de la vitesse.

C'est un effet analogue à celui que produit un marteau d'un faible poids enfonçant un clou dans une planche dure, quand il vient frapper sur la tête du clou avec une grande vitesse. Le clou, c'est l'aspérité de la chaussée mais cette aspérité est la pointe d'un caillou et, si, par suite de la vitesse, le choc est trop grand, le caillou bascule dans son alvéole et est entièrement déchaussé.

Dans les virages, où le frottement de glissement est beaucoup plus accentué, parce qu'il est latéral à la marche, cet effet est patent, toutes les pierres sont arrachées.

Deux autres effets se produisent :

Quand le pneu touche le sol, il s'aplatit, sur une certaine longueur et, en marche, la partie postérieure se regonfle ; il se produit alors un soufflet, ou plutôt une aspiration, qui suce les poussières existant entre les cailloux. Nous l'avons vu dans les parties droites après une course de vitesse ; si la chaussée n'est pas entièrement bouleversée, elle présente l'aspect d'une véritable mosaïque; tous les menus matériaux ont d'abord été mobilisés puis enlevés par le vent. Ensuite, si la circulation continue, les aspérités deviennent plus fortes, les chocs plus intenses, et la dislocation est inévitable.

Enfin, lorsque la vitesse est très grande, une automobile, tout comme une locomotive sur rails, prend le galop, c'est-à-dire qu'elle marche, pour ainsi dire, par bonds successifs, lorsque la chaussée n'est pas très plane et surtout lorsque la durée d'oscillation verticale du pendule de la voiture est isochrone avec le temps que met ladite voiture à parcourir horizontalement plusieurs flaches successives.

Dans ce cas, les roues motrices, pendant le temps qu'elles ne touchent pas le sol, prennent de la vitesse, en raison du manque de résistance, et, quand elles retombent sur le sol, la vitesse tangentielle de la jante est bien supérieure à la vitesse horizontale de toute la voiture. Il se produit alors, au moment où la roue retombe sur la chaussée, un frottement considérable et un travail évidemment important, pour réduire la force vive et faire passer la vitesse des roues, acquise en trop, à la vitesse générale de la voiture.

Cet effet ne peut se produire qu'au détriment de la chaussée, puisque ce sont les aspérités qui supportent tout.

Pour expliquer les faits produits, on a fait bien des théories et cette question a provoqué d'intéressants rapports présentés au 1er Congrès international de la route, notamment un rapport de votre professeur de machines à vapeur, M. Walckenaer, et deux autres de M. Petot, professeur à la Faculté des sciences de Lille, et de M. Mahieu, ingénieur en chef des Ponts et Chaussées.

Il est nécessaire de bien préciser et d'indiquer nettement ce dont on parle, car il y a deux forces à considérer, celle du moteur qui doit vaincre toutes les résistances, puis celle qui agit sur la route, ou, si l'on veut, la réaction de la route sur la machine.

C'est surtout de la seconde que je m'occuperai, puisque c'est elle qui détériore les chaussées. Il faut encore distinguer la réaction d'une roue motrice et celle d'une roue porteuse.

D'après M. Petot (voir *Etude dynamique des voitures automobiles*), on a en palier :

Pour la réaction d'une roue porteuse,

$$T' = N' f_1 \qquad (1)$$

et, pour celle d'une roue motrice,

$$T = \left(\frac{P}{2} - N\right) f_1 + \frac{P\gamma}{2g} + \frac{A}{2}, \qquad (2)$$

en appelant :

P le poids total de l'automobile,

N la réaction normale au sol correspondant à une roue motrice,

N' la réaction normale au sol correspondant à une roue porteuse,

$f_1$ le coefficient de traction (0,025 en général),

$\gamma$ l'accélération de la voiture,

$g$ l'accélération de la pesanteur,

A la résistance de l'air.

Dans une rampe ou dans une pente, il faudrait ajouter $\pm \frac{Pi}{2}$.

L'ensemble doit naturellement être inférieur à $Nf$, $f$ étant le

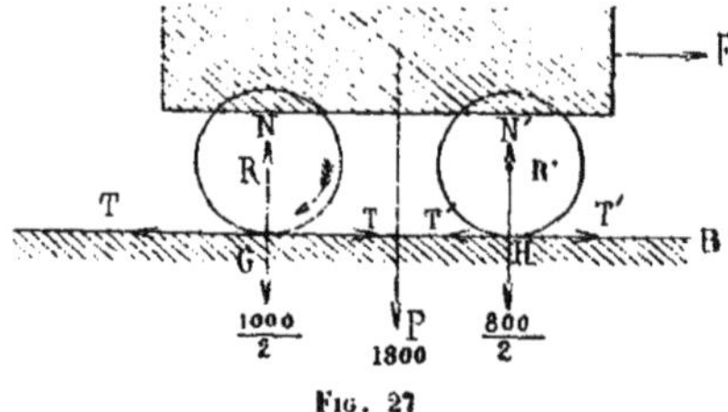


Fig. 27

coefficient de frottement (environ 0,35) ; sinon la roue motrice patinerait.

Ces formules, quoique algébriquement justes, conduisent à des résultats tout à fait inexacts.

En effet, supposons d'abord une automobile animée d'un mouvement uniforme : le terme $\frac{P\gamma}{2g}$ est nul ; négligeons provisoirement la résistance de l'air A et prenons une automobile pesant 1800 kilos ; admettons en outre que ce poids est réparti de la manière suivante : 1.000 kilos sur l'essieu d'arrière et 800 kilos sur l'essieu d'avant ; nous aurons en appliquant la formule (2) :

$$T = \left(\frac{1800}{2} - 500\right) 0,025 = 400 \times 0,025 = 10 \text{ kilos}.$$

Prenons une autre auto de même poids total réparti autrement, 1600 kilos sur l'essieu d'arrière et 200 kilos sur l'essieu d'avant ; on aura :

$$T = \left(\frac{1800}{2} - 800\right) 0,025 = 100 \times 0,025 = 2 \text{ kilos } 5.$$

Donc il suffirait de faire des autos où tout ou presque tout le poids serait porté sur l'essieu d'arrière moteur, pour que la force appliquée sur la route soit de plus en plus faible. Cette force tendrait même vers zéro, si les roues d'avant, porteuses, ne servaient plus qu'à maintenir l'équilibre, comme la petite roue d'arrière des grands vélocipèdes, dont on se servait avant l'apparition de la bicyclette.

Cette conclusion est contraire au bon sens et aux faits, et par suite la formule est mauvaise ; elle n'est pas fausse cependant, mais il faut l'expliquer, ce qui n'a pas été fait.

Supposons d'abord une automobile à laquelle on a imprimé une certaine vitesse et qui, abandonnée à elle-même, marche sur son erre.

Elle tendra à s'arrêter sous l'influence de la résistance de l'air et surtout de la résistance appelée frottement de roulement ; cette dernière est une *force retardatrice horizontale*, qui tend à empêcher la roue de tourner et qui est appliquée à la jante, en G, dans le sens GB ; de même, en H, pour la roue porteuse.

Supposons maintenant que je mette progressivement le moteur en mouvement : je donnerai à la jante en G, dans le sens GA, une force qui devra commencer par vaincre la résistance au roulement de la roue R et l'annuler ; puis, en continuant, je créerai un supplément de force, toujours appliqué en G, suffisant pour vaincre la résistance au roulement de la roue d'avant R', les résistances passives de la machine, la résistance de l'air, etc. ; alors la machine reprendra de la vitesse et le mouvement pourra devenir uniforme.

Le moment intéressant est celui où la force du moteur, qui prend son point d'appui sur la route en G dans le sens GA, est égale à la résistance au mouvement (frottement de roulement), qui est dans le sens GB. A ce moment, les deux forces sont égales et de sens contraires, et, s'il n'y avait pas de résistances passives dans la voiture, si la roue d'avant n'existait pas, si l'air n'opposait pas de résistance au mouvement, la machine continuerait à marcher d'un mouvement uniforme.

Ceci est exact, mais, si on admet que les deux forces égales et de sens contraires s'annulent et, par suite, ne produisent aucun effet sur la route, on commet une grave erreur, car alors, en supposant une machine où les résistances passives seraient très faibles et dont tout le poids serait supporté par l'essieu moteur, en supposant une vitesse de translation égale à celle d'un vent arrière, on conclurait que, *quelque grand que soit son poids, ladite machine pourrait marcher sur la route d'un mouvement uniforme sans lui causer aucun dommage.*

Evidemment, cela est tout à fait contraire aux faits et au bon sens.

La vérité, c'est que, si les deux forces envisagées sont égales et de sens contraires, il n'en résulte pas que les effets produits par elles sur la route soient annulés.

La formule ne donne algébriquement que la somme des réactions sur la route. Cette somme peut tendre vers zéro, mais, comme les réactions sont en sens contraires, les dommages causés à la route n'en sont que plus considérables.

Voici pourquoi :

Une route n'est jamais une surface plane absolue.

Elle présente toujours une succession de pointes et de creux, qui peuvent être représentés par le croquis ci-après.

La roue motrice est d'abord en $O_1$ ; elle prend sa force de translation sur la pointe A du caillou M, qu'elle tend à déverser dans le sens AB ; puis, en prenant la position $O_2$, elle tombe sur la pointe du caillou N qu'elle tend à déverser dans le sens CD. Continuant son mouvement, elle prend la position $O_3$, prend sa force sur la pointe C et tend à déverser le caillou N dans le sens CE. Les deux actions sur la pointe C peuvent être sensiblement égales, mais elles sont successives. Leur somme peut tendre vers zéro, mais elles ont agi l'une après l'autre. On comprend alors comment les dommages se produisent.

Quand on veut arracher un clou enfoncé dans une planche, on l'ébranle, en le poussant d'un côté, puis de l'autre. En répétant l'opération, on agrandit le trou du bois et l'on finit par pouvoir arracher le clou.

C'est un effet semblable qui se produit sur une route présentant toujours des aspérités plus ou moins prononcées. Les pointes de chaque caillou sont poussées par les pneus, tantôt dans un sens et tantôt dans l'autre : c'est le vrai moyen de les faire sortir de leurs alvéoles.

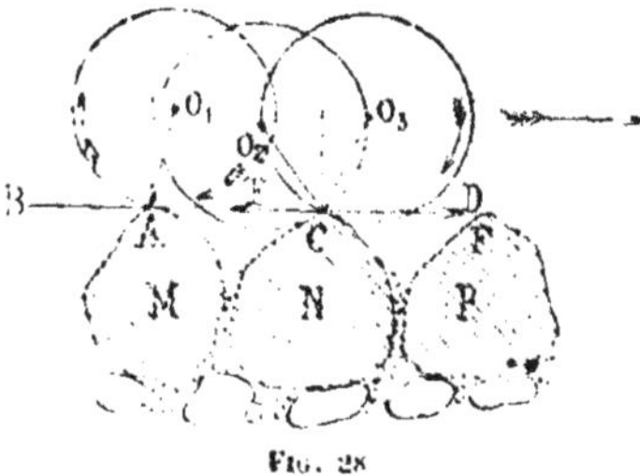


Fig. 28

C'est ce que l'on constate nettement après une course d'automobiles.

D'ailleurs les deux forces en sens contraires ne sont pas appliquées au même point. La première est appliquée en un point situé dans la partie avant de la surface du pneu en contact avec la route : c'est celle qui pousse les matériaux en avant, c'est la résistance au roulement, c'est le frottement de roulement; la seconde est appliquée dans la partie arrière du pneu en contact avec la route : c'est celle qui repousse les matériaux en arrière, c'est la force de propulsion.

Donc, pour la route, ces deux forces ne s'annulent point.

L'expérience des rouleaux à vapeur met nettement en évidence l'existence de ces deux forces.

Si l'on examine la marche d'un rouleau compresseur à chevaux, circulant pour la première fois sur des matériaux qui viennent d'être répandus et qui, par suite, sont meubles, on voit que la pierre *bourre*, c'est-à-dire forme un bourrelet à l'avant du cylindre. Ce bourrelet indique nettement l'existence de la résistance au roulement, ou frottement de roulement.

Si le rouleau est à vapeur, le même bourrelet se produit à l'avant devant les roues porteuses : il ne peut y avoir de différence ; mais, sous les roues motrices, on voit se former un second bourrelet à l'arrière du cylindre. Ce second bourrelet indique l'existence de la force de propulsion que le rouleau prend sur les cailloux. Les deux forces produisent donc deux effets bien distincts. Elles peuvent être sensiblement égales, leur somme algébrique peut tendre vers zéro, puisqu'elles sont en sens contraires, mais elles agissent toutes deux et successivement sur la route.

On comprend ainsi l'influence des grandes vitesses. Il se produit, sur la pointe des cailloux constitutifs de la chaussée, une série de chocs en sens contraires dont l'importance est proportionnelle à $mv^2$. Par suite, quand la vitesse augmente, les dégradations augmentent pour ainsi dire proportionnellement au carré de la dite vitesse.

Telles sont les explications que l'on peut donner des dégradations résultant de la vitesse, et, ce qui est certain, c'est qu'une chaussée empierrée ordinaire, quelle qu'elle soit, ne peut résister à une circulation journalière et importante d'automobiles à grande vitesse : la dite chaussée n'est pas usée, elle est désagrégée et bouleversée.

2° *Antidérapants.* — Je vous ai expliqué le glissement qui constitue le dangereux dérapage, cause de fréquents accidents sur les chaussées lisses et savonneuses.

Pour éviter cet effet, on a inventé les antidérapants. Il y en a de bien des sortes, mais leur but unique est de créer un obstacle au glissement sur la chaussée, et cet obstacle ne peut exister que lorsque les clous de la jante pénètrent plus ou moins dans la chaussée. Alors, c'est toujours la chaussée qui doit résister au glissement et, comme l'effort se produit sur elle en dehors du roulement et latéralement à la marche, il est bien rare qu'elle puisse résister.

Nous l'avons constaté aux circuits du Taunus et de Dieppe : à tous les virages où se produisent nécessairement des dérapages plus ou moins importants, les chaussées, même goudronnées, étaient absolument labourées.

Les chaussées pavées en pierre ou en bois, les chaussées cimentées ou asphaltées etc... ne souffrent guère des automobiles à pneus, même avec les antidérapants, et cela se comprend : le phénomène de succion et de désagrégation ne se produit pas. On peut le constater à Paris où toutes les chaussées ont un revêtement difficile à désagréger.

C'est pour cela qu'un revirement d'opinion parmi les automobilistes s'est produit tout récemment en faveur du pavage. Ils aimaient les empierrements quand ils étaient bons, mais comme ils les ont détruits et labourés, ils réclament autre chose, ou des empierrements plus solides.

3° *Effets des poids lourds.* — Les poids lourds, quand ils ne sont pas trop lourds et qu'ils n'ont pas une grande vitesse, ne dégradent pas sensiblement les routes, à la condition que leurs jantes soient lisses, mais, quand ils sont très lourds, ils peuvent produire des effets désastreux, même sur les chaussées pavées en pierre.

En effet, supposons qu'en passant d'un pavé à un autre, la roue d'un lourd camion, pesant un poids P, tombe seulement de 1 centimètre (ce n'est pas rare de trouver des pavages où le fait se produise), et comparons cette chute à celle d'une hie de 30 kilos tombant d'une hauteur $h$. Dans les deux cas, le choc est proportionnel à $MV^2$.

Or : $$h = \frac{1}{2} gt^2 \text{ et } V = gt$$

$$h = \frac{1}{2} \frac{V^2}{g} = \frac{V^2}{2g}$$

$$V^2 = 2gh.$$

Donc : $$MV^2 = \frac{P}{g} 2gh = 2Ph.$$

Le choc est donc proportionnel à la hauteur de chute $h$ et au poids P : c'est le travail.

Si, avec le gros camion, $h = 0,01$ et $P = 4.500$,

$$h\,P = 45.$$

Si nous prenons une hie de 30 kilos et si nous cherchons la hauteur de chute produisant un effet analogue, il faudra :

$$H \times 30 \text{ k.} = 45.$$

D'où :

$$H = 1 \text{ m. } 50.$$

Donc, lorsqu'une roue de 4.500 kilos passe d'un pavé sur l'autre en tombant de un centimètre seulement, l'effet produit est le même que celui d'une hie de 30 kilos tombant de 1 m. 50 de hauteur.

Or il existe des camions automobiles pesant sur un essieu 9.000 kilos, soit 4.500 par roue. C'est pour cela que j'ai choisi ce nombre dans ce qui précède. Je ne pense pas qu'il existe de pavés susceptibles de résister à de pareils chocs, surtout lorsqu'ils sont répétés. L'expérience le montre à Paris : beaucoup de pavés se cassent sous le passage de ces lourds camions.

4° *Etat de la Législation.* — En l'état actuel de la législation, pourrait-on empêcher la circulation des voitures rapides avec antidérapants et des camions trop lourds ?— Pourrait-on modérer leur vitesse et leur poids ? — Evidemment non.

En ce qui concerne les antidérapants, la loi du *30 mai 1851*, article 2, a simplement dit qu'un règlement d'administration publique déterminerait la *forme* des bandes des roues et la *forme* des clous des bandes (nos 2 et 3). Or, l'article 5 du règlement du 10 août 1852 est ainsi conçu :

« Il est expressément défendu d'employer des clous à tête de diamant. Tout clou de bande sera rivé à plat et ne pourra, lorsqu'il sera posé à neuf, former une saillie de plus de 5 millimètres. »

Dès lors, il suffit que la saillie des clous des antidérapants ne dépasse pas 5 millimètres et que lesdits clous ne présentent pas une tête de diamant, pour que la loi et le règlement soient respectés.

En présence des dégradations causées par les antidérapants, on a émis l'avis qu'un nouveau décret pourrait modifier le règlement de 1852, sans qu'une nouvelle loi fût nécessaire. C'est exact, mais le nouveau règlement serait bien difficile à faire, et, comme les antidérapants sont fort utiles pour la sécurité des voyages en automobiles, je ne pense pas que l'on doive entrer dans cette voie, car il serait ridicule de créer des obstacles au développement de l'automobilisme.

En ce qui concerne les poids lourds, la loi de 1851 a déclaré dans son article premier la liberté de la circulation *sans aucune condition de réglementation de poids et de largeur de jante*. Ladite loi a bien mis une restriction un peu jésuitique, lorsqu'elle a chargé un règlement d'administration publique de déterminer le *maximum du nombre des chevaux*, et ledit règlement, article 3, a fixé ce maximum à 5 pour les voitures à 2 roues et à 8 pour les voitures à 4 roues. C'était bien limiter le poids des véhicules d'une manière indirecte.

Mais les législateurs de 1851 et de 1852 n'avaient pas prévu les automobiles, et l'on ne peut, aujourd'hui, sous peine d'être ridicule, assimiler les chevaux-vapeur aux chevaux de trait. Dès lors, en vertu de l'article 1er de la loi de 1851, un camion quel qu'il soit, fût-il de 30, 40 ou 100 tonnes, peut circuler sur nos routes sans commettre de contravention.

Cette situation peut paraître anormale, et la question s'est posée pour les ponts, par exemple, dont la résistance pourrait être insuffisante pour supporter de pareils poids. On a été d'accord, à ce sujet, pour répondre que, dans ce cas, et en vertu des pouvoirs de police générale que possèdent les Préfets au point de vue de la sécurité de la circulation, le poids des véhicules traversant un pont pourrait être limité.

Sur les routes et chemins de grande communication, il n'y a rien à faire : ainsi l'a décidé la loi de 1851.

5° *Résolutions des congrès internationaux.* — Les deux congrès internationaux de la route, à Paris et à Bruxelles, se sont longuement occupés de ces questions. Les rapports présentés au premier congrès par MM. Caldaguès et Vasseur et par M. Walckenaer sont très instructifs.

Voici quelles ont été les conclusions du premier congrès :

A. — En ce qui concerne la vitesse.

1° La circulation des automobiles rapides, avec bandages

pneumatiques produit à la surface des chaussées une dispersion des menus matériaux d'autant plus accentuée et profonde que la vitesse de la marche est plus grande et, pour les chaussées empierrées, que l'homogénéité de la chaussée est plus faible, les matériaux moins solidement enchevêtrés, la matière d'agrégation moins incorporée au revêtement et les circonstances plus propices à la formation de la poussière.

2° Toute accélération trop vive, soit par démarrage brusque, soit par emploi brutal des freins, augmente les dégradations dans des proportions considérables. Il en est de même, bien qu'à un degré moindre, de tout changement de vitesse.

3° Dans les virages, l'action de la force centrifuge s'ajoute aux efforts tangentiels dus à la vitesse et peut augmenter considérablement les dégradations.

B. — En ce qui concerne les bandages élastiques ou rigides, avec ou sans antidérapant.

1° Pour les automobiles rapides, il importe de réduire autant que possible l'action exercée sur les chaussées par les bandages pneumatiques en n'employant que des semelles de roulement formées exclusivement de matériaux souples, ou armés tout au plus de rivets à formes adoucies ne présentant, eu égard à leur diamètre, qu'une saillie très modérée.

2° Pour les automobiles de poids lourd, camions ou tracteurs, les bandages des roues, s'ils sont rigides, doivent être à surface lisse, sauf dans des cas spéciaux et sur des itinéraires convenablement choisis.

C. — En ce qui concerne l'action du poids.

Il y a eu divergence entre les conclusions du congrès et celles de M. Walckenaer. Ce dernier avait conclu de la manière suivante :

« Quant aux automobiles de poids lourd avec roues à bandages rigides, il est tout d'abord nécessaire d'en limiter le poids à des valeurs compatibles avec la sécurité des ouvrages d'art. D'autre part, en vue de leur circulation sur les chaussées empierrées, la charge des roues ne doit généralement pas excéder 150 kilogrammes par centimètre de largeur de jante. Il est nécessaire aussi que cette largeur n'ait pas à être excessive, ce qui impose une limite à la charge totale par essieu. La limite de 4 t. 5 paraît convenir à ce point de vue. La charge admissible est d'ailleurs variable en fonction de la vitesse des véhicules. Il est recommandable de faire usage de camions relativement légers, conformément d'ailleurs aux tendances actuelles de l'industrie ».

Le 1er congrès a bien admis la première conclusion et la limitation de la charge à 150 kilogrammes par centimètre de jante ; mais il n'a pas cru devoir indiquer une charge limite par essieu. Il s'est contenté de dire :

« La plus grande valeur de la charge par essieu compatible avec une suffisante conservation de la route dépend d'ailleurs à la fois de la constitution de celle-ci et de la vitesse des véhicules. »

C'était un peu vague, mais le 2e congrès de Bruxelles, en 1910, a repris la question, et il a admis que les charges par essieu peuvent varier suivant les vitesses, et que la charge par centimètre de jante peut augmenter avec le diamètre des roues.

Voici ses conclusions :

### B. — *Véhicules à traction mécanique.*

1° Les automobiles généralement désignées sous le nom de voitures de tourisme ne peuvent être une cause de détérioration anormale pour les routes, pourvu que leur vitesse ne soit pas exagérée.

2° Les véhicules automobiles de transport en commun ne peuvent être une cause de dommages appréciables pour la route à la condition de se tenir dans les limites de 18 kilomètres à l'heure de vitesse moyenne, 4 tonnes en charge sur l'essieu le plus chargé et 150 kilogrammes de charge par centimètre de largeur de jante, pour roues de 1 mètre de diamètre.

3° Les véhicules automobiles industriels paraissent ne pas devoir être une cause de dommages exceptionnels pour une route bien construite, à la condition de se maintenir dans les limites ci-après :

1re catégorie : Voitures pour lesquelles le poids de l'essieu le plus chargé est inférieur à 4 tonnes :

vitesse moyenne, 16 kilomètres à l'heure ;

charge des bandages : 150 kilogrammes par centimètre de largeur de roues de 1 mètre de diamètre.

2e catégorie : Voitures pour lesquelles le poids de l'essieu le plus chargé est supérieur à 4 tonnes et inférieur à 7 tonnes :

vitesse moyenne : 10 kilomètres à l'heure ;

charge des bandages : 150 kilogrammes par centimètre de largeur de roues de 1 mètre de diamètre.

Dans le cas où les roues auraient un diamètre supérieur à 1 mètre, la charge par centimètre carré de largeur de jante serait calculée, pour les voitures des 2 catégories et pour les voitures de transport en commun visées au paragraphe 2, par la formule :

$$c = 150 \sqrt{d}$$

où $d$ est la longueur du diamètre exprimée en mètres, et $c$ la charge exprimée en kilogrammes.

Il est désirable que des expériences soient entreprises pour déterminer la largeur maximum qu'il convient de donner aux bandages de tous les véhicules automobiles pour que la répartition de la charge sur le sol s'effectue sur toute la surface d'appui dans des conditions normales.

4° Les bandages en fer, striés ou nervurés, sont cause de détériorations anormales pour les routes, quelles que soient la largeur des bandages et leur charge.

5° Les véhicules à traction mécanique ne peuvent être une cause de détériorations spéciales des routes dans les courbes, à condition que ces courbes soient établies avec un dévers suffisant et qu'elles soient abordées et parcourues à une vitesse raisonnable.

6° Il est désirable, au point de vue de la conservation des routes, que les constructeurs se préoccupent d'étudier les embrayages et les freins de façon à éviter le patinage des roues, qu'ils équilibrent aussi exactement que possible les moteurs, et qu'ils admettent un relèvement raisonnable du centre de gravité.

Comme on le voit, toutes ces questions sont encore à l'étude.

Une commission internationale a été instituée pour préparer ce que l'on a appelé le code de la route, mais il se passera probablement encore quelque temps avant que tout soit réglé.

Nous n'avons pour l'instant qu'à rechercher les moyens de parer aux inconvénients causés par les véhicules automobiles de tout genre.

Certes, les pavages en pierre, en bois, en asphalte, etc. feraient disparaître au moins les inconvénients des autos à pneus et à grande vitesse, mais ce serait une grande dépense, et, en attendant que l'on ait trouvé un revêtement économique, s'adaptant au nouveau mode de circulation, pour les 500.000 ou 600.000 kilomètres de chaussées empierrées qui existent en France, on a déjà essayé et même trouvé quelques moyens d'atténuer, sinon de supprimer, la poussière et la désagrégation desdites chaussées. Les voici.

## CHAPITRE III

# GOUDRONNAGE A CHAUD

**1° Premiers essais.** — Des premiers essais de goudronnage de chaussées avaient été faits, paraît-il, dès 1888 dans la Haute-Garonne et en 1896 dans le département d'Oran, mais ce n'est qu'en 1901 et 1902, en présence des inconvénients de la poussière soulevée par les automobiles, que des essais sérieux furent tentés dans les départements de la Seine, de Seine-et-Marne et de Seine-et-Oise.

En 1901, j'avais essayé à Meaux des pétroles et des matières grasses, mais c'était trop cher.

En 1902, nous avons goudronné près de 3 kilomètres de route et, en 1903, nous avons continué.

Voici ce que je disais en octobre 1903 :

« En 1902, nous avions commencé quelques essais dans l'arrondissement de Meaux, mais, en 1903, M. le Ministre des travaux publics nous a accordé un crédit supplémentaire sur les routes nationales n°s 5 et 5 bis et nous avons autorisé, pour le même but, l'emploi de fonds d'entretien, tant sur les routes nationales que sur les routes départementales et les chemins de grande communication.

« C'est ainsi que nous avons fait goudronner plus de 90.000 mètres carrés de chaussées, représentant une longueur d'environ 16 kil. 500.

« Comme la plupart de ces goudronnages n'ont pas traversé l'hiver, nous ne pouvons avoir une opinion bien nette sur leurs avantages au point de vue de l'économie d'usure, de balayage, d'arrosage et d'ébouage qui en résultera, mais toutes ces économies sont actuellement notées avec soin et nous en ferons l'objet, au printemps prochain, d'un rapport résumant tous ceux de nos collaborateurs.

« Pour l'instant, nous estimons que les résultats sont bons et encourageants et, à moins que nos achats de goudron ne fassent augmenter considérablement ce produit, qui n'est pas abondant en Seine-et-Marne, nous espérons que ce système sera non seulement avantageux au point de vue de la propreté et de l'hygiène, mais économique.

« Ce qui est en tout cas certain, suivant nous, c'est qu'il s'imposera sur les voies de luxe et dans les traverses des agglomérations. »

En 1904, je rendais compte des goudronnages exécutés en 1903, de la manière suivante :

« Les résultats des goudronnages ne sont pas partout semblables. D'assez graves inconvénients se sont produits sur l'avenue du Chemin de fer à Fontainebleau, et l'on s'est plaint vivement, cet hiver, d'une boue noire très salissante qui attaquait le vernis des voitures, etc...

« Sur la route de Melun à Fontainebleau et sur l'avenue Thiers, à Melun, cette boue noire ne s'est pas produite.

« Nous avons essayé de rechercher les causes de cette différence, et nous avons fait faire des sondages devant nous dans les chaussées goudronnées, sur la route de Melun, comme sur l'avenue Thiers. La coupe de la chaussée montra très nettement que le goudron avait pénétré à l'intérieur sur une épaisseur de 3 à 4 centimètres.

« Bien que le goudron fût totalement usé à la surface, il en restait donc dans les joints une assez grande quantité, produisant encore un assez bon effet.

« Au contraire, avenue de la gare, à Fontainebleau, il n'y avait plus trace de goudron, et l'on ne peut supposer qu'en raison de la grande circulation de cette avenue la chaussée ait été usée de 3 à 4 centimètres en moins de 6 mois. Il faut admettre qu'au moment du répandage, le goudron est resté tout entier à la surface, et qu'il n'a pas pénétré dans les joints.

« C'est l'explication des mauvais résultats ; dès les premières intempéries, le goudron s'est décollé et a formé, avec l'eau et les poussières de toute espèce, une boue noire et grasse extrêmement désagréable.

« Pourquoi le goudron pénètre-t-il la chaussée dans la plupart des cas et pourquoi ne pénètre-t-il pas dans certains cas ?

« Cela tient peut-être à ce qu'il y a goudron et goudron, et que celui de l'avenue de la gare n'était pas assez fluide au moment de l'emploi. Cela tient peut-être à ce que l'avenue en question est très ombragée et manque d'air ; enfin cela tient peut-être aussi à la matière d'agrégation, qui, à cet endroit, était un peu argileuse et par suite imperméable.

« L'on ne peut évidemment que vérifier les faits par expérience, mais ce qui est certain maintenant, c'est qu'un goudronnage ne peut donner de bons résultats qu'à la condition que le goudron pénètre dans les joints de la chaussée, et pour cela il faut, comme nous l'avons déjà dit, mettre bien à nu avant l'emploi toute la chaussée solide au moyen du balai de piazzava, de manière qu'il ne reste plus de poussière dans les joints et que les cailloux soient un peu en relief ; puis employer du goudron très fluide.

« Quoi qu'il en soit, les résultats sont, en général, satisfaisants et le goudronnage est certainement appelé à rendre de grands services dans les traverses des agglomérations et surtout sur les voies de luxe fréquentées par les automobiles. »

En 1905, je rendais compte de la manière suivante des goudronnages effectués en 1904 :

« Le goudronnage des chaussées demande une certaine expérience et un certain tour de main. De plus, il faut une chaussée neuve, très sèche, ne contenant que peu de matières d'agrégation, le travail doit être fait par un temps sec et chaud ; il en résulte que, dans certain cas, l'on ne réussit pas et que le travail a plus d'inconvénients que d'avantages.

« Dans l'arrondissemenent de Melun, où les agents commencent à avoir de l'expérience, nous avons réussi presque partout et voici nos conclusions :

« 1° Dans les traverses empierrées et très fréquentées, comme l'avenue Thiers, à Melun, il faut goudronner. Non seulement on évite la poussière aux riverains, mais le service fait une économie sur les frais de balayage, d'arrosage et d'ébouage. De plus, les rechargements durent plus longtemps et en somme, M. l'ingénieur ordinaire l'a établi, on réalise une économie sur l'entretien.

« 2° Sur les nouveaux rechargements exécutés sur des chaussées fréquentées par les automobiles, il faut également goudronner. En effet, les voitures automobiles à grande vitesse et à pneus n'usent pas beaucoup les routes dans le sens propre du mot, mais elles les désagrègent ; elles déchaussent les cailloux qui constituent la chaussée, en leur enlevant les petits matériaux et les poussières qui les unissent et les agglomèrent.

« Sur la route de Fontainebleau à Melun, par exemple, où il passe une grande quantité d'automobiles rapides, certains rechargements récents ont été réduits à l'état de mosaïques avec toutes les pointes de cailloux en relief.

« La chaussée est donc raboteuse, tout le monde s'en plaint, les voitures ordinaires usent les pointes de cailloux, le résultat est très fâcheux. En goudronnant ces nouveaux rechargements, nous évitons ou nous atténuons la désagrégation due aux passages des automobiles, nous assurons à la chaussée une plus grande durée. Il peut y avoir compensation et même économie entre les frais de goudronnage et l'augmentation de durée desdits rechargements.

« 3° En résulte-t-il qu'il faut goudronner toutes les chaussées et que le goudronnage peut constituer un nouveau système d'entretien ? Evidemment non, pour les routes et chemins de rase de campagne et moyennement fréquentés.

« Ce serait impossible pour deux raisons : d'abord, parce que nous ne trouverions plus de goudron de houille, ou que nous ferions augmenter considérablement son prix ; ensuite, parce que les journées sèches et chaudes, pendant lesquelles on peut goudronner, sont peu nombreuses dans notre pays, et que, même avec des moyens mécaniques, il serait matériellement impossible de goudronner chaque année les milliers de kilomètres de routes et chemins qui sillonnent le département de Seine-et-Marne. De plus, s'il y a économie à goudronner l'avenue Thiers chaque année, en dépensant 9 à

10 centimes par mètre carré, cela tient : 1° à ce que c'est une avenue où nous dépensons, tous les 4 ou 5 ans, 2 fr. 10 par mètre carré en rechangements cylindrés ; 2° à ce que les balayages et les ébouages, qui sont nécessaires presque journellement dans une voie urbaine de luxe, sont très réduits par le goudronnage.

« Sur les autres voies, moyennement ou faiblement fréquentées, où les rechargements sont plus espacés et moins chers, le goudronnage coûterait le même prix, mais il représenterait un tant pour cent beaucoup plus élevé de la dépense d'entretien totale ; par suite, les dépenses d'entretien annuelles seraient considérablement augmentées. De plus, l'utilité du goudronnage, sur ces voies, est évidemment beaucoup moindre.

« *Résumé.* — Nous estimons qu'il est avantageux et peut-être même économique de goudronner toutes les traverses empierrées et tous les nouveaux rechargements exécutés sur les routes et chemins fréquentés par les automobiles. C'est ce système que nous nous proposons de continuer et même de développer en Seine-et-Marne. »

Tout ce qui a été fait depuis dans tous les départements a montré l'exactitude de ce que je viens de dire.

Dans un département du Sud-Est, des insuccès ont eu lieu. Une avenue, la grande artère de la ville, avait été goudronnée, en 1905, mais, au bout de très peu de temps, le goudron n'a formé qu'une boue noire, qui a provoqué de nombreuses et justes réclamations. On a été obligé de l'enlever à grands frais. J'ai été chargé d'étudier les raisons de cet insuccès, qui s'explique facilement.

Cette avenue de luxe est bordée de grands arbres et de hautes maisons, on l'arrose trois fois par jour ; de plus, le niveau de l'eau souterraine est à 0 m. 50 seulement au-dessous du niveau de la chaussée. Dès lors, il est clair que l'on a goudronné une chaussée humide et que le goudron, ne pénétrant pas, n'a pu former qu'un tapis superficiel qui s'est désagrégé aux premières intempéries.

L'opération n'a pas réussi et ne pouvait pas réussir.

Un autre insuccès a été constaté sur une chaussée en calcaire, où les matériaux cylindrés formaient un monolithe imperméable. Là, encore, le goudron n'a formé qu'un tapis qui s'est désagrégé au bout de peu de temps.

Enfin, sur certains points, il est probable que la chaussée n'avait pas été suffisamment balayée, et le goudron et la poussière n'ont formé qu'une espèce de gâteau feuilleté qui a été enlevé par les lourds véhicules, en formant simplement de la boue noire n'ayant que des désavantages.

Depuis, en s'y prenant mieux, l'on goudronne presque toutes les chaussées sur la Côte d'azur, par exemple, et le résultat est très bon.

Voici la conclusion évidente de tout ce qui précède :

Le goudron n'est pas une substance résistante. Si un fort roulage se fait uniquement sur lui, il s'use immédiatement, ou il se transforme en boue, que l'on est obligé d'enlever.

L'utilité du goudron consiste simplement à former mortier élastique en se mélangeant intimement avec les menus matériaux qui existent entre les pierres constituant la chaussée. Il empêche alors les désagrégations provoquées par les automobiles à grande vitesse. Il atténue les chocs des poids lourds : par suite, l'usure des matériaux est diminuée.

Dès lors, pour être utile, il faut, il est indispensable que le goudron pénètre dans les interstices des cailloux. Si, pour une raison ou pour une autre, il ne pénètre pas, il est plus nuisible qu'utile.

Dans ces conditions, quelles sont les précautions à prendre pour qu'un goudronnage réussisse ?

1° Il faut commencer par mettre la chaussée complètement à nu, au moyen d'un balayage au balai de piazzava, de manière à enlever toutes les poussières non agglomérées, sans toutefois ébranler les cailloux constitutifs de la chaussée, mais jusqu'à ce que ces cailloux présentent l'aspect d'une mosaïque.

2° Il faut répandre sur cette mosaïque du goudron très fluide, et l'on obtient cette fluidité en le chauffant à 70° (Nous verrons plus loin qu'on peut le rendre fluide d'une autre manière). Le goudron fluide s'amasse dans les petites flaches existant entre les pierres et pénètre alors dans l'intérieur de 2, 3, et quelquefois 4 centimètres.

3° Il faut que la chaussée soit sèche, parfaitement sèche ; sans cela le goudron ne pénètre pas.

4° Il faut que le temps soit chaud et que la chaussée soit chaude elle-même ; sans cela le goudron se refroidit à son contact, se coagule et ne pénètre pas.

5° Il faut que la matière d'agrégation ne soit pas argileuse, car alors la chaussée devient imperméable, et le goudron ne pénètre pas. De même, la pénétration ne se produit pas, quand une chaussée, calcaire par exemple, a formé monolithe imperméable après cylindrage.

6° Enfin, il ne faut pas goudronner de vieilles chaussées en médiocre état. Elles deviennent sans doute imperméables ; c'est probable, mais ce qui est certain, c'est que le résultat, constaté par expérience, est toujours mauvais. Il ne faut goudronner que les rechargements neufs et encore pas immédiatement après leur exécution. En effet, un rechargement neuf est toujours un peu mouvant, il ne prend son assiette définitive qu'après un certain temps, après un délai variable suivant la nature des matériaux, la plus ou moins grande compression des matériaux et la nature de la circulation. Il faut attendre qu'il soit absolument stable, et on ne peut pour cela fixer un délai absolu : il faut le vérifier. On peut cependant indiquer 2 ou 3 mois.

Tous ceux qui ont étudié la question sont aujourd'hui d'accord sur les principes indiqués ci-dessus, mais on a discuté sur la nécessité et l'utilité du sablage de la chaussée goudronnée.

A mon avis, cette opération ne sert guère qu'à permettre de rétablir la circulation plus tôt sur les parties goudronnées. Les piétons, les automobilistes, les propriétaires de voitures de luxe se plaignent lorsque le goudron colle à leurs pieds, à leurs pneus, et surtout lorsque des gouttes de goudron, lancées sur les voitures, en mangent le vernis. Le sablage remédie à cet inconvénient.

Si l'on pouvait interdire la circulation pendant tout un jour, ces inconvénients n'existeraient pas, mais c'est souvent difficile et quelquefois impossible. Alors il faut sabler, et, par temps chaud, on peut rétablir la circulation 2 ou 3 heures après l'épandage.

**2° Modes d'épandage.** — Nous avons commencé les essais du goudronnage avec des moyens primitifs.

Nous avons employé simplement soit des sortes de lessiveuses, soit des chaudières destinées à faire le mastic bitumineux : puis le goudron était versé dans des arrosoirs à pommes spéciales, constituées par un large bec percé de 8 à 10 trous disposés sur une seule ligne, chaque trou ayant environ 2 millimètres de diamètre. Une partie plate, semblable à celle que l'on emploie pour diviser le jet d'eau lorsqu'on arrose les pelouses, peut également être employée.

Il faut simplement répandre également le liquide sur toute la surface, et, pour cela, tous les moyens sont bons ; mais, comme cependant le répandage n'est jamais fait également, il faut le terminer au balai de piazzava, par exemple, pour égaliser la couche et amener le goudron sur toutes les parties de la chaussée.

Ce procédé primitif est excellent : il n'a qu'un défaut, c'est que l'on ne peut faire beaucoup de mètres carrés par jour. Quand on a de trop grandes surfaces à goudronner, il est trop lent.

De plus, il faut changer de place les chaudières à la main, et pour cela il faut attendre qu'elles soient refroidies, d'où perte de temps et augmentation de main-d'œuvre.

Beaucoup d'appareils ont été inventés ; je vais en citer quelques-uns.

**3° Appareil Grillot.** — Voici la description de cet appareil, donnée par M. Grillot lui-même.

« Le matériel complet suffisant pour une équipe de quatre hommes comprend :

« Un chariot portant un support de chaudière, un foyer mobile, une chaudière avec thermomètre et robinet, un seau, un arrosoir avec pomme spéciale, un balai avec manche de 1 m. 70, un balai avec manche de 2 m. 50.

« *Chariot.* — Notre chariot métallique, monté sur roues,

permet de maintenir l'ensemble de l'appareil très près du chantier des lisseurs, de façon à réduire au minimum le temps nécessaire au transport du goudron.

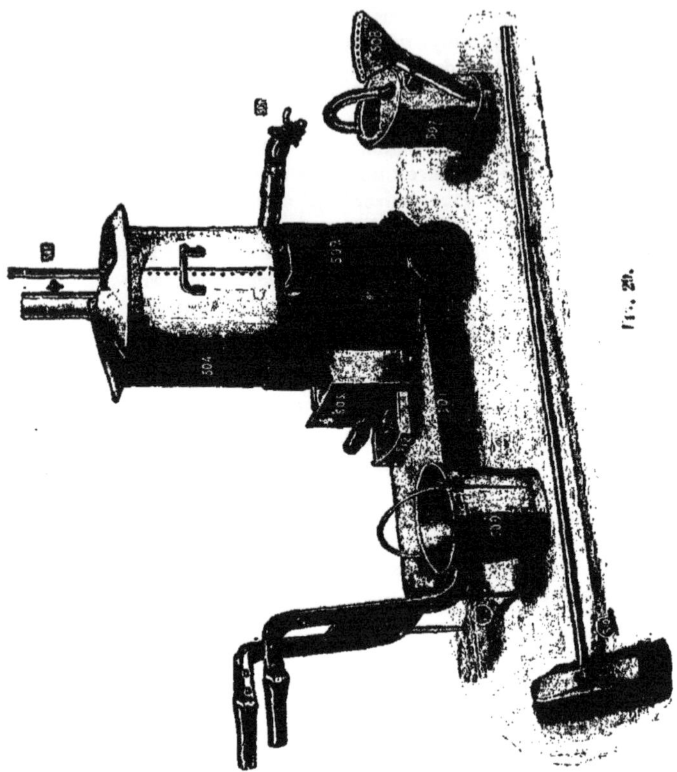

Fig. 28.

« *Support de chaudière.* — Le support, en tôle et cornières, sert en même temps d'enveloppe au foyer.

« *Foyer mobile.* — Le foyer a été établi pour brûler du charbon de bois ; il peut être alimenté avec du coke. Il est muni d'un cendrier pour régler le tirage et il est monté sur roulettes pour être retiré instantanément, si, malgré les dispositions prises, le moussage venait à se produire quand même.

« *Chaudière.*— La chaudière a une capacité de 100 litres; elle peut contenir 80 litres de goudron, en laissant par précaution 10 centimètres de vide.

« Cette capacité est suffisante pour assurer la régularité du chauffage et la vidange continue, la manœuvre et la surveillance faciles. Au centre de la chaudière s'élève une cheminée ; cette cheminée augmente la surface de chauffe, mais elle a surtout pour but de produire un courant vertical dans la masse du goudron, ce qui permet à la vapeur d'eau de s'échapper et empêche le moussage.

« *Thermomètre.* — Le thermomètre à mercure, protégé par un tube en cuivre, est très utile pour la surveillance.

« *Arrosoir.*— L'arrosoir, en tôle galvanisée, contient 12 litres. Il est muni d'une pomme plate, percée de trous de 4 millimètres, avec raccords en cuivre.

« *Seau.* — Pour le transport du goudron froid, le seau est préférable à l'arrosoir.

« *Balai.* — Les balais doivent être très doux, très souples. Nous donnons la préférence au balai de soie.

« Nous avons aussi créé un type de balai garni de coco, dont la largeur est 1 m. 25. Ce balai est monté avec une douille mobile, qui permet l'inclinaison facultative pour remonter le goudron vers le milieu de la chaussée. Ce balai est manœuvré facilement par un homme et il donne de très bons résultats.

« Ce matériel, très simple, très solide, peu coûteux, peut être mis entre toutes les mains ; il suffit pour un petit chantier de goudronnage occupant 4 hommes, et il permet l'organisation d'un atelier double, triple ou quadruple employant 2, 3 ou 4 éléments de matériel semblable.

« L'appareil permet le chauffage du goudron à une température élevée sans crainte de moussage brutal et dangereux ; il donne toute sécurité et est facile à manœuvrer par l'homme chargé de l'entretenir et de le surveiller.

« Cette sécurité est assurée par les dispositions de la chaudière : son rebord supérieur rejetant le goudron à distance du foyer si le moussage se produit ; le demi-couvercle fixe localisant le moussage du côté opposé à l'ouverture du foyer ; le robinet spécial supprimant les dangers du transvasement.

« La création, dans chaque canton, d'un petit atelier de goudronnage muni de notre matériel permet de profiter partout à la fois du moment propice ; le goudronnage mieux fait donne alors et toujours les bons résultats qu'on en attend ; le goudron, mis en petite quantité et lissé à la température voulue, s'incorpore rapidement à la chaussée, ne colle pas aux souliers ni aux roues, n'est plus projeté sur les vêtements, ni sur la peinture des voitures, et donne ainsi satisfaction à tous. »

**4° Appareil Lassailly.** — Il y a deux voitures : 1° La voiture chauffe-goudron ; 2° La voiture goudronneuse. En voici la description :

1° *Voiture « chauffe-goudron »* permettant le chauffage de 2.400 kilos à l'heure (fig. 30).

La voiture « chauffe-goudron » se compose de 3 appareils principaux :

A. — *Générateur vertical*, placé à l'avant, destiné à fournir la vapeur ;

B. — *Réservoir cylindrique*, placé à l'arrière, communiquant avec le générateur et destiné à chauffer le goudron au moyen d'un serpentin intérieur ;

C. — *Bac récepteur*, situé au-dessous du réservoir fixé entre les brancards du châssis et destiné à recevoir le goudron froid à son arrivée.

A ces trois appareils il faut joindre une petite pompe à main fixée au châssis de la voiture.

*Fonctionnement.* — Le goudron peut être livré soit en voitures-citernes, que l'on videra directement par un tuyau dans le bac C, soit en fûts pétroliers que l'on montera très facilement par un poulain et un treuil placé à l'arrière de la voiture, et que l'on videra ensuite dans le bac.

Cette opération préliminaire accomplie, c'est la vapeur

seule qui agira, et son action se divise en trois phases distinctes :

Fig. 30.

1° Le réservoir cylindrique est rempli de vapeur, puis refroidi extérieurement au moyen d'une petite quantité d'eau (70 litres environ) déversée sur la calotte supérieure par la petite pompe précitée. La vapeur, en se condensant, produit le vide et, par suite, au moyen d'un robinet et d'un tuyau qui plonge dans le bac, l'aspiration du goudron : 1.000 litres environ.

2° On fait circuler la vapeur dans le serpentin du réservoir pour chauffer le goudron jusqu'à ce qu'il atteigne la température de 90 à 100°, ce que l'on reconnait au moyen d'un dispositif très simple, qui permet de constater le moussage du goudron dès qu'il se produit.

3° La vapeur est introduite à nouveau dans le réservoir où elle agit alors par pression pour refouler le goudron chaud par un tuyau plongeur débouchant à l'extérieur au-dessus de l'ouverture de la voiture goudronneuse. Le réservoir une fois vide, la vapeur qui vient d'agir est condensée, comme on l'a vu dans la première phase, pour aspirer une nouvelle charge de goudron.

Toutes les eaux chaudes provenant du chauffage du réservoir sont récupérées : elles traversent un serpentin situé dans le bac à goudron froid, cèdent leur chaleur au goudron qui s'y trouve et s'y refroidissent assez pour pouvoir être aspirées par un injecteur et servir à l'alimentation du générateur.

Pendant que la voiture goudronneuse étale automatiquement les 1.000 litres de goudron chaud, la nouvelle charge introduite est chauffée à la température voulue, de telle sorte que le travail se poursuit sans aucun arrêt et avec une rapidité très grande, puisque l'on peut, en moins d'une demi-heure, charger, chauffer et refouler dans la « goudronneuse » 1.000 litres, soit 1.200 kilos de goudron.

2° *Voiture goudronneuse*, permettant l'étendage de 2.000 mètres carrés à l'heure (fig. 31).

La voiture « goudronneuse » se compose de 4 appareils placés l'un derrière l'autre, dans l'ordre suivant :

Une tonne arroseuse ;

Un bac régulateur ;

Une rampe d'arrosage ;

Un train de balais lisseurs.

*Fonctionnement.* — Le goudron contenu dans la tonne

Fig. 31

passe par un tuyau dans le bac régulateur, où il est maintenu, suivant les indications d'un flotteur, à un niveau constant, ce qui donne une vitesse de sortie uniforme et par suite un étendage régulier.

L'étendage se fait au moyen de la rampe, longue de 1 m.80, percée de trous dont le nombre et le diamètre sont calculés de telle sorte que, le cheval marchant à plein pas, ils répandent en une passe, la moitié (0 k. 600 environ au mètre carré) de la quantité de goudron nécessaire pour un goudronnage nouveau. Dans ce cas, qui est le plus général, on devra faire deux passes ; sur une route déjà goudronnée et que l'on désire seulement entretenir, une seule suffit.

Le système des 4 balais lisseurs prend le goudron chaud sur le sol à la sortie de la rampe et l'étend automatiquement en une couche mince parfaitement régulière ; ces balais, absolument mobiles et attelés par des chaînes à la voiture, sont lestés de poids à la demande ; tout en donnant un travail aussi satisfaisant que celui opéré à la main, il supprime complètement l'équipe des balayeurs.

Cette voiture, ainsi agencée, permet d'appliquer facilement les 2.400 kilos de goudron chaud fournis en 1 heure par la voiture « chauffe-goudron », soit environ 2.000 mètres carrés.

**5° Appareil Voisembert et P. Hédeline.** — Voici la description de l'appareil, faite par les inventeurs eux-mêmes :

« L'appareil est autonome, c'est-à-dire qu'il comporte tous les accessoires nécessaires à son bon fonctionnement :

« 1° La pompe pour emplissage ;

« 2° Le filtre à goudron indispensable pour faire la pulvérisation ;

« 3° Le chauffage ;

« 4° L'appareil régulateur de débit ;

« 5° Le pulvérisateur double.

« L'appareil se compose d'une tonne métallique de 500 litres pouvant contenir 600 kilogs de goudron, montée sur châssis métallique et train de roues.

« A l'arrière, une pompe refoule dans un filtre de section trois fois plus grande que le tuyau d'aspiration. Le goudron ainsi filtré tombe en pluie sur un faisceau tubulaire, dans lequel circule de l'eau constamment chauffée par un foyer alimenté soit au pétrole, soit au coke, soit au bois.

« Cette eau circule constamment et revient à la chaudière reprendre les calories échangées pendant sa circulation.

« Avant sa sortie, le goudron se surchauffe en passant par la chaudière, centre de chaleur où la température est toujours de 80 à 100 degrés.

« L'appareil une fois rempli peut commencer de suite son opération d'épandage. La marche du cheval et la simple manœuvre d'un levier suffisent à faire un épandage extrêmement régulier sous pression constante.

« La distribution est mathématique en volume, et par conséquent en poids, si l'on peut connaître la densité du goudron.

« Cette distribution parfaite s'obtient ainsi :

« A l'arrière du tonneau se trouvent deux pompes à alvéoles indépendantes l'une de l'autre et actionnées chacune par une des roues de l'appareil, au moyen d'une chaîne Piat.

« A quelque vitesse de marche que ce soit, à un tour de roue correspond toujours le même nombre de tours de pompe ; le débit est donc bien constant, puisque le goudron liquide est en charge et remplit les alvéoles par gravité.

« La rotation entraîne le goudron remplissant les alvéoles à la partie arrière des pompes et le refoule, par une culotte, à une conduite unique aboutissant au pulvérisateur double. Sur le parcours de cette conduite, pour éviter tout flottement possible dans le jet et obtenir une pression constante, il existe un réservoir d'air destiné à absorber toutes les pulsations.

« Le pulvérisateur ou distributeur double répand le goudron par deux nappes divergentes, ayant pour but, la première : de soulever toutes les matières non adhérentes à la chaussée, que le nettoyage préalable aurait pu laisser, et de déposer la moitié de la quantité de goudron désirée ; la direction de cette nappe est dans le sens de la marche du tonneau.

« La 2e nappe, dont la direction est inverse et dont le contact avec le sol est à 35 centimètres en arrière de la première, achève le travail.

« La largeur des deux gerbes dépasse la voie de l'appareil.

« Il est absolument inutile de se servir de balais après le

passage de l'appareil, et nous estimons que cette opération ne peut être que nuisible.

« Suivant que l'on change les pignons commandant les pom-

Fig. 32.

pes régulatrices de débit, on obtient une échelle suffisante variant du volume 0 l. 726 au volume 1 l. 270.

« L'échelle de distribution, en comptant la densité du goudron à 1 k. 200, s'établit ainsi : 0 k. 871 — 0 k. 938 — 1 k. 011 — 1 k. 108 — 1 k. 219 — 1 k. 354 — 1 k. 524.

« Il est évident que l'on peut faire varier encore ces débits, mais nous avons supposé cette échelle suffisante et devant répondre à tous les besoins.

« La pression,suivant débit et vitesse du véhicule, varie de 1 k. 200 à 2 k. 700.

« L'opération dure 3 minutes à 3 minutes 1/2, et la vitesse du cheval au travail doit être de 5 à 6 kilomètres à l'heure, ce

FIG. 33.

qu'il peut faire facilement, étant donné que l'effort maximum à produire ne dure par heure que 6 minutes. »

Le fonctionnement de cet appareil est bon.

Le même appareil peut, grâce à un simple changement d'ajutage, servir au lavage et à l'arrosage à l'eau des chaussées (voir fig. 33 pour le lavage).

**6° Discussion sur les différents appareils employés.** — Quel est le meilleur appareil ?

Je n'hésite pas à dire qu'ils sont tous bons, à condition d'être employés judicieusement.

En Seine-et-Marne, où nous n'avions pas besoin de faire de grandes surfaces à la *fois*, nous employions de préférence l'appareil Grillot. En effet, pour réussir un goudronnage, il faut que la température extérieure soit chaude et que la chaussée soit très sèche, et, par suite, il faut choisir, non seulement son jour, mais son heure.

Dès lors il y a avantage à n'avoir que des appareils peu coûteux, peu volumineux, que l'on utilise avec l'aide des cantonniers pendant quelques heures par jour, quand le temps est propice. L'inconvénient, c'est qu'on ne peut faire que peu de mètres carrés par jour, par appareil.

Avec les appareils mécaniques Lassailly, par exemple, quand l'exécution des travaux se fait par entreprise, on est fatalement amené quelquefois à laisser goudronner par un temps douteux.

En effet, bien que l'on puisse arrêter le goudronnage quand le temps ne s'y prête pas, on n'en est pas moins en présence d'un entrepreneur qui perd son temps, l'intérêt d'un gros capital engagé et les frais d'un personnel qui ne fait rien ; par suite, on se laisse aller souvent et on le laisse goudronner par un temps douteux. Le résultat peut être médiocre.

D'un autre côté, il est clair que, lorsque l'on a de grandes surfaces à traiter, pour un circuit d'automobiles par exemple, et que l'on n'a que quelques semaines devant soi, il faut aller vite ; les appareils à la main sont alors insuffisants et les appareils mécaniques deviennent indispensables. Pour certains circuits, il fallait goudronner près de 40 kilomètres de routes en moins de 2 mois. Je l'ai constaté aux circuits de Dieppe et Lisieux ; comme le temps n'a pas toujours été propice, on a goudronné quand même, parce qu'il fallait arriver à temps. Le résultat n'a pas été excellent, mais, il faut le reconnaître, les appareils mécaniques étaient absolument indispensables, et en somme la chaussée a été livrée dans des conditions très satisfaisantes.

CHAPITRE IV

# GOUDRONNAGE A FROID ET DIVERS

Nous avons vu qu'il est indispensable que le goudron soit fluide pour pouvoir pénétrer dans la chaussée, et que c'est pour le rendre fluide qu'on le chauffe.

Or, pour éviter l'ennui du feu, on a eu l'idée de donner de la fluidité au goudron en le mélangeant avec une huile lourde de densité à peu près semblable à la sienne : à la suite d'essais, il a été reconnu que la proportion de 10 °/ₒ d'huile lourde pour 90 °/ₒ de goudron, donne des résultats satisfaisants.

Les procédés d'épandage restent les mêmes.

**1° Épandage à la main.** — J'emprunte à M. l'ingénieur Le Gavrian les détails suivants (1) sur les procédés d'épandage qu'il a employés :

« Le goudron et l'huile lourde en fûts étaient répartis sur les trottoirs ou accotements le long de la chaussée. Le mélange s'opérait sur la route dans un baquet ouvert, placé sur une charrette à bras, et à raison de 10 litres d'huile pour 90 litres de goudron.

« Le mélange, convenablement brassé, était vidé dans des arrosoirs ordinaires sans pommes, au moyen d'un robinet placé à la partie inférieure du baquet ; un homme était préposé à cet office.

« Au moyen de l'arrosoir, un ouvrier versait le mélange sur la chaussée dans le sens transversal, puis une équipe de deux hommes, munis de balais de cantonniers, poussaient le

(1) *Annales des Ponts et Chaussées*, 4ᵉ trimestre 1905.

liquide devant eux dans le sens longitudinal de la route ; un troisième ouvrier muni d'un balai opérait derrière les deux premiers, mais dans le sens transversal, de manière à couvrir complètement le sol et à utiliser tous les excès de matière, en les faisant refluer sur les bords.

« Vis-à-vis de l'atelier d'étendage ainsi organisé et à 20 ou 30 mètres de distance, l'on faisait fonctionner simultanément, lorsque les disponibilités en personnel le permettaient, un atelier analogue desservi par le même porteur d'arrosoir.

« Si l'on ajoute que deux hommes balayaient la chaussée en avant du chantier et occasionnellement prêtaient leur concours aux ouvriers chargés du baquet de mélange et de l'arrosoir, l'on aura la composition complète de l'atelier, qui fonctionnait sous la surveillance d'un chef cantonnier.

« Au total donc, 7 ou 10 hommes et un surveillant. Au préalable, l'empierrement était dégrossi au moyen de la balayeuse mécanique. »

**2° Procédés mécaniques.** — MM. Armandy et Cie se sont spécialisés dans le système de goudronnage à froid : à l'aide de leurs appareils assez semblables à ceux du goudronnage mécanique à chaud, ils déversent sur la chaussée un produit qu'ils dénomment *Pulveranto* et qui est composé de goudron mélangé à des huiles de houille pour le rendre fluide. La proportion de 10 °/ₒ indiquée ci-dessus est modifiée par M. Armandy et un peu augmentée.

Au point de vue de l'exécution, le goudronnage à froid supprime les inconvénients et les sujétions du chauffage. Il nécessite l'emploi d'appareils peu coûteux, il facilite un peu le répandage puisque l'on n'a pas à se préoccuper de la température du mélange, enfin on dit que la présence de l'huile a un effet siccatif assez heureux. Un avantage sérieux consiste en ce que, si la condition de sécheresse de la chaussée reste absolue, il n'en est pas de même de celle de sa chaleur ; toujours utile cependant, celle-ci n'est pas indispensable, puisque l'on n'a pas à redouter la solidification brusque du goudron.

Par contre, ce système exige l'approvisionnement d'huile

lourde que distillent seulement certaines usines. Notons cependant qu'il en est certaines qui produisent du goudron liquide à froid, sans addition d'huile. La fluidité est d'autant plus accentuée que la distillation est plus lente, la fournée de houille plus considérable et la pression dans le barillet plus faible.

A Dieppe, l'emploi de ce goudron liquide a donné de très bons résultats.

Quelques personnes ont exprimé l'avis que l'addition d'une matière étrangère, comme l'huile lourde, diminue les propriétés élastiques de l'enduit : cela n'est pas bien établi.

Au point de vue du prix de revient, l'équivalence s'établit, l'économie de chauffage étant compensée par le coût de l'huile lourde, plus élevé que celui du goudron.

En somme, ce sont les circonstances locales (facilités d'approvisionnements, prix du matériel, etc...), qui doivent dicter le choix de l'un ou l'autre système.

**3° Procédé Francou.**

Ce procédé consiste à répandre sur la chaussée une couche de goudron et à y mettre le feu au moyen d'un fourneau mobile chauffé au coke, dont la grille est maintenue à 0 m. 15 environ au-dessus du sol et que l'on promène sur la couche de goudron. On a ainsi du goudron très chaud. A ce point de vue, ce procédé peut avoir des avantages, mais il a le grand inconvénient de provoquer d'épaisses fumées. Il ne s'est pas généralisé.

**4° Autres procédés d'arrosage.**

Je ne ferai que résumer tous ces procédés.

*Pétrolage et procédés similaires*: *Pétrole, huile neutre de pétrole, huile de schiste, huile végétale, etc...*

Ces procédés sont efficaces sur le moment contre la poussière, mais ils ne durent pas.

*Arrosage à l'eau additionnée de mélanges* :

1° *Mélanges de sels déliquescents.* — Les résultats temporaires sont assez bons, mais on n'est pas encore bien fixé sur les prix de revient.

2° *Arrosage à la westrumite.*— Ce produit est du goudron rendu soluble dans l'eau au moyen d'ammoniaque. Son effet est bon, mais il ne dure que quelques jours. Nous l'avons constaté au Taunus; de plus, la pluie fait disparaître immédiatement la westrumite.

3° *Arrosages divers.* — Les produits sont nombreux :

Le Pulvéranto, la Rapidite, le Pulvivore, le Poumerol, l'Apuloïte, l'Odocréol, la Bétumine, etc...

Tous ces produits paraissent ne donner que des résultats éphémères.

4° *Procédé Bouhard.* — Il consiste dans le répandage d'un mélange d'eau de goudron, d'huile lourde, d'oléine et de lessive de soude. On a employé un système analogue à Vichy. Les résultats paraissent bons et le prix serait faible par mètre carré.

L'inconvénient des arrosages, c'est de ne durer que fort peu de temps.

Si l'on arrivait avec l'un ou l'autre système, procédé Bouhard ou système de Vichy, à étendre l'efficacité du produit à toute une saison (4 ou 5 mois par exemple), cela deviendrait très intéressant, car on pourrait aborder ainsi la lutte contre la poussière sur bien des points où un goudronnage complet ne peut être opéré, en raison, soit de l'état d'usure de la route, soit de son exposition, soit de toute autre circonstance locale.

CHAPITRE V

# CONSTRUCTION DE CHAUSSÉES DIVERSES

**1° Premiers essais d'incorporation du goudron dans la chaussée.** — Nous avons fait trois essais en Seine-et-Marne :

A. — Le premier a porté sur une surface de 360 mètres carrés. On a répandu sur la chaussée à recharger 3 kilogrammes de goudron par mètre carré, puis la pierre cassée; on a exécuté ensuite le cylindrage par les méthodes ordinaires avec eau et matière d'agrégation. On ne s'est heurté à aucune difficulté d'exécution. On a constaté, comme il était présumable, une plus grande rapidité d'exécution du cylindrage et une consommation d'eau modérée.

B. — Le deuxième essai a porté sur 180 mètres carrés. Le répandage s'est fait comme dans le premier essai ; mais on a cylindré à sec et sans matière d'agrégation jusqu'à placement des matériaux. A ce moment on a répandu trois autres kilogrammes de goudron par mètre carré à la surface de la pierre, en place du sable gravier, et terminé le cylindrage à sec. L'opération a été plus pénible. Après avoir abandonné le cylindrage on a constaté des désagrégations, notamment au passage d'un régiment de cavalerie, et on a dû reprendre l'opération avec eau et matière d'agrégation.

C. — Le troisième essai a porté sur 180 mètres carrés également. On a, cette fois, répandu la pierre comme dans un rechargement ordinaire, sans goudronner la vieille chaussée ; la pierre a été placée à sec tant bien que mal, puis recouverte de goudron à raison de 3 kilogrammes par mètre carré. Le cylindrage a été continué à sec ; mais, comme pour l'essai précédent, il a fallu le terminer par les méthodes ordinaires avec eau et matière d'agrégation.

Ces chaussées au goudron ont été intercalées dans un rechargement d'ensemble portant sur 1.800 mètres carrés, de manière à apprécier plus facilement dans la suite l'influence du goudron. Tout le rechargement a reçu un goudronnage de surface un mois et demi après son achèvement ; cet enduit, trop hâtif pour une chaussée ordinaire, décèlera peut-être une différence entre les deux natures de chaussée. Jusqu'à présent, on n'a pu que constater l'équivalence des deux chaussées.

Ces premiers essais tendent à montrer d'abord la possibilité d'incorporer du goudron dans les chaussées, ensuite la difficulté de ne constituer les chaussées que de pierres et de goudron. Ils montrent la convenance qu'il y a à répandre d'abord sur la vieille chaussée du goudron qui facilite le mouvement des pierres et leur placement sous l'action du cylindre. Ils montrent enfin qu'il ne faut pas exagérer la teneur en goudron, exagération qui fut la cause des difficultés du deuxième essai. Dans les chaussées au goudron, il semble logique que le goudron forme en quelque sorte un bain dans lequel pierres et menus matériaux d'agrégation seraient noyés, aussi pressés que possible les uns contre les autres. Or, la chaussée dont il s'agit a été faite avec 82 litres de pierres par mètre carré, les matériaux employés exigent en général 10 0/0 de leur volume de matière d'agrégation, ce qui permet d'évaluer à 8 l. 2 le vide laissé par la pierre en place ; le vide doit être comblé par un mélange de matière d'agrégation et de goudron dans lequel on peut évaluer à 40 0/0 la proportion de goudron ; le goudron à mettre en œuvre aurait donc dû être, à ce compte, de 3 l.28, soit sensiblement 4 kilogrammes. Ces considérations n'ont rien d'absolu et l'on se propose, dans des essais ultérieurs, de diminuer la quantité de goudron mise en œuvre.

On se demandait, en commençant ces essais, comment on éviterait les arrachements de pierres quand le cylindre serait enduit de goudron. Le contact du cylindre et du goudron est à peu près impossible à éviter, car même le goudron répandu au fond reflue par places à la surface. A l'usage, on a découvert qu'il suffit d'arroser légèrement et fréquemment les points où l'on redoute l'arrachement.

Depuis quelques années que ces essais sont faits, les chaussées se sont très bien tenues, mais nous n'avons pas remarqué une grande différence avec celles où le goudron était répandu seulement à la surface.

Les expériences continuent, mais ce qui est certain, c'est qu'il ne faut pas employer trop de goudron, car, là où la proportion employée a dépassé 5 ou 6 kilos par mètre carré, l'essai a été malheureux, la chaussée est restée mouvante et n'est jamais devenue stable.

**2° Rechargements à la chaux et au ciment.** — En Seine-et-Oise, sur la Route Nationale n° 5 dans la forêt de Senard, M. l'ingénieur Lorieux a essayé un rechargement bétonné (béton composé de quartzites de l'Orne sur une section et de calcaire silicieux sur une autre section, mortiers dosés à 350 k. de chaux par mètre cube de sable, compression avec un cylindre à chevaux de 4 tonnes).

Il ne semble pas que la chaussée ait reçu un surcroît de résistance, et l'augmentation de dépense a été de 1 fr. par mètre carré.

L'essai a donné de médiocres résultats, car la partie qui a le mieux résisté est celle sur laquelle le bétonnage a reçu un goudronnage superficiel.

On n'a pas bien reconnu l'utilité de la chaux.

En Seine-et-Marne, sur la route 34 près Lagny, M. l'ingénieur Sigault a fait un rechargement dans des conditions ordinaires, mais avec la matière d'agrégation additionnée de chaux et de ciment (10 0/0 d'agrégation contenant 400 k. de chaux ou 300 k. de laitier par mètre cube de sable). Ce rechargement a donné d'abord de bons résultats, mais il s'est disloqué ensuite sous l'action de la circulation et de pluies un peu prolongées.

Cela paraît prouver que toutes les chaussées absolument rigides et dures ne réussissent pas, car elles se disloquent sous le roulage. Il leur faut, pour résister, une certaine élasticité, et le goudron la leur donne.

**3° Pitch macadam** (*Système Lassailly*). — Essai fait à Versailles sur la route 185 en juillet 1909.

C'est un rechargement ordinaire, mais on remplace la matière d'agrégation par un mélange de sable et de brai ainsi dosé :

200 litres de sable,

60 kil. de brai.

Lorsque le rechargement est bien tassé par le cylindre, on arrose avec de l'huile lourde dans la proportion d'environ 1 litre par mètre carré.

L'idée directrice est la suivante : le brai n'est que du goudron desséché ; si on l'emploie comme matière d'agrégation, il pénètre dans les joints des pierres ; ensuite l'huile lourde, rencontrant le brai, reconstitue le goudron qui produit le mortier élastique agglomérant les poussières et empêchant a désagrégation.

Il est possible qu'en arrosant avec de l'huile lourde une seconde fois, l'année suivante, on obtienne un bon résultat.

Le prix de revient a été 0 fr. 50 à 0 fr. 60 par mètre carré en plus du prix d'un rechargement ordinaire non goudronné, ou, en admettant 0 fr. 15 par mètre carré pour un goudronnage ordinaire de surface, 0 fr. 35 ou 0 fr. 45 en plus.

J'ai constaté le 3 juin 1910, par des sondages, que le mélange avait pénétré la chaussée d'au moins 4 centimètres. Le résultat est donc très satisfaisant. L'aspect de la chaussée donne une bonne impression. Il faut attendre quelque temps pour être plus affirmatif.

M. Lassailly a d'ailleurs apporté à son procédé une modification qui simplifie l'exécution et donne les mêmes résultats. Il continue à préparer le rechargement comme à l'ordinaire, en employant comme matière d'agrégation un mélange de 100 litres de sable et 30 k. seulement de brai. On cylindre et on arrose avec de l'eau ordinaire. Mais, quand le tiers de la matière d'agrégation a été employé, on arrose avec de l'eau contenant de l'huile soluble jusqu'à la fin du cylindrage.

Ce procédé a reçu déjà quelques applications, notamment route nationale n° 10, près de St-Cyr (septembre 1910); boulevard du Point-du-Jour, à Issy-les-Moulineaux (octobre 1910) ; rue de Presbourg, à Paris (mai 1910) ; chemin de grande communication n° 70 à Garches, près de l'Hospice Brézin (juin 1911).

**4° Macadam au tarvia** (Procédé breveté par la société pour l'amélioration des routes). — Le tarvia est un liquide dont la composition est gardée secrète. Il est certainement à base de goudron.

On mélange le tarvia à chaud avec du gravillon fin. On étend une couche de cette mixture pulvérulente sur le sol à recharger, puis, par-dessus, les matériaux d'empierrement que l'on cylindre légèrement, afin de tasser les dits matériaux et de faire remonter la matière entre les pierres. On étale ensuite une seconde couche du mélange au tarvia, et l'on cylindre énergiquement sans arroser.

En 1909, l'essai a été fait près de Saint-Cyr sur une surface d'environ 450 mètres carrés. La prise a été longue et un peu difficile. En somme, ce n'est qu'un tarmacadam élémentaire, où les cailloux sont remplacés par du gravillon.

Sur les 450 mètres carrés on a employé 14 mètres cubes de gravillon et 1.700 kilogs de tarvia à 75 francs la tonne. L'emploi de ces matériaux a augmenté d'environ 1 franc par mètre carré le prix de revient d'un rechargement ordinaire.

J'ai constaté, le 3 juin 1910, que le rechargement effectué présentait une cohésion remarquable, mais il faut développer les expériences pour avoir une opinion nette sur l'économie qui pourrait en résulter.

**5° Rechargements au goudron,** *méthodes de pénétration et méthodes de mélange* (tarmacadam et tarmac). — L'emploi du goudron dans le corps de la chaussée se fait de deux manières :

Ou par simple arrosage au goudron, avant, pendant et après le cylindrage des pierres : c'est ce qu'on appelle la méthode « de pénétration ».

Il a été essayé, sans grand succès d'ailleurs, à Paris, à Gien, à Versailles.

Ou bien en enrobant d'avance les matériaux avec du goudron : c'est alors la méthode dite « de mélange », et les empierrements ainsi constitués sont désignés par les Anglais sous le nom général de « tarmacadam ». Les Anglais réservent le nom de « tarmac » au tarmacadam fait avec des morceaux de laitier de hauts-fourneaux goudronnés.

On commence, surtout en Angleterre, à employer, au lieu de goudron, le brai qui est le résidu sec de la distillation du goudron de houille et qui a l'avantage de durcir beaucoup plus rapidement.

Voici la description de quelques-uns des procédés les plus récemment expérimentés, principalement en Angleterre, en Amérique, en Suisse, en Allemagne et en France :

A. — Le macadam au brai (système anglais) consiste essentiellement en :

Etalage de la pierre (échantillon 1 cm. 5 à 6 cm.), cylindrage à sec, répandage à la surface d'un mélange intime en parties égales de brai gras du commerce additionné de 10 0/0 d'huile de goudron et de sable maigre, de manière à bien remplir les interstices (mélange fait à chaud) (400$^{gr}$). On étale ensuite des cassures de pierres de 1 centimètre à 1 cent. 5 et l'on cylindre. Enfin, on corrige les inégalités de la surface avec un coulis de brai saupoudré de cassures et l'on donne un dernier coup de cylindre.

Ce système, qui a été appliqué avec succès sur les routes du Kent (Angleterre), vient d'être expérimenté au Perreux, près Paris, et aussi, avec quelques modifications apportées dans la composition du liant par M. Lassailly, à Courbevoie (Seine).

B. — Le système américain est le suivant :

Après avoir reprofilé l'ancienne chaussée, de manière à lui donner la consistance d'une bonne fondation, on répand à sa surface une couche mince de la matière liante adoptée. Puis on étale de la pierraille fine (1 cm. 5 à 3 cm. 5), enrobée au préalable avec le même liant et l'on cylindre pour obtenir une couche superficielle de 5 centimètres environ d'épaisseur. L'on répand enfin un coulis de liant chaud et l'on étale par-dessus une couche mince de cassures (1 cm. 5) que l'on cylindre jusqu'à refus, de manière à les faire entrer dans la masse et à obtenir une surface unie.

Le liant employé est formé soit d'asphalte de Texaco et de goudron mélangés, soit de brai moyennement dur ou de goudron.

Ce système vient d'être expérimenté à Ponthierry (Seine-et-Marne).

C. — Un autre procédé consiste à tremper les pierres dans le goudron avant l'emploi et à les faire macérer pendant un ou plusieurs mois sous une couche de sable.

Les moyens à employer sont de deux sortes : on peut soit tremper les pierres dans le goudron chaud, soit chauffer préalablement les pierres et les faire tomber dans le goudron. Ce dernier moyen paraît avoir l'avantage de débarrasser les pierres de toute humidité, le goudron peut alors mieux les pénétrer. On a émis des doutes sur l'utilité de la macération. Quelle est la réaction qui se produit ? Je l'ignore, mais je l'ai constatée, aux environs de Bruxelles ; après plusieurs jours de repos sous une couche de sable, le goudron recouvrant les pierres change de couleur. Il se produit certainement quelque chose, mais l'on n'est pas encore bien fixé sur ce point.

La macération terminée, on emploie les matériaux goudronnés, comme à l'ordinaire, en les cylindrant avec arrosage et emploi de sable d'agrégation. On goudronne ensuite superficiellement quand cela est nécessaire.

En France, plusieurs essais ont été tentés :

En Seine-et-Oise, avec du porphyre sur la route 185 ;

En Seine-et-Marne, sur la route de Melun à Fontainebleau, et à Aix-les-Bains, avec des calcaires.

J'ai visité le rechargement de Seine-et-Oise en 1910. Il était très bon, mais l'on ne voyait pas de différence sensible avec les rechargements voisins, exécutés par les procédés ordinaires.

Pour moi, je ne vois pas bien le grand intérêt qu'il y a à employer pour ce système d'excellents matériaux d'empierrement comme les porphyres, ainsi qu'on l'a fait en Seine-et-Oise et surtout en Belgique. On obtient toujours de bonnes chaussées avec ces matériaux, à moins que la circulation des automobiles à grande vitesse soit très intense, et, en général, il n'est pas bien utile de faire une dépense sérieuse supplémentaire pour les améliorer. Le goudronnage superficiel suffit. Au contraire, si avec ce procédé l'on pouvait faire de bonnes chaussées en employant des matériaux calcaires bon marché, la question deviendrait tout à fait intéressante.

Or, l'essai de Seine-et-Marne, que j'ai commencé moi-même en 1908 sur la route 5 bis, donne déjà des indications très sérieuses.

On a mélangé d'une façon rudimentaire 50 kilos de goudron avec un mètre cube de matériaux calcaires tendres, coûtant 9 fr. le mètre cube au lieu de 12 francs, prix des silico-calcaires ordinairement employés. Puis on a cylindré en employant très peu d'eau et fort peu de matière d'agrégation. J'ai été revoir cet essai en juin 1910 ; le résultat était très bon et M. l'ingénieur Guillet m'a confirmé qu'il en était de même en 1911. La chaussée paraît s'user assez vite, mais elle reste parfaitement plane et roulante. L'on n'y a fait *aucun goudronnage superficiel* et les matériaux restent très unis, sans aucune désagrégation. La circulation sur cette route n'est pas énorme, mais cependant assez forte en lourdes voitures, et surtout en automobiles. Le prix de revient du mètre carré, tout compris, est, d'après M. Guillet, de 1 fr. 35, alors que les chaussées voisines en silico-calcaire reviennent à 1 fr. 60 et sont moins bonnes.

L'économie n'est pas négligeable, mais il reste à vérifier les durées de ces deux chaussées.

A Aix-les-Bains, M. Luya, conducteur des ponts et chaussées, a fait des essais sérieux avec des calcaires (voir *Annales*, I. 1911). Voici sa conclusion :

« Nous avons constaté depuis 1906 que des matériaux calcaires de qualité assez médiocre, goudronnés à l'avance, revenant *tout compris* à 9 fr. 60 le mètre cube, donnaient des chaussées plus étanches, résistant mieux à l'usure et à la déformation que celles obtenues avec des matériaux durs (quartzites) coûtant sans goudronnage 14 fr. 60 le mètre cube et employés sur la route nationale n° 201, avec la même circulation, le même sous-sol et la même exposition. »

La circulation est de 100 colliers en hiver (poids lourds) et de 1.600 colliers en été (voitures de luxe et automobiles).

Ces deux essais, bien que récents, sont fort intéressants, et c'est dans cette voie qu'il faut marcher.

En faisant macérer des matériaux durs on ne peut guère espérer les faire pénétrer par le goudron : on n'augmentera pas leur résistance intrinsèque, mais, en les liant entre eux, on pourra obtenir une chaussée résistante et bien liée, c'est-à-dire parfaite.

Malheureusement le prix de revient sera toujours élevé, et le système ne pourra être appliqué qu'aux voies exceptionnelles, extrêmement fréquentées. Il ne pourra être généralisé partout.

Ce qu'il faut chercher, c'est un procédé économique, s'appliquant aux voies moyennement fréquentées qui sont la grande majorité.

Or, si par la macération le goudron peut pénétrer, comme cela paraît établi, des matériaux calcaires et leur donner un supplément de résistance, et si, avec des calcaires bon marché, revenant tout préparés à 9 francs le mètre cube, l'on peut parvenir à faire des chaussées aussi bonnes et aussi durables qu'avec des matériaux durs à 14 francs le mètre cube, ce sera un résultat tout à fait intéressant, pratique et économique.

D'après les dernières constatations faites en Seine-et-Marne, l'essai commencé en 1908 a donné d'excellents résultats, et le service, dirigé par M. l'ingénieur en chef Wender, va le recommencer sur une plus grande échelle.

**6° Macadam asphaltique.** — L'auteur de l'expérience, M. l'ingénieur Le Gavrian, a cherché à constituer une chaussée intermédiaire entre l'empierrement ordinaire économique, mais incapable de résister à la circulation des automobiles, et le pavage qui résiste bien mais qui coûte trop cher.

Le principe consiste à constituer, avec de la pierre dure et un mastic asphaltique, un béton de faible épaisseur, reposant sur un ancien empierrement, par exemple, qui constitue la fondation.

Cette couche a de 4 à 5 centimètres d'épaisseur. Les pierres sont destinées à supporter la majeure partie du travail du roulage, et le mastic asphaltique sert d'agglomérant et, dans une certaine mesure, de protecteur de la surface où il reflue légèrement. Ce n'est ni l'asphalte ordinaire, ni l'asphalte armé, mais il y a cependant une fondation, qui peut être un ancien empierrement, et une couche supérieure assez mince pouvant être économique, très résistante, ne se désagrégeant pas et pouvant être renouvelée et réparée séparément.

L'essai a été fait à Versailles, en août 1909, avec les matériaux et les dosages suivants :

Gravillon de porphyre de Voutré de 1 à 4 centimètres, 1 mètre cube.

| | 1re épreuve | 2e épreuve | |
|---|---|---|---|
| Mastic asphaltique ordinaire des trottoirs . . . . . . . . | 75 0/0 | 88 0/0 | 900 kil. |
| Fondant (brai de Trinidad) . . | 25 0/0 | 12 0/0 | |

Sable : proportion variable.

Le béton ainsi formé a été étendu, en le comprimant, sur son ancien empierrement et a formé une couche superficielle de 4 à 5 centimètres d'épaisseur.

Quand j'ai visité cet essai, il ne portait que sur une surface de 140 mètres carrés. Ses résultats paraissaient excellents : la chaussée semblait entièrement neuve.

En 1910, une nouvelle superficie de 280 mètres carrés a été exécutée en employant comme fondant du brai de gaz, moins cher que le bitume de Trinidad.

Enfin, en 1911, une expérience en grand (3.150 mq., soit environ 485 m. de longueur) a été réalisée avec les matériaux et les proportions suivantes :

Porphyre de 0 cm. 5 à 4 centimètres.

Mastic asphaltique 88 0/0 en poids.

Fondants, 12 0/0 en poids.

Les fondants expérimentés sont :

Le brai de gaz,

Le bitume de schiste,

Le bitume de Trinidad.

Ils ont été employés par baies séparées, de manière à permettre la comparaison de leurs valeurs respectives.

Les résultats sont excellents.

Il a été employé, par mètre carré, en moyenne :

50 litres de pierre cassée 2c — 4c

24 — 1/2c — 2 centimètres,

48 kilogrammes de mastic d'asphalte,

6 k. 500 de fondant.

Ces matériaux entrent dans la composition du prix de revient par mètre superficiel pour 5 fr. 50 environ, le porphyre étant payé 21 francs le mètre cube et le mélange asphaltique compté à 72 francs la tonne (asphalte et brai de gaz).

Mais l'épaisseur de la croûte réalisée a été un peu forte (5 à 6 cm.). On devrait la réduire de 1/6 et par suite aussi la dépense en matériaux.

La mise en œuvre, par des moyens de fortune et avec un personnel inexpérimenté, a coûté cher.

Dans une application industrialisée et avec des malaxeurs mécaniques, on peut admettre qu'elle ne dépasserait pas 3 francs par mètre carré.

Au total, le prix de revient, avec des matériaux de choix, s'établirait vraisemblablement dans ces conditions aux environ de 7 à 8 francs le mètre superficiel, c'est-à-dire moins de la moitié du coût d'un pavage en pierre ou en bois ou d'un dallage en asphalte comprimé.

En somme, cet essai est extrêmement intéressant.

**7° Chaussées en ciment.**— Elles ont rendu de grands services à Grenoble et dans quelques autres villes et peuvent trouver leur application dans certains cas. Elles sont moins

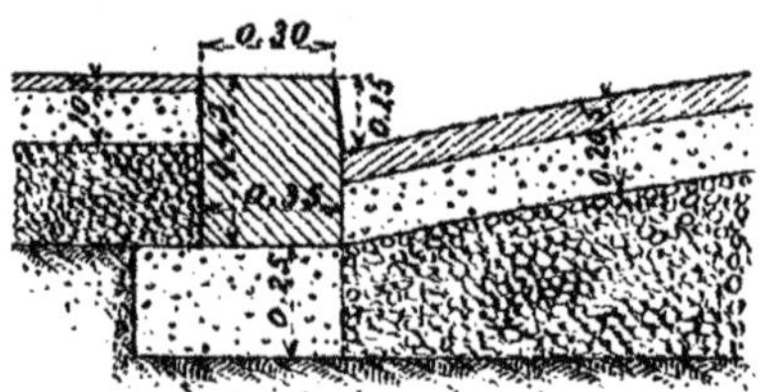


Fig. 34.

coûteuses que l'asphalte, mais il ne faut pas oublier qu'à Grenoble on est tout près des usines de ciment.

Le croquis ci-dessus représente une chaussée de 8 mètres avec bombement au 1/50. Elle comprend :

1. Une couche de gros graviers reposant sur un sol damé et suffisamment résistant (fondation et drainage).

2. Une couche de béton maigre composé de 200 kilogrammes de Portland artificiel par mètre cube de graviers lavés et passés à l'anneau de 5 (couche support) ;

3. Un enduit au mortier de ciment, composé de 1200 kilogrammes de Portland artificiel par mètre cube de sable soigneusement lavé et criblé : c'est la surface de roulement.

Les épaisseurs de ces différentes couches varient suivant la nature du terrain et l'importance de la circulation.

*Détails d'exécution.* — Après avoir pilonné et réglé la couche de gros gravier, on procède à la mise en place des cerces ou gabarits en bois dont l'arête supérieure épouse le profil de la chaussée et dont l'arête inférieure repose sur la couche de fondation.

Ces règles, placées normalement à l'axe de la rue, sont espacées de façon à diviser la surface à daller en compartiments de 12 à 15 mètres carrés.

Sur un plancher établi à proximité du lieu d'emploi, les applicateurs répandent le gravier et le ciment par couches alternées de peu d'épaisseur (250 litres de gravier mesurés avec une caisse sans fond et un sac de ciment de 50 kilog.) ; le tout est brassé à sec et retourné au moyen de griffes, de façon à assurer un mélange aussi parfait que possible. Ceci fait, un manœuvre verse lentement l'eau préalablement dosée, avec un arrosoir à pomme, pendant que les gâcheurs continuent leur travail, qu'ils ne cessent que lorsque chaque caillou est habillé de pâte de ciment. Le béton ainsi préparé est transporté au lieu d'emploi, versé dans une bauchée ou compartiment, damé, régalé à la pelle et arasé en promenant sur les arêtes des gabarits une règle, ferrée à sa partie inférieure et portant une saillie représentant l'épaisseur réservée à l'enduit.

Pendant que les manœuvres procèdent à la mise en place du béton, les applicateurs préparent le mortier de l'enduit en mélangeant à sec, à la pelle, à la griffe et au rabot, le sable et le ciment. L'addition de l'eau se fait, comme pour le béton, au moyen de seaux munis de pommes d'arrosoir, pendant que les gâcheurs continuent le malaxage. Cette dernière partie du travail nécessite beaucoup de soin et de discernement ; le mortier rendu homogène par la trituration et le broyage doit, s'il est bien préparé, présenter l'apparence du sable humide : un très léger excès d'eau rend le mortier fluide et impropre à l'emploi.

Le mortier ainsi préparé est versé sur le béton avant que ce dernier ait commencé sa prise, fortement pilonné au moyen de dames spéciales et arasé en promenant le champ ferré d'une règle plate sur les arêtes des gabarits. Le pilonnage du mortier le long des cerces est obtenu par coups répétés de maillets sur de petites règles à la main.

La surface, définitivement dressée et lissée à la truelle, est parfaite par le passage du rouleau boucharde. Au bout d'une heure ou deux, dès que le roulement présente une résistance suffisante, on le recouvre de sablon pour le protéger pendant sa prise.

Huit jours après, on établit sur le tout un plancher protecteur, et la rue est rendue à la circulation des voitures. Le plancher est maintenu en place pendant un mois environ.

L'exécution d'un dallage nécessite surtout l'emploi d'un Portland possédant des qualités particulières de résistance aux chocs et au frottement. A ce point de vue, le Portland artificiel de la Porte de France, employé avec succès depuis plus de 25 ans à des travaux de ce genre, a donné d'excellents résultats.

Le prix de revient moyen de ces chaussées peut être évalué à 9 fr. 50, mais, à Grenoble, on est près du ciment.

Il est probable que l'introduction d'un grillage métallique à la base du dallage donnerait à l'ensemble plus de résistance et s'opposerait aux fissures ; cet essai n'a pas été fait encore, à ma connaissance, et il serait intéressant d'y procéder.

**8° Pavés en asphalte comprimé.** — Les chaussées en asphalte comprimé ont souvent donné de bons résultats, mais elles ont aussi donné lieu quelquefois à des mécomptes, parce que l'asphalte en poudre, chauffé dans les usines, est employé sur le chantier à des températures variables, et parce que la compression, qui ne dépasse pas 80 kilogrammes par centimètre carré, est nécessairement inégale et probablement insuffisante.

Il résulte toujours, en effet, de cette manière de procéder un défaut d'homogénéité dans la masse, et souvent il se produit par places des détériorations qui ne font que s'augmenter rapidement sous le poids et le choc des voitures.

La Société civile des mines de bitume et d'asphalte du Centre a eu l'idée de fabriquer des pavés composés de poudre chauffée à 120 degrés et comprimés hydrauliquement à 600 kilogrammes par centimètre carré, de manière à obtenir un produit homogène et à éviter, d'après elle, les inconvénients signalés plus haut (Voir à ce sujet les notices publiées par la Société).

Pensant que ce système pourrait avoir de grands avantages, je l'ai essayé en 1893 sur le quai d'Orléans, route nationale n° 152, sur une longueur d'environ 75 mètres.

La route nationale, dans la partie choisie, est établie au bord de la Loire ; elle est contiguë à la Loire du côté du sud et bordée de maisons du côté nord. La pente longitudinale est très faible, 3 millimètres par mètre. Le bombement de la chaussée est de 1/50. D'après le dernier recensement, la circulation est de 667 colliers réduits, mais il passe sur cette partie de route, presque journellement, des batteries d'artillerie assez nombreuses.

Le pavage repose sur une fondation de béton de ciment de 14 centimètres d'épaisseur, au dosage de 250 kilogrammes de ciment de Portland pour un mètre de cailloux et un demi-mètre cube de sable.

Les pavés d'asphalte mesurent 0 m. 20 de longueur sur 0 m. 10 de largeur et 0 m. 05 d'épaisseur.

Ils ont été posés sur une couche de mortier frais de ciment de 15 millimètres d'épaisseur, au dosage de 450 kilogrammes de ciment de Portland pour un mètre cube de sable. Nous disons *sur une couche de mortier frais*, parce que, contrairement à ce qui se fait pour le pavage en bois, où l'enduit en ciment qui recouvre la fondation en béton est complètement terminé avant la pose des pavés, il est nécessaire d'exécuter en même temps l'enduit et la pose des pavés en asphalte pour qu'il y ait adhérence entre ces pavés et cet enduit.

Lesdits pavés sont po és à plat, de telle sorte que le pavage n'a que 5 centimètres d'épaisseur. Ils sont placés en contact autant que possible dans un même rang, et les rangs successifs sont également juxtaposés les uns contre les autres, sans joint. Les pavés de deux rangs voisins sont en découpe. Les interstices inévitables (bombement de la chaussée, etc.) sont garnis ensuite avec de la poudre de ciment répandue sur le pavage aussitôt après son exécution et balayée à la surface pour la faire pénétrer dans les interstices où le ciment fait prise sous l'action de l'humidité du mortier de pose.

Sur une longueur de 5 mètres, à titre d'expérience comparative, nous avons ménagé entre les rangs un joint d'un centimètre de largeur rempli de mortier de ciment. Enfin, aux extrémités du pavage en asphalte, à son raccord avec le pavage en grès, on a posé les pavés en asphalte de champ sur deux rangs.

Le pavage exécuté s'applique à une longueur totale de chaussée d'environ 75 mètres, sur une largeur d'environ 7 mètres entre bordures de trottoirs. La surface pavée en asphalte est exactement de 518 m. 47.

Le prix du mètre carré a été de 13 fr. 60, dont 3 fr. 70 pour la fondation en béton.

Ce pavage s'est très bien comporté.

Pendant les grandes chaleurs, les roues des voitures n'ont laissé aucune trace.

La dilatation de ces pavés doit être extrêmement faible, car, contrairement à ce qui se passe pour le pavage en bois, il a été inutile de ménager une ornière près des bordures de trottoirs.

Pendant les grands froids de 1894 (—17°), quelques joints se sont ouverts, mais ils se sont refermés dès que le froid a cessé.

On craignait le glissement des chevaux : il n'en a rien été, sauf au début des périodes de dégel ; cet inconvénient est d'ailleurs inhérent à toute surface lisse ; il faut sabler au moment du dégel ou du verglas.

La question importante était celle des dépenses d'entretien et de la durée d'un pareil pavage. Aujourd'hui nous sommes fixés.

Pendant les 7 premières années, l'entretien a été absolument nul, sauf les nettoyages, bien entendu, et presque nul pendant les années suivantes. En moyenne, 6 centimes par an et par mètre carré.

L'usure a été continue et régulière, et, pendant ces dernières années, ce pavage a encore résisté à un passage extrêmement intense de tombereaux de moellons destinés aux travaux du prolongement du canal d'Orléans. Enfin, aujourd'hui après 18 ans, il est complètement usé sur la partie centrale ; il faut le remplacer.

Comme la fondation en béton existe toujours, on peut dire que ce pavage, coûtant 10 francs le mètre carré, a duré 18 ans avec une circulation au-dessus de la moyenne.

C'est un résultat intéressant.

Il ne faut pas employer ce système sur des ponts métalliques ni le long de voies de tramways. En effet, l'asphalte n'est pas élastique, et, quand il subit des vibrations, il s'effrite ; ensuite les roues des voitures le réduisent en poussière.

Sauf pour ces cas spéciaux, le pavage en asphalte comprimé est un système à recommander, à la condition que le dessous de la chaussée soit débarrassé de toute conduite d'eau et de gaz.

**9° Asphalte armé.** — Ce système a été expérimenté en 1900, à Paris, dans la cour d'arrivée de la Compagnie P.-L.-M. Depuis, il a été appliqué à plusieurs reprises et notamment à Nice en 1906 et, en 1912, dans la cour de la gare St-Lazare à Paris.

Ce dallage, qui a été exécuté à Nice par la société française de l'Asphalte armé, comprend :

1. Une forme en béton de ciment sur 0,14 d'épaisseur ;

2. Une couche élastique en asphalte dans laquelle sont fixées des petites bornes de syénite de Drunnont de formes et grosseurs inégales (telles qu'elles proviennent du concasseur) posées à la main. Ces pierres forment l'armature ;

3. Une couche de pâte composée de granit et d'asphalte cuit à une température convenable pendant 12 heures, au moyen de fours transportables ;

4. Une application de poudre de granit, qui est incorporée dans la pâte avant son complet refroidissement au moyen d'un talochage et d'un pilonnage.

Le revêtement en asphalte armé a 7 centimètres d'épaisseur. Les pierres cassées passent à l'anneau de 6 centimètres.

A Nice, le prix du mètre carré ressort à 19 francs, fondation comprise.

La surface ainsi obtenue, dit M. l'ingénieur en chef des Alpes-Maritimes, est légèrement grenue, pas trop glissante, en tout cas moins glissante que l'asphalte ou le ciment.

L'on a été très satisfait de ce revêtement et il s'est développé à Nice, mais on l'a employé avenue de la gare le long des voies du tramway, et le résultat a été beaucoup moins bon, parce que l'asphalte ne réussit jamais dans ce cas.

Le prix de 19 fr. le mètre carré est élevé, mais on peut le diminuer.

La ville de Niort, en 1909, a donné une subvention à l'État pour obtenir une chaussée en asphalte armé dans une rue très fréquentée (route nationale). Au lieu de béton de ciment, on a employé un béton de chaux hydraulique ; puis le revêtement a été réduit de 7 à 4 centimètres.

Le prix du mètre carré n'a plus été que de 14 fr. 50.

Il n'y a pas d'objection à faire à l'emploi de la chaux hydraulique qui fait un béton presque aussi solide que le ciment, à la condition que l'on puisse attendre qu'elle ait fait prise, pour rétablir la circulation.

Quant à la réduction de l'épaisseur, c'est une question de durée. Cette réduction pourrait ne pas être économique. L'expérience seule pourra nous donner des indications sur ce point.

La ville de Niort est satisfaite du système ; elle en demande de nouvelles applications.

**10° Petits pavés.** — On a fait grand bruit dans le monde « automobile » au sujet d'un revêtement très en faveur, à un certain moment, dans le grand Duché de Hesse-Nassau. Il s'agit de disposer sur une chaussée déjà en macadam, préalablement décapé et recouvert d'une couche de sable de 1 à 2 centimètres, un revêtement en petits pavés de 9 centimètres de queue et de 6 à 8 centimètres de côté sur la tête.

Ces pavés sont disposés, non en rangées droites perpendiculaires à l'axe de la chaussée, mais bien en arcs de cercle dont les centres ne seraient pas tous sur la même parallèle à l'axe même de la chaussée (Voir le croquis ci-dessous).

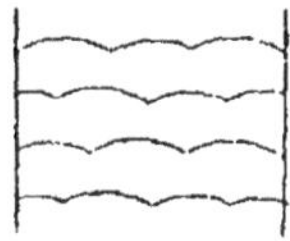

FIG. 35.

Quel a été le résultat ?

Bon pour le circuit entre Cromberg et Kœnigstein, puisque le travail a été fait en 1900 et 1901 et qu'en 1907 la chaussée était encore régulière, bien qu'un certain nombre de pavés en basalte fussent brisés.

Toutefois la pente de la route où ils sont placés, et qui atteint 5 centimètres, est un maximum et, au dire de tous les ingénieurs consultés, il ne faudrait pas dépasser cette limite sous peine de rendre la chaussée impraticable en hiver au moindre verglas. D'autre part, la route est très peu fréquentée par le gros roulage et, dans ces conditions, il paraît difficile de tirer une conclusion favorable au petit pavé de son bon état actuel.

On nous a signalé l'existence à *Nœchot*, entre Mayence et Francfort, d'une route très fréquentée où il existe un revêtement de petits pavés en basalte, mais les renseignements sur son état ont été contradictoires. A Francfort, un essai infructueux a été tenté sur la Kaiserstrasse et le Zeil, principales rues de la ville. Il a fallu y renoncer. L'un des inconvénients principaux est, paraît-il, que, pendant les hivers rigoureux de la région, l'eau de pluie s'infiltre par les joints jusque sur la fondation en macadam et, ne pouvant s'y écouler, gèle et fait sauter le revêtement. Dans ces conditions, il faudrait cimenter le pavage lui-même ; son coût, alors, dépasserait sensiblement celui de 4 marks 8 et 5 marks indiqué par les Allemands, et on arriverait probablement à des prix voisins de ceux nécessaires à l'exécution d'un pavage ordinaire. Cependant des entrepreneurs offrent en France de l'exécuter à 10 ou 12 francs le mètre carré.

A mon avis, ce genre de revêtement ne peut être utilisé avec succès que dans des cas très limités, et il ne saurait convenir qu'aux voies fréquentées par les automobiles rapides, mais légères. Il ne peut résister à une circulation intense et lourde.

Des applications de ce système ont été faites récemment à Paris, sur le quai Conti, à Puteaux, sur le quai National, et en 1912, à Paris, sur la place devant l'Institut.

**11° Revêtement en bitulithe.** — La Société pour l'amélioration des routes préconise un nouveau moyen de revêtement des chaussées à l'aide d'un produit, nommé bitulithe, qui est un véritable béton à mortier bitumineux, posé à chaud sur une fondation formée par une vieille chaussée empierrée ou par une couche de béton au mortier de chaux ou de ciment.

J'ai visité, au printemps 1911, les essais exécutés par le service de la Seine, et voici les renseignements fournis par M. l'ingénieur Arnaud.

Le revêtement bitumineux a environ 5 centimètres d'épaisseur.

Deux expériences venaient d'en être faites par le département de la Seine en avril 1911, à Saint-Mandé, sur le chemin de grande communication n° 38, de Bagnolet à Villeneuve-Saint-Georges, entre les avenues Hervillon et Daumesnil, sur 900 mètres carrés de surface, empruntés par une circulation moyenne, à Champigny, sur la route départementale n° 21 de Paris à Provins, à l'entrée de la traverse de Champigny, sur 1000 mètres carrés empruntés par une circulation active et lourde.

Dans ces deux expériences, les pierres cassées employées étaient de trois échantillons :

Des quartzites de 4 à 5 centimètres,

Des quartzites de 2 à 3 centimètres,

Des porphyres de 1 cent. 5,

auxquels étaient ajoutés des résidus de concassage des porphyres, du sable de Nemours et une petite quantité de ciment à prise lente,

Ces matériaux étaient mélangés en quantités presque égales, sauf pour le ciment, leur échantillonnage ayant pour but, d'après les promoteurs de ce revêtement, de garnir autant que possible les vides avec des substances pondéreuses et de n'employer que la quantité strictement indispensable de liant bitumineux (environ 10 0/0).

Dans les deux expériences, la fondation a été constituée par l'ancienne chaussée, préalablement décapée et rechargée pour lui donner son profil normal et régulier tout en l'abaissant de 0 m. 05 pour permettre l'application de la bitulithe.

L'appareil servant à obtenir le béton bitumineux est principalement formé d'un grand tambour en fonte à axe horizontal, de deux cylindres, l'un extérieur de 1 mètre environ de diamètre, l'autre intérieur de 0 m. 40, pouvant recevoir un mouvement de rotation. Des palettes fixées intérieurement au grand cylindre permettent le brassage des matériaux, tandis qu'un jet de flamme, projeté dans l'intérieur du petit cylindre, en permet le chauffage.

Les matériaux sont versés, à l'aide d'un élévateur à godets, dans la partie antérieure du tambour, où ils reçoivent directement le jet de flamme produit par une insufflation de vapeur de pétrole, entraînée par un jet de vapeur d'eau.

Ces matériaux, brassés et chauffés, arrivent à la partie postérieure du tambour où ils sont mélangés avec le liant bitumineux, préalablement chauffé et rendu liquide dans un récipient indépendant de l'appareil principal.

La rotation du tambour est continuée quelques instants après l'introduction du liant bitumineux, pour brasser le mélange, puis la pâte ainsi formée est recueillie dans des véhicules à bras et transportée au lieu d'emploi.

La bitulithe est versée sur la fondation, égalisée, puis soumise à l'action du cylindre compresseur jusqu'à lissage parfait de la surface. Le cylindre employé est celui ayant servi à régulariser la fondation ; ce cylindre à vapeur de 17 t. 315 donne une pression de 48 kilos par centimètre de génératrice sur les roues avant et de 110 kilos par centimètre de génératrice sur les roues arrière. Pour que la pâte ne colle pas aux roues, celles-ci sont de temps à autre enduites d'huile.

Après le cylindrage, une légère couche de liant bitumineux est répandue à chaud à l'aide d'une petite machine épandeuse, munie d'une raclette souple, cette dernière ayant pour effet de régler uniformément l'épaisseur de l'enduit. Avant refroidissement de celui-ci, on verse, à l'aide d'une trémie rotative, un gravillon de porphyre (0,005), préalablement séché et chauffé, et le cylindre fait quelques derniers passages.

La surface obtenue a très bonne apparence, elle est assez régulière, sauf la présence de quelques légères flaches paraissant provenir d'un brassage insuffisant pour donner à l'ensemble une homogénéité constante. Le mastic obtenu est très dur.

Avant les grandes chaleurs, le revêtement supportait très bien les lourdes charges ; après quelques jours de chaleur, fin mai, vers le milieu de la journée, ce revêtement paraît mollir, les sabots des chevaux et les roues laissent leur empreinte.

Il y a lieu d'attendre une plus longue durée de l'expérience pour pouvoir se prononcer sur l'avenir de ce nouveau mode de revêtement des chaussées.

Des applications du même système ont été faites, également en 1911, à Suresnes sur la côte de Versailles (Val d'Or) et à Paris sur l'avenue du Trocadéro, entre la rue de Lubeck et la place du Trocadéro.

**12° Pavés armés**. — M. Guiet, agent voyer d'arrondissement en Vendée, a présenté la *chaussée idéale* au Congrès de 1908. Il utilise les déchets de carrière et forme des dalles frettées au moyen d'un méplat, posé un peu au-dessous du milieu de leur épaisseur, puis armées au moyen de ronds en acier de 3 millimètres au niveau du dessous de la frette, etc. (voir sa communication).

En résumé, c'est un béton armé qui reviendrait à 7 francs le mètre carré.

J'ai vu en 1911 les quelques expériences faites avec ce système à la Roche-sur-Yon. Les dalles paraissent bien tenir mais la surface est peut-être un peu trop rugueuse. Ces expériences sont trop récentes pour qu'un avis motivé puisse être donné au sujet de ce système.

**13° Divers.** — Un très grand nombre d'inventeurs ont présenté aux congrès des systèmes de pavage de toute sorte, mais il serait trop long de les signaler tous.

## CHAPITRE VI

### RÉSULTATS GÉNÉRAUX. — PRIX DE REVIENT DES CHAUSSÉES ACTUELLEMENT EN USAGE ET DES GOUDRONNAGES

**1° Observation préliminaire.** — Il résulte de tout ce qui précède que tous les ingénieurs et tous les inventeurs s'occupent de rechercher les moyens d'adapter les revêtements de nos chaussées au nouveau mode de locomotion, l'automobile.

Seulement les inventeurs ne s'occupent pas assez du prix de revient, et malheureusement c'est là le point le plus important.

De nombreuses erreurs économiques ont été répandues à ce sujet dans le public, au point de vue du remplacement de l'empierrement par un pavage toujours en bon état.

J'ai ajouté *toujours en bon état*, parce que les automobilistes sont enchantés de rouler sur un bon pavage bien uni, mais que, lorsque le pavage devient médiocre, ils s'en plaignent amèrement et avec raison.

Or on oublie toujours, dans les questions de ce genre, l'intérêt et l'amortissement du capital engagé, et cependant pour compter juste, il est nécessaire de les faire entrer en ligne de compte.

C'est ce qui m'a amené à publier, dans les *Annales des ponts et chaussées* en 1909, une note que je crois devoir reproduire entièrement dans ce cours.

**2° Comparaison du pavage et de l'empierrement au point de vue du prix de revient annuel.** — La question du revêtement des chaussées, pavage ou empierrement, est aujourd'hui à l'ordre du jour.

Après avoir, il y a quelques années, demandé la suppression de tous les pavages et leur remplacement par de l'empierrement, l'on revient aux pavages, et, dans beaucoup de milieux, l'on soutient que les dits pavages, durant beaucoup plus longtemps, deviendraient économiques.

Beaucoup d'exagérations, beaucoup d'erreurs ont été propagées à ce sujet et il est très utile de rectifier et de préciser la question. C'est ce que je vais essayer de faire.

Nous laisserons de côté les dépenses nécessaires pour entretenir les accotements, les bordures, les fossés etc...... en un mot tous les accessoires des routes ; nous ne nous occuperons que de la chaussée elle-même, qui supporte le passage des véhicules de toute sorte.

De plus, quand nous citerons le prix d'un mètre cube de matériaux d'empierrement, nous ferons entrer dans ce prix l'achat des matériaux, la matière d'agrégation nécessaire, le cylindrage, la main-d'œuvre, etc...... En un mot, ce sera le prix d'un mètre cube d'empierrement comprimé et tout posé sur la route.

De même, le prix d'un mètre carré de pavage comprendra toutes fournitures accessoires et main-d'œuvre.

En second lieu, je laisserai de côté les voies de luxe, comme les avenues et les rues de Paris et des grandes villes, auxquelles ce que je vais dire ne s'applique pas.

Ceci posé, si j'appelle C le prix de revient d'un mètre carré d'empierrement neuf, de 20 centimètres d'épaisseur par exemple, j'aurai à payer, par année, pour le conserver indéfiniment :

1° L'intérêt de ce capital de premier établissement, soit $Cr$, en appelant $r$ l'intérêt de 1 franc ; 2° le renouvellement annuel de l'usure, ou l'entretien proprement dit, E ; 3° quelques frais accessoires, $e$, pour balayage, nettoyage, arrosage, etc... Le véritable prix de revient annuel d'un mètre carré d'empierrement sera donc :

$$P = Cr + E + e.$$

Pour le pavage, c'est différent ; je suppose qu'une fois fait il durera $n$ années et qu'à la fin de ces $n$ années je serai obligé de le remplacer entièrement ; par suite, si j'appelle C' le prix d'un mètre carré de pavage, la dépense annuelle sera égale à l'annuité nécessaire pour amortir le capital C' en $n$ années.

La formule est connue ; cette annuité est égale à :

$$\frac{C' \times r(1+r)^n}{(1+r)^n - 1}.$$

Pour avoir toute la dépense, je devrais ajouter, comme pour l'empierrement, une petite dépense $e'$ pour balayage et nettoiement, mais je la supposerai nulle ; ce qui reviendra à dire (sans inconvénient puisqu'il ne s'agit que d'une comparaison) que $e$ sera la différence entre les petits frais accessoires nécessaires pour un empierrement et ceux qui sont nécessaires pour un pavage ; on admet généralement 5 ou 10 centimes par mètre carré (1).

Il y a donc lieu de comparer les deux prix ci-après :

$$P = Cr + E + e \text{ pour l'empierrement,}$$

$$P' = \frac{C'r(1+r)^n}{(1+r)^n - 1} \text{ pour le pavage.}$$

Cherchons à représenter graphiquement le prix P' qui dépend de 3 quantités variables C', $r$ et $n$. J'admettrai 4 % pour le taux de l'intérêt. C'est une hypothèse ; mais, si on admettait 3 1/2 %, on arriverait à des résultats sensiblement les mêmes, puisqu'il ne s'agit que d'une comparaison.

Ensuite, je ferai successivement C' = 20 fr., C' = 15 fr., C' = 10 fr., C' = 5 fr., et, en prenant pour abscisses les valeurs de $n$ depuis 5 années jusqu'à 60 années, j'obtiendrai les courbes I, II, III, IV, qui me donneront, en ordonnées, les prix de revient annuels du mètre carré de pavage.

Si, par exemple, je prends C' = 15 fr., comme c'est le plus

(1) Je ne tiens pas compte des repiquages et soufflages, qui sont toujours nécessaires pour l'entretien d'un pavage ; je suppose que ces dépenses seront compensées par la valeur des vieux pavés, au moment du renouvellement intégral. Cette hypothèse est certainement tout à l'avantage du pavage.

habituel, je vois, avec la courbe II, que le prix de revient sera de :

1 fr. 35 si le pavage dure . . . . . . . . . . 15 ans
1 fr. 10 — . . . . . . . . . . 20 ans
0 fr. 87 — . . . . . . . . . . 30 ans
0 fr. 75 — . . . . . . . . . . 40 ans
0 fr. 70 — . . . . . . . . . . 50 ans
0 fr. 66 — . . . . . . . . . . 60 ans

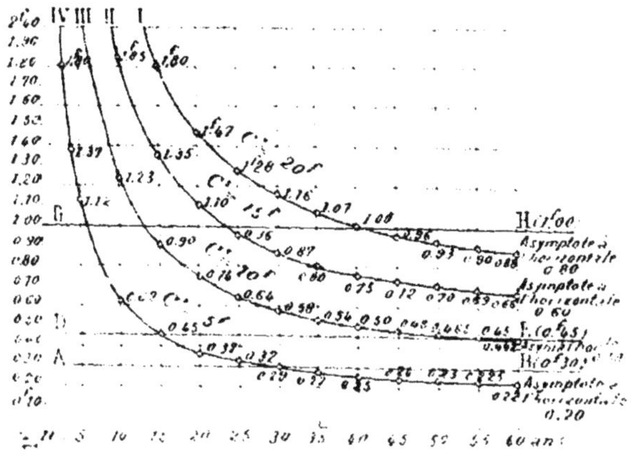

Fig. 36.

Comparons avec le prix du mètre carré d'empierrement, $P = Ce + E + e$ et prenons 3 cas : un prix moyen, un prix assez fort et un prix très élevé.

*Premier cas.* — Supposons que le prix des matériaux d'empierrement pour la construction d'une route neuve soit 12 fr. 50 par mètre cube, 9 fr. pour les matériaux eux-mêmes et 3 fr. 50 pour le cylindrage, la matière d'agrégation et les faux-frais : c'est déjà un prix moyen, si l'épaisseur de la chaussée neuve est de 0 m. 20, le prix de premier établissement du mètre carré sera de : 0, 20 × 12 fr. 50 = 2 fr. 50.

C = 2 fr. 50

et Ce = 2 fr. 50 × 0,04 = 0 fr. 10.

La moyenne de toute la France, pour l'entretien des chaussées de toute nature, est de 700 fr. par kilomètre ou 0 fr. 70 par mètre courant, et, en supposant 5 mètres de largeur, 0 fr. 14 par mètre carré ; prenons ce prix : $E = 0$ fr. 14.

Pour $c$, admettons 6 centimes : c'est un prix déjà fort, puisque, pour une chaussée de 5 mètres, cela fait 0 fr. 30 par mètre courant et 300 fr. par kilomètre.

Nous aurons alors :

$$P = 0 \text{ fr. } 10 + 0 \text{ fr. } 14 + 0 \text{ fr. } 06 = 0 \text{ fr. } 30.$$

Menons, sur notre graphique, la ligne horizontale A B représentant le prix de 0 fr. 30. Nous verrons, en comparant, qu'avec le pavage à 15 fr. il y aura une différence considérable.

Si on admet une durée de 30 ans pour le pavage, il faut comparer 0 fr. 87 avec 0 fr. 30 : c'est près du triple ; si on admet une durée de 60 ans, il faut comparer 0 fr. 66 avec 0 fr. 30 : c'est plus du double.

Supposons qu'on veuille paver toutes les routes nationales de France en dépensant 15 fr. par mètre carré ; pour évaluer le supplément de dépenses, il ne faudrait pas prendre 0 fr. 30 comme terme de comparaison pour le prix de l'empierrement, mais seulement 0 fr. 20, puisque les dépenses de premier établissement sont faites pour l'empierrement et qu'elles ne le sont pas pour le pavage nouveau. Par suite, même en supposant, pour le pavage, une longue durée de 60 ans, il faudrait comparer 0 fr. 20 avec 0 fr. 66.

En conséquence, au lieu de dépenser environ 25 millions, pour le seul entretien des routes nationales empierrées en France, on dépenserait annuellement $\frac{(25 \times 66)}{20}$ 82 millions.

Je laisse de côté la difficulté qu'il y aurait à trouver le capital de premier établissement correspondant.

*Deuxième cas.* — Prenons un cas où les prix de construction et d'entretien sont assez élevés.

Supposons que le prix du mètre cube soit de 20 francs tout compris ; la couche de premier établissement ayant une épaisseur de 0 m. 20 reviendra à 4 francs.

$$\text{Par suite, } Cr = 4 \text{ fr. } \times 0{,}04 = 0 \text{ fr. } 16.$$

Admettons qu'il y ait une usure de 1 centimètre par an, ce qui correspond à une circulation moyenne d'environ 200 colliers et ce qui nécessite une période d'aménagement pour les rechargements d'environ 8 ans.

La dépense annuelle sera de :

$$\frac{1}{20} \text{ de } 4 \text{ fr. ou } E = 0 \text{ fr. } 20.$$

C'est à peu près la dépense des routes fréquentées de Seine-et-Marne.

Admettons que $c = 0$ fr. 09, ce qui est très élevé ;

$$P = 0 \text{ fr. } 16 + 0 \text{ fr. } 20 + 0 \text{ fr. } 09 = 0 \text{ fr. } 45.$$

Traçons sur notre graphique la ligne DE, représentant 0 fr. 45.

On constate alors que, si le pavage à 15 fr. (ligne II) durait 30 ans, le pavage coûterait 0 fr. 87, soit près du double de l'empierrement, et que, même s'il durait 60 ans, il coûterait 0 fr. 66 au lieu de 0 fr. 45.

On parle beaucoup du petit pavé qui, dit-on, pourrait ne coûter que 8 à 10 fr. le mètre carré. Or on remarque que la ligne D E coupe la ligne III, relative au pavage à 10 fr. lorsque $n = 55$ ans.

Donc, il faudrait que le petit pavé durât 55 ans et qu'il ne coûtât que 10 fr. pour être équivalent à l'empierrement, comme prix d'entretien annuel.

Si le petit pavé ne coûtait que 5 fr. le mètre carré, il faudrait encore qu'il durât 15 ans pour ne pas être plus onéreux que l'empierrement.

*Troisième cas.* — Prenons un cas extrême.

Le mètre cube de matériaux revient à 25 francs.

Le premier établissement pour une couche de 0 m. 20 coûte 5 francs.

Nous avons donc : $Cr = 5 \times 0,04$ . . . . . 0 fr. 20

Admettons une usure de 3 centimètres par an, ce qui correspond à un aménagement des rechargements par période de 3 ans.

On dépensera par année : $E = \frac{3}{20} \times 5$ fr. . . . 0 fr. 75

en prenant $c$ . . . . . . . . 0 fr. 05

J'arrive au total de . . . . . . . . . . 1 fr.

C'est une dépense considérable qui n'est dépassée que pour les routes les plus fréquentées de Paris et du département de la Seine. Or, si je mène la ligne G H représentant 1 fr., je vois qu'elle coupe la ligne 11 (pavage à 15 fr.) en un point correspondant à une durée de 22 ans.

Donc il faut que le pavage à 15 fr. dure 22 ans pour ne pas être plus cher d'entretien que l'empierrement dans le cas exceptionnel où nous sommes. Si le pavage ne coûtait que 10 fr. le mètre carré, il faudrait encore qu'il durât 12 ans pour qu'il y eût équivalence.

Pour arriver à ces résultats, j'ai été obligé de faire bien des hypothèses, mais l'on pourrait en faire d'autres, et les résultats obtenus, un peu différents des premiers, ne changeraient rien aux conclusions qu'on peut en tirer.

Tout ce que je viens de dire prouve ce que, d'ailleurs, nous savons déjà depuis longtemps, c'est que le pavage ne peut devenir économique que lorsque la circulation est extrêmement lourde et intense.

Il y a 20 et quelques années, les ingénieurs de la Seine (dont je faisais partie) ont procédé à beaucoup de convertissements d'empierrements en pavages. Ils avaient raison parce que l'empierrement devenait insuffisant pour supporter l'énorme et lourde circulation des environs immédiats de Paris ; il revenait à des prix considérables. De plus, le pavage est plus propre et plus sain que l'empierrement et convient beaucoup mieux aux routes de la banlieue.

Il y a quelques années, sur la demande des automobilistes, on voulait leur faire dépaver toutes leurs voies ; ils ont résisté et ils ont eu raison. Au contraire, en Seine-et-Marne et dans plusieurs autres départements, nous avons fait, à cette époque, beaucoup de convertissements de pavages en empierrements dans l'intérêt de l'automobilisme : nous avions également raison, parce que les vieux pavages étaient à refaire complètement et que leur remplacement aurait coûté, comme premier établissement et comme entretien annuel, beaucoup plus cher que l'empierrement.

Il faut proportionner la force de l'outil au travail qu'il a à faire.

Aujourd'hui, on veut revenir au pavé et, comme je le disais en commençant, ses partisans ont propagé dans le public des erreurs d'appréciation considérables au sujet de son prix de revient annuel et réel.

Il est utile de rectifier, car il faut voir les choses telles qu'elles sont. En résulte-t-il qu'il faille renoncer aux essais de pavage de toute sorte qui sont tentés actuellement ? Loin de moi cette pensée. Les empierrements ne résistent plus aux circulations automobiles intenses ; donc il faut chercher, soit à les améliorer au moyen du goudron ou de tout autre produit, soit à les remplacer par un autre revêtement.

Le petit pavé, actuellement si prôné, est évidemment une solution, mais c'est encore une solution très chère. En effet je le répète, pour qu'il devienne aussi économique qu'un empierrement d'un prix déjà élevé (2e cas), il faut qu'il dure plus de 50 ans, s'il coûte 10 francs, le mètre carré, et plus de 25 ans s'il ne coûte que 8 francs. Or les expériences déjà faites ne semblent pas faire espérer des durées aussi longues. S'il convient à la circulation automobile, le petit pavé ne paraît pas bien résister aux lourds charrois.

Certes, je ne veux pas en conclure qu'il ne faut pas employer le pavé, et surtout le petit pavé, partout où la circulation automobile le réclame, mais il ne faut pas se faire d'illusions ; avec les prix actuels des matériaux, il est certain que cela coûtera toujours beaucoup plus cher que l'empierrement, sauf dans certains cas tout à fait exceptionnels.

Que faut-il donc chercher pour la très grande majorité de nos chaussées ? La réponse est très simple : ou bien un pavage très bon marché, ou un empierrement qui ne soit pas désagrégé par les automobiles à grande vitesse.

Il existe encore beaucoup de voitures à chevaux sur les routes, l'empierrement est le revêtement qui leur convient le mieux ; de plus, ce revêtement convient également très bien aux voitures automobiles quand il n'est pas désagrégé par elles. dès lors, ce qu'il faudrait plutôt trouver, c'est un mode d'empierrement qui ne se désagrège pas sous le passage des automobiles. Ce serait l'idéal de la route future. C'est donc dans ce sens qu'il faut orienter les recherches, et, en raison des résultats déjà obtenus et qui sont importants sans être parfaits, il y a lieu d'espérer qu'on arrivera à la solution complète dans un avenir peu éloigné.

Il résulte de cette note, qui a jeté certainement un peu d'eau froide sur l'enthousiasme un peu inconsidéré des partisans du bon pavé, que l'empierrement conserve actuellement sa supériorité au point de vue de l'économie et qu'il convient de le conserver, au moins provisoirement, en essayant de l'améliorer.

**3° Résultats économiques obtenus par les goudronnages.** — A ce dernier point de vue le goudronnage a rendu et est appelé à rendre de grands services.

On a beaucoup discuté les inconvénients et les avantages de ce procédé relativement nouveau, surtout celui de son prix de revient définitif.

Aujourd'hui, au point de vue des résultats, ce qui est certain c'est que de toutes les expériences tentées et de toutes les constatations faites, tant sur les routes ordinaires de France que sur les routes ayant supporté des circuits de vitesse, comme ceux du Taunus et de Dieppe, il résulte ce qui suit :

1° Le goudronnage est absolument efficace pour empêcher la formation de la poussière, quand l'opération est récente, et pour l'atténuer ensuite ;

2° Le goudronnage empêche la désagrégation de la chaussée ;

3° Il diminue l'usure et prolonge la durée des rechargements ;

4° Il ne dure guère qu'un an et il faut recommencer chaque année, mais le prix de revient diminue, parce que, lors de la 2e, 3e ou 4e opération, la chaussée absorbe moins de goudron, et que de plus il est souvent inutile de regoudronner les bords, où le goudron n'est pas usé.

Il s'agit maintenant de voir ce que coûte l'opération et de voir si cette amélioration, certaine et évidente, entraine de grands frais ou est économique.

La quantité de goudron à employer varie de 1 kilog. à

1 kilog. 5 pour la première fois et de 0 kilog. 5 à 1 kilog. pour les fois suivantes, par mètre carré.

Quant au prix de revient, il est encore plus variable, parce que le prix de la tonne de goudron varie lui-même de 30 fr., prix minimum, à 70 fr., prix maximum. Le mètre carré revient de 12 à 15 centimes pour le premier goudronnage et s'abaisse à 8 ou 9 centimes pour les goudronnages subséquents.

En admettant que l'on goudronne tous les ans, car c'est évidemment ce qu'il faut faire sur les portions de routes où la circulation est considérable, l'économie réalisée par la plus grande durée des rechargements successifs, compense-t-elle les frais annuels de goudronnage ?

De nombreuses expériences ont été tentées pour tirer la question au clair.

Nous avons laissé des parties non goudronnées entre deux parties goudronnées dans des conditions de circulation et d'exposition absolument identiques, et il suffit de parcourir ces portions de routes, pour constater que le goudron a considérablement préservé la chaussée de la désagrégation. Cela est certain, mais dans quelle mesure ?.. C'est plus délicat !.. Des essais précis sont actuellement en cours dans les trois départements avoisinant Paris, et des profils en travers ont été levés d'une manière précise sur des parties goudronnées et d'autres non goudronnées situées dans les mêmes conditions. Ces essais ne sont pas assez anciens pour permettre une appréciation de quantité.

La première expérience probante que nous ayons est celle de l'avenue Thiers à Melun, parce que le premier goudronnage y a été fait en 1903, et que, depuis, elle a été goudronnée tous les ans.

En 1905, nous avions admis, pour être modérés, que le goudron ferait durer le rechargement une année de plus, 5 ans au lieu de 4, et nous avions trouvé que nous faisions par an, avec le goudronnage, une économie de 5 centimes par mètre carré. Nous avions fait le calcul suivant :

| | |
|---|---|
| Économie annuelle sur l'arrosage. . . . . | 100 fr. |
| — sur l'ébouage . . . . . | 200 fr. |
| Total . . . . . . . . . . | 300 fr. |

Soit par mètre carré . . . . . . . . $\frac{300}{5720}$ = 0 fr. 05

Economie annuelle provenant de la prolongation d'un an du rechargement à 2 fr. 10 le mq. $\frac{2.10}{4} - \frac{2,10}{5}$ = 0 fr. 10

Total de l'économie annuelle 0 fr. 15

Or le goudronnage a coûté 0 fr. 12 en 1903, 0 fr. 10 en 1904 et 0 fr. 09 en 1905 et années suivantes. Pour être large, admettons 12 centimes la première année, 10 les autres. La moyenne en 5 ans serait :

$$\frac{0,12 + 4 \times 0,10}{5} = 0 \text{ fr. } 10$$

L'économie serait donc de . . . . . . . . 0 fr. 05

Aujourd'hui nous pouvons être plus affirmatif : notre rechargement a été prolongé de 2 ans et alors, en recommençant le calcul, nous avons :

Économie sur l'arrosage et l'ébouage 0 fr. 05

Economie de rechargement $\frac{2,10}{4} - \frac{2,10}{6}$ = 0 fr. 17

Total 0 fr. 22

Frais de goudronnage $\frac{0,12 + 5 \times 0,10}{6}$ = 0 fr. 11

Economie définitive 0 fr. 11

On constate donc que, sans tenir compte de la diminution des frais d'ébouage et d'arrosage, l'opération aurait été quand même économique.

Naturellement, comme je l'ai dit en 1905, il s'agit d'une voie de luxe très fréquentée par les automobiles, et, par suite, il ne faudrait pas en tirer des conséquences trop absolues, et je répéterai ce que j'ai dit en 1905 :

*Il est avantageux et quelquefois économique de goudronner les traverses empierrées et les nouveaux rechargements sur les routes et chemins fréquentés par les automobiles.*

Ce que je viens de dire ne vise qu'un cas particulier qui m'est personnel, puisque c'est moi qui ai mis l'opération en train en 1903. Il m'a permis de me faire une opinion basée sur des faits précis et des dépenses réelles, mais un cas isolé ne suffit pas.

En ce qui concerne la suppression de la poussière sur les voies de luxe, l'efficacité du goudron n'est plus contestée. A Nice, le long de toute la côte d'Azur, dans toutes les stations balnéaires, en Normandie, en Bretagne, etc. toutes les routes sont goudronnées. On ne supporterait plus qu'elles ne le fussent pas. Malheureusement les dépenses et les durées de prolongement des rechargements ne sont pas nettement constatées, et l'on ne peut juger exactement les résultats économiques de l'opération.

**4° Résultats obtenus par les ingénieurs de la ville de Paris.** — Comme la ville de Paris fait procéder depuis quelque temps à de nombreux goudronnages sur les chaussées empierrées des différentes voies, j'ai prié M. l'inspecteur général Boreux de me donner des renseignements précis sur les dépenses faites et sur les économies réalisées.

M. l'inspecteur général Boreux et ses collaborateurs ont eu l'obligeance de me les envoyer en détail en décembre 1910, et je suis heureux de pouvoir les résumer ici, en les complétant par ceux de 1911, car au point de vue des prix de revient la question n'a jamais été mise en lumière d'une façon aussi précise.

Il y a lieu de distinguer entre les voies qui supportent une circulation lourde et intense et celles qui supportent une circulation active mais légère.

Pour les dernières, la preuve est faite, pour l'avenue du bois de Boulogne par exemple.

La période d'aménagement des rechargements était autrefois de 3 ans seulement. Dès la fin de la première année, les dégradations produites par les automobiles étaient notables ; pendant les années suivantes, la chaussée était très défectueuse malgré un entretien constant. Après le rechargement de 1906, le goudronnage a été effectué pour la première fois en mai 1907 et renouvelé deux fois par an pendant les années suivantes. Moyennant des réparations notablement moindres, la chaussée a été maintenue continuellement en très bon état, et l'on a déjà gagné un an sur la période normale de rechargement, sans que l'on puisse prévoir l'époque à laquelle un rechargement général deviendra nécessaire.

Depuis le dernier rechargement, les dépenses d'entretien ont été les suivantes :

| Année | Nature | Détail | Total |
|---|---|---|---|
| 1906 | Rechargement de septembre. . . . | | 97.481 fr. 81 |
| 1907 | Réparations d'entretien. | 2.977 fr. 17 | 6.837 » 35 |
| | Goudronnage en mai. . | 3.860 » 18 | |
| 1908 | Réparations d'entretien. | 9.151 » 47 | 17.836 » 64 |
| | Goudronnage en avril. . | 5.539 » 07 | |
| | Goudronnage en septembre . . . . . . | 3.146 » 10 | |
| 1909 | Réparations d'entretien. | 12.997 » 96 | 22.256 » 11 |
| | Goudronnage en avril. . | 4.716 » 36 | |
| | Goudronnage en septembre . . . . . . | 4.541 » 79 | |
| 1910 | Réparations d'entretien. | 6.634 » 74 | 16.557 » 74 |
| | Goudronnage en avril. . | 5.395 » 00 | |
| | Goudronnage en septembre . . . . . . | 4.528 » 00 | |
| 1911 | Réparations d'entretien. | 16.687 » 00 | 27.501 » |
| | Goudronnages . . . | 10.814 » 00 | |
| | Total au 31 décembre 1911. | | 188.470 » 65 |

Soit en moyenne pour un mètre carré.

$$\frac{188.470,65}{23.580 \times 5,5} = 1 \text{ fr. } 45.$$

Pendant la période précédente, *lorsqu'on ne goudronnait pas*, les dépenses avaient été les suivantes :

|  |  |  |
|---|---|---|
| 1903 | Rechargement de mars. . . . . | 112.779 fr. 20 |
| 1904 | Réparations d'entretien. . . . . | 26.481 fr. 03 |
| 1905 | — — . . . . . . | 32.657 fr. 38 |
| 1906 | — avant le rechargement de septembre . . . | 1.218 fr. 00 |
| | Total . . . . . . . . . . | 173.135 fr. 61 |

soit en moyenne $\frac{173.135 \text{ fr. } 61}{23.580 \times 3,5} = 2$ fr. 10 par an.

Ainsi, d'après ces détails, on a économisé par le goudronnage (2 fr. 10 — 1 fr. 45) = 0 fr. 65 par mètre carré et par an.

Soit pour toute l'avenue (23.580 mq. ×0,65) = 15.327 fr. par an, c'est-à-dire 30 0/0 de la dépense totale.

Si l'on y ajoutait les économies d'arrosage, d'ébouage, de nettoiement, etc., beaucoup plus difficiles à chiffrer exactement, on arriverait à attribuer au goudron un avantage économique beaucoup plus considérable. Les ingénieurs de la ville de Paris et moi-même, nous ne voulons avancer que des faits précis et indéniables, et par suite nous ne pouvons affirmer qu'une chose, et c'est là un point très important, c'est que, pour ce nouveau cas particulier de l'avenue du Bois de Boulogne, l'usage du goudron produit une économie de plus de 1/4.

En ce qui concerne les autres voies de Paris, les résultats sont moins nets ; cependant M. l'ingénieur en chef Bret estime que, sur les rues Saint-Charles et Félix Faure, l'économie sur les emplois a compensé les dépenses de goudronnage. Sur les rues Cortambert et le Boulevard Delessert, la période de rechargement a été augmentée d'un an, soit d'un tiers.

Place Victor Hugo, rue de Lonchamp, Boulevard Flandrin, Boulevard Lannes, avenue Henri Martin, le goudronnage n'aurait pas produit d'économie, soit parce que la circulation y est très lourde, soit parce que les chaussées ombragées, comme celle de l'avenue Henri Martin, restent toujours humides. Avenues Malakoff et Bugeaud, rue de la Faisanderie, on gagne environ un an pour la période de rechargement.

Sur le cours de Vincennes, d'après M. l'ingénieur Pellé, le goudronnage aurait procuré une économie de 25 °/₀ en matériaux d'entretien, ce qui, déduction faite des frais de goudronnage, correspondrait à une économie en argent de 10 °/₀ ; cependant il ne l'affirme pas expressément, mais il ajoute qu'il y a une économie certaine sur l'arrosage, qui est beaucoup diminué en raison de la suppression de la poussière. Il termine en disant que l'économie n'a pas pu être très exactement évaluée, mais qu'elle est incontestable.

Dans le centre de Paris, quai de l'Horloge, quai des Orfèvres et rue Lobau, les résultats ne sont pas très nets, d'après M. l'ingénieur Mazerolle, parce que la circulation y est lourde et intense.

Enfin tous les ingénieurs sont d'accord pour affirmer que, grâce au goudron, le nombre des arrosages est notablement diminué par suite de la suppression de la poussière.

En résumé, M. l'inspecteur général Boreux conclut ainsi :

« 1° Les goudronnages permettent toujours sinon de supprimer, du moins de réduire les arrosages ;

« 2° Dans les voies humides ou à circulation importante et lourde, les goudronnages n'ont pas d'avantages appréciables ;

« 3° Les goudronnages ne permettent de réduire les frais d'entretien que dans les voies bien aérées et bien exposées, où la circulation, si elle est active, est du moins légère. L'économie paraît alors atteindre 1/5 des dépenses habituelles d'entretien ».

Il y a lieu de remercier les ingénieurs de la ville de Paris d'avoir bien voulu chiffrer les économies réalisées, car cela n'avait pas été fait jusqu'à présent d'une manière aussi précise. Ils ont été prudents et n'ont avancé que ce qu'ils étaient en mesure d'affirmer en se basant sur des faits bien établis.

On peut donc en tirer la conclusion certaine suivante :

Par suite de la suppression de la poussière, le goudron diminue les frais d'arrosage et de nettoiement ; il produit en outre sur les frais d'entretien proprement dits une économie qui peut atteindre 1/5, même lorsque la circulation est très active, à la condition qu'elle ne soit pas lourde.

On ne peut tenir une route empierrée sans la goudronner lorsque la circulation automobile y est intense.

Ces résultats sont tangibles et indéniables pour l'avenue du Bois de Boulogne, pour la route 185, entre Saint-Cloud et Versailles, en Seine-et-Oise, et pour plusieurs routes des départements de Seine-et-Oise et de Seine-et-Marne.

Restent les routes où la circulation est lourde et intense. Pour elles, il y a divergence d'opinion. Il est certain que dans ce cas l'effet du goudron est de très faible durée, et cela se comprend : l'usure est rapide, la surface goudronnée disparaît au bout de très peu de temps, et c'est ce qui a fait dire à plusieurs ingénieurs que le goudron paraît agir par surface *plutôt que par pénétration, celle-ci étant toujours faible et consistant pour une grande partie en une simple coloration.*

Je ne partage pas cette dernière opinion et je persiste à penser que le goudron peut avoir un effet très utile même avec une circulation très lourde, en formant mortier élastique et en empêchant la désagrégation. J'en ai fait l'expérience aux abords des sucreries. Seulement, comme en général le goudron ne pénètre que de 3 ou 4 centimètres au plus dans les chaussées, si cette dernière s'use rapidement de 2 ou 3 centimètres, le goudron disparaît et il y aurait lieu, par suite, de rechercher les moyens de le faire pénétrer davantage, afin de prolonger la durée de son efficacité. C'est ce qui a amené bien des ingénieurs à incorporer le goudron dans le corps même de la chaussée, ainsi que je l'ai indiqué précédemment.

Tel est, au commencement de 1912, l'état de la question importante qui nous occupe. C'est la vérité d'aujourd'hui, mais ce n'est peut-être pas celle de demain, car on cherche partout dans le monde entier de nouveaux procédés, et dans quelques années on en aura peut-être trouvé un qui remplacera tous les autres.

Il ne faut pas d'ailleurs avoir la prétention de trouver un système qui puisse s'appliquer à toutes les voies de communication. Les résultats déjà obtenus montrent que ce qui réussit à un endroit ne réussit pas à un autre. Les conditions d'aération, la nature de la circulation, son intensité, la qualité des matériaux employés, le sous-sol, etc., etc. ont des influences qu'il est difficile, sinon impossible de prévoir d'avance et même d'analyser. L'expérience seule peut nous renseigner d'une manière précise, et l'étude de ces questions, très complexes et très variées, est fort difficile et, par suite, extrêmement intéressante.

Je ne puis mieux terminer ce chapitre qu'en reproduisant la fin du rapport du 4 novembre 1911 envoyé à M. le Ministre des Travaux publics par la *Commission d'études pour la suppression de la poussière et la conservation des chaussées*, car il s'adresse aux jeunes ingénieurs français, qui auront à cœur de soutenir la bonne renommée des routes de leur patrie.

« Il importe que la France qui a joui jusqu'à ce jour d'une

réputation universelle — et méritée — pour l'excellence de son réseau routier, ne se laisse pas dépasser aujourd'hui par les nations rivales.

« Or, l'Angleterre, grâce à la création toute récente (1909) de son « Road Board » qui dispose d'un budget considérable [1.161.344 £ soit 29.000.000 fr. pour les deux exercices financiers 1909-1910 et 1910-1911], alimenté par des taxes spéciales sur la circulation des automobiles et sur l'essence qu'elles consomment, a abordé largement le problème et semble décidée à le résoudre.

« Les Etats-Unis d'Amérique — si longtemps en retard au point de vue routier — se sont attaqués à la même question avec la décision, la hardiesse et l'ampleur dans le choix des moyens qui caractérisent les méthodes d'action habituelles à leurs populations.

« Les publications techniques américaines sont littéralement remplies d'informations concernant la création de vastes réseaux de chemins dans tel ou tel Etat de l'Union, de l'allocation de fonds considérables pour l'expérimentation de nouvelles méthodes de revêtements goudronneux ou bitumineux, la réunion de conférences et de congrès techniques locaux, etc.

« L'Allemagne travaille silencieusement, mais sa participation aux récents Congrès internationaux de la route et les indications recueillies dans ses revues techniques spéciales, dont le nombre s'accroît chaque jour, témoignent de son labeur persévérant.

« L'Italie vient de réunir à Turin — à propos de l'Exposition Universelle de 1911 — un Congrès national de la route qui a eu dans la Péninsule un grand retentissement et remporté un légitime succès.

« Bref, partout l'on travaille le problème de la route. Il importe que l'Administration française des Travaux Publics conserve dans ce tournoi pacifique la première place qu'elle s'est acquise, et que le Gouvernement français a entendu lui faire reconnaître quand il a pris en 1908 l'initiative de la réunion à Paris du premier Congrès international de la route. »

CHAPITRE VII

# Quelques Conseils au sujet des modifications à faire aux routes et chemins dans l'intérêt de l'automobilisme

**1° Goudronnage.** — Le goudronnage est fort utile et peut dans bien des cas devenir économique.

Sur toutes les routes et tous les chemins fréquentés par les automobiles, et surtout dans les traverses, pour éviter la poussière aux riverains, il faut goudronner. Quand il y a des courses d'automobiles, le goudronnage s'impose, mais on doit en laisser la charge aux organisateurs et proposer de n'autoriser lesdites courses qu'à la condition que toutes les chaussées parcourues soient goudronnées au préalable (voir toutefois la note, à la suite de ce chapitre, sur l'emploi du chlorure de calcium).

Tous les nouveaux procédés, tous les essais et inventions, dont je ne vous ai donné pour ainsi dire qu'une nomenclature, n'ont pas encore suffisamment fait leur preuve pour qu'il soit permis à votre professeur de vous en recommander un ou plusieurs d'entr'eux.

Continuez à les étudier et à les expérimenter, mais n'oubliez pas la question économique.

Il ne suffit pas de trouver un bon revêtement : il en existe beaucoup ; l'on peut et l'on doit les employer dans les grandes villes et leurs banlieues. Mais ce qu'il faut chercher, parce qu'il n'est pas encore trouvé, c'est un mode de revêtement susceptible d'être employé en rase campagne, sur les nombreuses routes terrestres qui sillonnent notre pays. Pour cela il faut que ce revêtement soit supérieur à l'empierrement et que, en tenant compte de l'entretien, de l'intérêt et de l'amortissement, il ne coûte pas plus cher que le dit empierrement, ou tout au moins que la différence ne soit pas très grande.

**2° Relèvement des virages.** — Une Commission dont j'étais le Président a été instituée au Touring Club. Elle était composée de MM. Heude, Résal, Broca, S. Dreyfus, Périssé. Elle a présenté un rapport publié en 1905.

Voici ses conclusions :

« 1° Laisser le côté concave de la chaussée tel quel et prolonger la déclivité sur le côté convexe, sans que le dévers dépasse 0 m. 04 à 0 m. 05 par mètre.

« 2° Exécuter le relèvement maximum sur tout le développement de la courbe, c'est-à-dire faire les raccordements exclusivement dans les parties rectilignes, avant et après la courbe.

« 3° Dans la courbe, la déclivité du caniveau ou du fossé relevé du côté convexe sera naturellement la même que l'ancienne, mais dans les raccordements entre le nouveau profil et l'ancien on établira deux déclivités intermédiaires telles qu'à la sortie (en descendant) la nouvelle déclivité soit d'un tiers supérieure à l'ancienne et qu'à l'entrée elle soit d'un tiers inférieure à celle-ci.

« 4° Lorsqu'il s'agit d'un tracé en S, s'il n'existe pas entre les deux courbes une partie droite suffisamment longue pour réaliser les règles indiquées ci-dessus, on exécutera le travail de manière à protéger le plus possible la courbe tournant à gauche en descendant.

« La commission émet le vœu que, dans les déclivités en courbe, la largeur de la chaussée soit augmentée chaque fois que cela sera possible, de façon à permettre aux voitures rapides de croiser ou dépasser les voitures lourdement chargées sans les déranger. »

Préalablement, j'avais fait exécuter dans la forêt de Fontainebleau un premier relèvement, à la Croix d'Augas, et les automobilistes étaient venus le voir et l'essayer.

Ils ne l'avaient pas trouvé suffisant, parce que je n'avais fait que continuer à gauche la pente générale de la chaussée, déjà existante à droite. Les automobilistes auraient voulu un dévers plus accentué.

Cependant il ne faut pas négliger tout à fait les voitures ordinaires. Or ces dernières ont déjà trouvé ma pente trop forte; c'est pour cette raison que la commission a été modérée en demandant que la pente ne dépasse pas 4 à 5 centimètres par mètre, de manière à concilier les deux modes de circulation.

Des profils en long et en travers ont été dressés par nos soins et ne donnent lieu qu'à l'observation suivante :

Le relèvement doit avoir lieu sur toute la partie en courbe et les raccordements doivent ne se faire que sur les

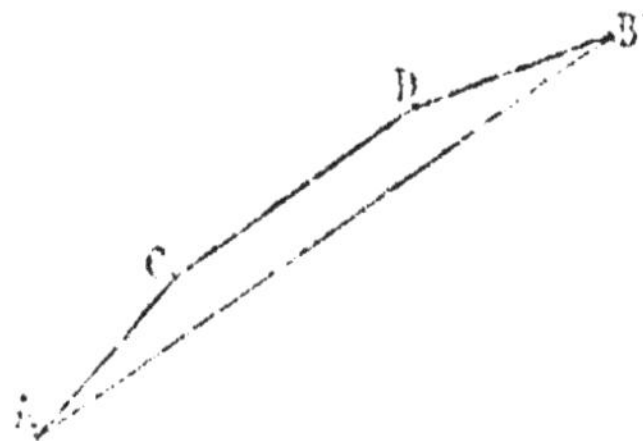


Fig. 37.

parties droites, mais alors on arrive à créer un inconvénient assez grave pour la pente du caniveau extérieur.

Soit AB le profil en long ancien de ce caniveau. On le relèvera de 20 centimètres, par exemple en CD sur toute la longueur de la courbe ; il sera facile d'effectuer le raccordement DB, mais l'autre raccordement, CA, ne pourra se faire qu'en augmentant la déclivité, qui deviendra supérieure à la déclivité primitive. On est alors amené à le faire sur une assez grande longueur, et c'est une dépense sérieuse.

Quoi qu'il en soit, le relèvement des virages est une bonne opération.

Cependant les relèvements déjà exécutés ne sont pas nombreux pour les raisons suivantes :

Dans les traverses, où se trouvent généralement les plus nombreux et les plus dangereux virages, on ne peut les relever parce qu'alors on enterrerait des seuils de maisons. De plus, dans les traverses des agglomérations, les automobiles ne doivent pas marcher vite, et par suite le relèvement serait plus nuisible qu'utile.

En rase campagne, il ne faut pas hésiter à faire ces relèvements quand la dépense correspondante n'est pas élevée. De plus, on peut en réaliser quelques uns, au moment des rechargements, sans dépenses supplémentaires.

**3° Cimentage.** — Dans certains cas, assez rares d'ailleurs, car ils ne se présentent guère que sur les circuits de course, on doit cimenter la chaussée.

Voici un extrait du rapport que nous avons fait après le circuit de Dieppe.

« Au virage de Londinières, les dégâts causés par les automobiles, au cours des essais, avaient été tels, qu'il a fallu les réparer pour la course, et l'Automobile-Club avait décidé de cimenter l'intérieur du premier virage sur 15 centimètres d'épaisseur et environ 4 mètres de largeur. Le travail aux abords avait été effectué le samedi soir, mais la prise était encore insuffisante le lundi, en raison de la persistance de la pluie depuis l'exécution. La surface de l'enduit avait été rayée de stries de 3 centimètres de profondeur, formant des losanges ayant des diagonales de 35 à 55 centimètres environ. Ce revêtement avait été prolongé entre les rails du chemin de fer, et le passage sur la voie ferrée était ainsi rendu très doux. Après la course, cette partie cimentée avait bien résisté. »

Par suite, je l'ai dit en commençant, le cimentage est bon dans les virages très fréquentés.

**4° Suppression des saignées.** — Nous l'avons vu, il faut renoncer aux accotements élevés et aux bordures de trottoirs lorsque la chaussée n'a pas au moins 6 mètres entre accotements ou bordures. Un roulier reste endormi au milieu de la chaussée, il faut pouvoir passer à sa gauche ou à sa droite sans le déranger.

Dès lors, sur les routes où la chaussée est étroite, décapez vos accotements pour supprimer les saignées de manière qu'une automobile puisse s'y ranger, à la rencontre d'un roulier qui ne bouge pas, ou puisse y circuler pour le dépasser.

**5° Croisement des routes et Code de la route adopté par l'Automobile-Club.** — En dehors des bons conseils donnés aux chauffeurs par le Code de la route adopté par l'Automobile-Club, il n'y a à retenir dans ce code que la règle à suivre lorsque deux automobiles vont se rencontrer au croisement de deux routes. Voici un extrait de l'art. 4.

« Si deux voitures convergent vers un croisement découvert, le conducteur qui voit une voiture à sa droite doit lui céder le pas, quelle que soit la largeur relative des routes ; il devra donc ralentir en conséquence et au besoin s'arrêter. »

Cette prescription est semblable à celle relative aux navires en mer : quand un bateau voit arriver un autre bateau à tribord, il doit s'arrêter, quand il le voit à babord, il continue sa route.

Il est à souhaiter que cette règle se généralise et devienne officielle, mais, pour qu'elle soit utile, il faut que les croisements soient découverts, ce qui existe rarement. En tous cas, nous devons essayer de dégager la vue le plus possible dans les croisements.

Par suite, quand vous ferez des plans d'alignement, proposez des pans coupés très larges à tous les angles, en essayant de faire adopter que la dépense soit partagée entre les deux voies de communication qui se rejoignent.

Quand vous ferez des projets de routes ou chemins aboutissant sur d'autres, prévoyez des pans coupés encore plus accentués, car, quand on achète ou on exproprie des terrains, l'augmentation de la surface provenant de ces pans coupés, est bien peu de chose par rapport à la surface totale.

Etudiez encore très sérieusement le raccordement d'un nouveau chemin avec un ancien ; au point de vue du nivellement, essayez de ménager un palier, ou une déclivité très faible sur au moins 50 mètres avant le raccordement.

Prévoyez de suite le mode d'écoulement des eaux, de manière à éviter les cassis. En effet, quand on fait un travail neuf, il est facile d'obtenir quelques centaines de francs de plus pour éviter les inconvénients des cassis. Au contraire, quand le travail est fait, il est bien plus difficile d'obtenir un nouveau crédit pour réaliser une amélioration.

Quand c'est possible, prévoyez même des pattes d'oie, aux raccordements, avec de grands rayons.

L'avenir est à la vitesse, et la sécurité dans la vitesse exige, aux raccordements, de faibles déclivités et de grands rayons.

---

## Note sur l'emploi de chlorure de calcium au circuit de l'Automobile-Club de France, près Dieppe, en 1912.

Le circuit de juin 1912 a eu lieu, comme ceux de 1907 et de 1908, sur un triangle formé par les Chemins de grande communication N$^{os}$ 135 et 140 et la Route Nationale N° 25, triangle dont les sommets se trouvent au point dit : « La Fourche », près de Dieppe, à Londinières et à Eu. La longueur totale est de 77 kil. 838, dont 27 kil. 881 appartenant à la Route Nationale N° 25, entre la Fourche et Eu. Lors des précédents circuits, les chaussées avaient été goudronnées par M. Lassailly, et les résultats avaient été satisfaisants au point de vue de la protection des chaussées ; mais les coureurs s'étaient plaints vivement des maux d'yeux attribués à l'emploi du goudron. Aussi, en 1912, l'Automobile-Club de France décida-t-il d'avoir recours au chlorure de calcium, sous réserve de quelques virages dont le goudronnage fut accepté, sur la demande du service des Ponts et Chaussées, par l'Automobile-Club ; cette solution mixte fut admise par M. le Ministre des Travaux Publics (décision du 25 mai 1912), sous réserve de la responsabilité de l'Automobile-Club. Notons d'ailleurs que le cimentage fait en 1900 au virage de Londinières (voir p. 285), était encore en bon état et a bien supporté le circuit de 1912.

Les quelques goudronnages prévus furent exécutés par le service des Ponts et Chaussées aux frais de l'Automobile-Club, au moyen de goudron liquide à froid, provenant de l'usine à gaz de Dieppe ; les résultats obtenus ont été tout à fait satisfaisants, mais nous aurons à signaler la répugnance inspirée aux coureurs par les parties goudronnées.

Le chlorure de calcium, décoré du nom d'*Akonia*, a été répandu à l'état pulvérulent, à l'aide de distributeurs d'engrais et à raison de 400 grammes par mètre carré. La course devant avoir lieu les 25 et 26 juin, le répandage fut opéré les 22 et 23 juin, par temps sec, les journées précédentes ayant été elles-mêmes chaudes et sèches ; mais une légère pluie tomba dans la nuit du 23 au 24 et une pluie assez abondante dans la matinée du 24. Néanmoins, dans l'après-midi de ce dernier jour, les chaussées non traitées étaient déjà poussiéreuses et le passage des automobiles y soulevait des nuages très sensibles. Au contraire, aucun nuage de poussière n'apparaissait sur les chaussées du circuit, et, quand une automobile passait à l'extérieur de l'empierrement, si elle soulevait quelque chose, c'était une matière agglomérée, qui retombait de suite sans occasionner aucun nuage.

Le 25, premier jour de la course, le temps fut beau dans la matinée et au commencement de l'après-midi, mais ensuite il tomba une pluie assez abondante qui reprit dans la nuit du 25 au 26. Toute la seconde journée fut belle (1).

Pendant toute la course, il y eut absence complète de nuages de poussière, sur le circuit, alors qu'en dehors, dès que les chaussées séchaient, la poussière reparaissait. Une visite du circuit, faite le lendemain 27, permit de reconnaître que, en dehors des virages, la chaussée était en bon état, seulement décapée comme si elle avait été soumise à l'action d'une râpe. Les virages ont permis de faire une observation assez curieuse : là où le goudronnage avait été fait sur toute la largeur de la chaussée, comme dans le virage existant à l'entrée de la traverse de Criel, au bas de la côte du même nom, la protection avait été absolument efficace ; là où il n'y avait pas eu goudronnage, la chaussée avait subi quelques

(1) Nous reproduisons les résultats des observations pluviométriques faites à Dieppe, Londinières et Eu.

*Hauteurs d'eau constatées dans la matinée, tombées durant les 24 heures précédentes.*

| Jours des lectures | A Dieppe | A Londinières | A Eu |
|---|---|---|---|
| 23 juin. . . . | » | » | » |
| 24 juin. . . . | 1 mm. | » | » |
| 25 juin. . . . | 3 mm. 50 | 2 mm. 75 | 6 mm. |
| 26 juin. . . . | 3 mm. 75 | 5 mm. 25 | 4 mm. 75 |
| 27 juin. . . . | » | 0 mm. 25 | » |

dégradations, sans grande gravité du reste. Là enfin où l'on s'était contenté de goudronner toute la partie intérieure de la courbe, les coureurs, craignant sans doute le goudron, avaient souvent préféré passer du côté intérieur malgré le danger du contre-dévers, et quelques dégradations s'y observaient naturellement.

Un mois après le circuit, malgré des pluies assez fréquentes, l'influence du chlorure de calcium était encore assez sensible, les jours de sécheresse.

Nous ne croyons pas qu'aucun coureur se soit plaint de maux d'yeux.

En résumé et sous réserve des renseignements plus complets qu'apporterait un circuit couru par temps sec, nous croyons qu'on peut dire que le chlorure de calcium constitue en pareil cas une protection généralement suffisante des chaussées ; dans les virages, le goudronnage a l'avantage de s'opposer plus efficacement aux dégradations, mais on doit tenir compte de la répugnance qu'éprouvent les coureurs à s'aventurer dessus, soit pour ne l'employer qu'aux points où il paraîtrait indispensable, soit pour l'étendre à toute la largeur de la chaussée.

Enfin nous ne connaissons encore, à l'heure actuelle, ni le prix réel et total du procédé, ni la durée exacte de son efficacité.

Par suite, on ne peut dire actuellement qu'une chose ; c'est que, pour les fêtes qui ne durent que quelques jours, l'Akonia paraît donner de bons résultats.

# ERRATA

Page 112. *Modifier ainsi le titre du Chapitre VI* :

COMPTABILITÉ DES CHEMINS VICINAUX

Page 120, ligne 2 en remontant. *Au lieu de* : 13 juillet 1883, *lire* : 12 juillet 1893.

Page 140, ligne 5. *Au lieu de* : $f_r/^r$, *lire* : $f^r/r$.

Page 148, ligne 17. *Supprimer le* ; .

# TABLE DES MATIÈRES

## CHAPITRE IV

### Ressources de la voirie vicinale.



## CHAPITRE V

### Exécution des travaux.



## CHAPITRE VI

### Comptabilité des chemins vicinaux.



## CHAPITRE VII



# DEUXIÈME PARTIE

## Voies ferrées sur chaussées.

CHAPITRE PREMIER

**Loi du 11 juin 1880 et décret du 18 mai 1881.**



CHAPITRE II



CHAPITRE III

**Différentes voies à employer sur chaussées.**



CHAPITRE IV



CHAPITRE V



CHAPITRE VI



TROISIÈME PARTIE



CHAPITRE PREMIER

**Historique.**

CHAPITRE II

**Dégradation des chaussées par les automobiles.**

## CHAPITRE III

### Goudronnage à chaud.



## CHAPITRE IV

### Goudronnage à froid et divers.



## CHAPITRE V

### Construction de chaussées diverses.



## CHAPITRE VI

### Résultats généraux. Prix de revient des chaussées actuellement en usage et des goudronnages.



## CHAPITRE VII

### Quelques conseils au sujet des modifications à faire aux routes et chaussées dans l'intérêt de l'automobilisme.



---

Imp. J. Thevenot, Saint-Dizier (Haute-Marne)

# ENCYCLOPÉDIE DES TRAVAUX PUBLICS (*suite*)

---

## OUVRAGES DE PROFESSEURS A L'ÉCOLE NATIONALE SUPÉRIEURE DES MINES

M. AGUILLON. *Législation des mines, française et étrangère*. 40 fr. On vend séparément : — La *Législation en France, dans les colonies et protectorats*, 2ᵉ édition (très augmentée), 1 très fort volume (1.011 pages) . . . . . . . . . . . . . . . . . . . . . 25 fr.
— Les *Législations étrangères* . . . . . . . . . . . . . . . . . . . . . 15 fr.
M. PELLETAN. *Lever des plans et nivellement souterrains* (Voir ci-dessus : *Durand-Claye*).
M. CHESNEAU *Lois générales de la Chimie*. 1 vol. avec 37 figures. . . . . . . 7 fr. 50
MM. VICAIRE et MAISON. *Cours de Chemins de fer de l'École des Mines* ; 582 p., 403 fig. 20 fr.

## OUVRAGE D'UN PROFESSEUR A L'ÉCOLE NATIONALE FORESTIÈRE

M. THIÉRY. *Restauration des montagnes*, avec une *Introduction* par M. LECHALAS père. Vol. de 442 pages, avec 173 figures. . . . . . . . . . . . . . . . . . . . . 15 fr.

## OUVRAGES DE DIVERS AUTEURS

M. CHARPENTIER DE COSSIGNY, ingénieur civil des mines, lauréat de la Société des agriculteurs de France. *Hydraulique agricole*. 2ᵉ édit., 1 vol., avec 160 figures . . 15 fr.
M. DEGRAND, inspecteur général honoraire des ponts et chaussées. *Ponts en maçonnerie* (Voir ci-dessus : *J. Resal*).
M. DOSTOL, inspecteur général des ponts et chaussées en retraite. *Réglementation des chemins de fer d'intérêt local, des tramways et des automobiles*. 1 vol. avec figures. 10 fr.
— *Complément à l'ouvrage ci-dessus* . . . . . . . . . . . . . . . . . . . . . 3 fr.
M. le Dʳ DUCHESNE, ancien président de la Société de médecine pratique. *Hygiène générale et Hygiène industrielle*, ouvrage rédigé conformément au programme du *Cours d'hygiène industrielle* de l'École centrale. 1 vol. de 740 pages avec figures. . . 15 fr.
M. L. FARGUE, inspecteur général des ponts et chaussées en retraite. *Hydraulique fluviale. La forme du lit des rivières à fond mobile*. 1 volume de 187 pages avec 15 planches hors texte et de nombreuses figures dans le texte. . . . . . . . . . . . . . . 9 fr.
M. HENRY (Ernest), inspecteur général des ponts et chaussées. *Théorie et pratique du mouvement des terres, d'après le procédé Bruckner*. 1 vol., 2 fr. 50. — *Ponts métalliques à travées indépendantes : formules, barèmes et tableaux*. 1 vol. de 639 pages, avec 267 figures, 20 fr. — *Traité pratique des chemins vicinaux*. 2ᵉ édit., volume de près de 800 pages. 25 fr.
M. Maurice KOECHLIN, ingénieur. *Applications de la statique graphique*. 1 vol., avec 311 figures et 1 atlas de 34 planches, seconde édition, revue et très augmentée, 30 fr. — *Recueil de types de ponts pour routes*. 1 vol. de 306 pages et un atlas. . . . . 25 fr.
M. LALLEMAND, de l'Institut, inspecteur général des mines. *Nivellement de précision* (Voir ci-dessus *Durand-Claye*).
M. LAVOINNE. *La Seine maritime et son estuaire*. 1 vol., avec 49 figures . . . . . 10 fr.
M. LECHALAS père, inspecteur général des ponts et chaussées. *Hydraulique fluviale*. 1 vol. avec 78 figures. 17 fr. 50 — *Des conditions générales d'établissement des ouvrages dans les vallées* (Voir ci-dessus : *J. Resal et Degrand* ; c'est l'introduction à leur *Traité des Ponts en maçonnerie*).
M. LECHALAS fils, ingénieur en chef des ponts et chaussées. *Manuel de droit administratif*. Tome I, 20 fr. ; tome II, 1ʳᵉ partie, 10 fr. ; tome II, 2ᵉ partie . . . . . . . . 10 fr.
M. LÉVY-LAMBERT, ingénieur, chef de service au chemin de fer du Nord. *Chemins de fer à crémaillère*, 2ᵉ édition. 1 vol. de 479 pages avec 136 fig. 15 fr. — *Chemins de fer funiculaires. Transports aériens*. 2ᵉ édit. 1 vol. de 526 p., avec 212 fig. . . . . . 15 fr.
M. LEYGUE, ancien ingénieur auxiliaire des travaux de l'État, agent-voyer en chef de la province d'Oran. *Chemins de fer. Notions générales et économiques*. 1 vol. de 617 pages, avec figures . . . . . . . . . . . . . . . . . . . . . . . . . . . . . 15 fr.
M. P. NIEWENGLOWSKI, ingénieur au corps des mines. *Précis d'électricité*, 1 vol. de 200 pages avec 84 figures. . . . . . . . . . . . . . . . . . . . . . . . . 6 fr.
M. E. PONTZEN, ingénieur civil (l'un des auteurs de *Les chemins de fer en Amérique* : *Procédés généraux de construction : Terrassements, tunnels, dragages et dérochements*, 1 vol. de 372 pages, avec 234 figures (médaille d'or à l'Exposition de 1900) . . 25 fr.
M. TARBÉ DE SAINT-HARDOUIN, inspecteur général des ponts et chaussées, ancien directeur de l'École de ce corps. *Notices biographiques sur les ingénieurs des ponts et chaussées*. un vol. . . . . . . . . . . . . . . . . . . . . . . . . . . . . . . 5 fr.
M. N. DE TÉDESCO, ingénieur. *Recueil de types de ponts pour routes en ciment armé*. 1 vol. de 307 pages avec atlas. . . . . . . . . . . . . . . . . . . . . . . . 25 fr.

---

Chaque ouvrage se vend séparément (et aussi chaque volume des ouvrages qui en comprennent plusieurs). Il n'y a pas de numérotage général des volumes formant la collection.

Les ouvrages entrant dans les *Encyclopédies des Travaux publics* et *Industrielle* sont en vente chez Ch. Béranger et chez Gauthier-Villars.

IMPRIMERIE A. CHEVENOT, SAINT-DIZIER (HTE-MARNE)

www.ingramcontent.com/pod-product-compliance
Ingram Content Group UK Ltd.
Pitfield, Milton Keynes, MK11 3LW, UK
UKHW012015240726
13965UKWH00002B/389

9 782013 565288